数字信号处理系统设计

(第2版)

Design of Digital Signal Processing Systems

(Second Edition)

李洪涛　杨建超　戴 峥　陆星宇　编著

国防工業出版社

·北京·

内容简介

本书以数字信号处理理论为基础，详细介绍了与之相关的系统设计知识，内容涵盖了数字信号处理算法、数字信号处理系统组成、高速数据采集技术、半导体存储技术、高速数据通信技术、数字信号处理（DSP）技术、可编程逻辑技术以及电磁兼容与印制电路板设计技术等。

本书第1章概述了数字信号处理算法及其系统组成；第2~4章介绍了与之相关的数据采集、存储及传输技术；第5、6章分别介绍了数字信号处理系统中的两大核心处理芯片——DSP与现场可编程门阵列（FPGA）在数字信号处理系统中的应用；第7章介绍了电磁兼容与印制电路板设计技术。

本书内容丰富、结构合理、图文并茂，可以作为高等工科院校电类专业的教学用书，也可供相关专业工程技术人员参考。

图书在版编目（CIP）数据

数字信号处理系统设计 / 李洪涛等编著. -- 2版.
北京：国防工业出版社，2025. 2. -- ISBN 978-7-118-13560-2

Ⅰ. TN911.72

中国国家版本馆CIP数据核字第202571F9W3号

※

国防工業出版社 出版发行

（北京市海淀区紫竹院南路23号　邮政编码100048）

三河市天利华印刷装订有限公司印刷

新华书店经售

*

开本 710×1000　1/16　**印张** 18¾　**字数** 338千字

2025年2月第1版第1次印刷　**印数** 1—1500册　**定价** 128.00元

国防书店：（010）88540777　　书店传真：（010）88540776

发行业务：（010）88540717　　发行传真：（010）88540762

序

随着信号速率越来越高，在很多电子产品中都衍生出很多高速信号质量的问题和电磁兼容性（EMC）相关的问题，不仅是在行业内的产品公司面临着以上的挑战，各高校同样如此，因此需要在高校内普及印制电路板（PCB）技术相关的知识，南京理工大学在PCB技术发展方面有着丰富的教育资源、科研成果、专利技术以及产学研合作项目，体现了其在该领域的技术实力和教育贡献，在电子技术研究与应用方面一直都有非常好的口碑和传承，这离不开南京理工大学老师们孜孜不倦的努力。

《数字信号处理系统设计（第2版）》涉及信号处理理论、电子工程、计算机科学以及PCB技术等多个学科的知识。本书的作者李洪涛老师，无论是教学经验还是工程实践经验都非常丰富，感谢李老师在百忙的工作之余精心打造此书，这不仅是全体作者心血的结晶，还是对电子行业在该领域的一种分享和回馈，一定程度上填补了该领域相关技术的空缺。

一博科技股份有限公司有幸受李老师的邀请，参与本书第7章《电磁兼容与印制电路板》的编写和校对工作。随着电路板的运行速率越来越高，板级或者系统级的电磁兼容问题成为一个电子系统能否正常工作的关键因素。要使电子电路获得最佳性能，PCB板上的元器件的选择、电路原理图的设计及良好的PCB布局布线在电磁兼容性控制中也是一个非常重要的因素。一博科技股份有限公司凭借自身多年在PCB领域的积累，以工程应用的角度提出了很多EMC相关的理论和实践的解决方案，使本书的理论知识能够与工程实践相融合。

从近十几年电子行业的发展能看到，PCB设计越来越重要，这也是一博科技股份有限公司成立20多年来一直深耕的领域，一博科技股份有限公司逐渐形成了原理图导入后的全流程设计与生产，包括PCB设计仿真、后端的PCB加工焊接及电子元器件的供应，以助力客户的产品尽快落地及应用。

最后，一博科技股份有限公司也很高兴能看到像南京理工大学这样的高校对PCB行业及相关技术的重视，无论是从课程的开展还是从学校和一博科技股份有限公司合作的科研项目都能很好地体现这一点。祝愿南京理工大学能在PCB技术方面取得更大的发展和进步，为中国电子行业不断培养和输送更多相关专业人才！

一博科技股份有限公司副总经理

王灿钟

2024年12月于深圳

目　　录

第1章　绪　　论

1.1　引　　言

随着微电子技术与信息科学的快速发展，数字信号处理技术已广泛应用于通信、雷达、航空航天、工业测量和控制、生物医学工程等领域。

大部分信号的初始形态是事物的运动变化，为了测量与处理这些信号，首先需要通过传感器将这些信号的特征转换成电信号，然后通过处理，再将其转变为人类能看见、听见或利用的信号形式。

转变后电信号的处理方式，主要有模拟信号处理以及数字信号处理两大类。随着技术的发展，数字信号处理由于具有精度高、抗干扰能力强等优点，逐渐成为目前主要的信号处理方式。

数字信号处理的流程如图1.1所示。

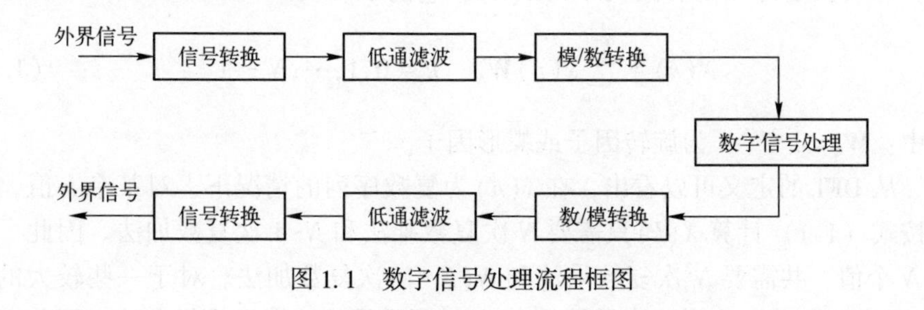

图1.1　数字信号处理流程框图

由图1.1可知，外界信号首先通过信号转换模块转变为模拟电信号，再经过低通滤波器滤除高频噪声信号，然后经过模/数转换芯片变换为数字信号，变换后的数字信号经专用数字信号处理模块的处理得到需要的数字结果，经数/模转换、低通重构滤波后，变换为需要的外界信号。

数字信号处理技术的发展是伴随着微电子技术及信息处理技术的发展而发展起来的一门专业技术。其中快速傅里叶变换（Fast Fourier Transform，FFT）算法以及数字信号处理（Digital Signal Processing，DSP）专用芯片的诞生是数字信号处理得到快速发展的两大基石。

FFT算法的提出使数字信号处理算法的快速实时实现成为可能，而DSP的诞生使更复杂、性能更优越的数字信号处理算法在单系统上实时实现成为一种可能。

近年来，随着现场可编程门阵列（Field Programmable Gate Array，FPGA）芯片走向成熟，FPGA逐渐取代了DSP在数字信号处理领域中的部分作用，而FPGA+DSP的方案成为目前数字信号处理的主流解决方案。

本书将带领大家走进数字信号处理领域，详细讲解与之相关的算法、硬件及软件设计，并辅以相应的设计实例。

1.2 数字信号处理算法

1.2.1 快速傅里叶变换算法

FFT算法是一种高效实现离散傅里叶变换（Discrete Fourier Transform，DFT）的快速算法，是数字信号处理中最为重要的算法之一，它在声学、通信、雷达等领域有着广泛的应用。

1. 离散傅里叶变换（DFT）

对于长度为N的有限长序列$x(n)$，它的DFT为

$$X(k)=\sum_{n=0}^{N-1}x(n)\boldsymbol{W}_N^{nk}\quad k=0,1,\cdots,N-1 \tag{1.1}$$

式中：$\boldsymbol{W}_N=\mathrm{e}^{-\mathrm{j}2\pi/N}$，为旋转因子或蝶形因子。

从DFT的定义可以看出，在$x(n)$为复数序列的情况下，对某个k值，直接按式（1.1）计算$X(k)$只需要N次复数乘法和$N-1$次复数加法。因此，对于N个值，共需要N^2次复数乘法和$N(N-1)$次复数加法。对于一些较大的N值（如1024点）来说，直接计算其DFT所需要的计算量是很大的，因此DFT算法的应用受到了很大的限制。

2. 快速傅里叶变换（FFT）

旋转因子有以下的特性。

（1）对称性，即$\boldsymbol{W}_N^k=-\boldsymbol{W}_N^{k+N/2}$。

（2）周期性，即$\boldsymbol{W}_N^k=-\boldsymbol{W}_N^{k+N}$。

利用这些特性，既可以使DFT中有些项合并，减少了乘积项，又可以将长序列的DFT分解成几个短序列的DFT。FFT就是利用了旋转因子的对称性

和周期性来减少运算量的。

FFT的算法是将长序列的DFT分解成短序列的DFT。例如，N为偶数时，先将N点的DFT分解为两个$N/2$点的DFT，使复数乘法减少1/2，再将每个$N/2$点的DFT分解成$N/4$点的DFT，使复数乘法又减少1/2，继续进行分解可以大大减少计算量。最小变换的点数称为基数，对于基数为2的FFT算法，它的最小变换是2点DFT。

一般而言，FFT算法分为按时间抽取的FFT（DIT FFT）和按频率抽取的FFT（DIF FFT）两大类。DIT FFT算法是在时域内将每一级输入序列依次按奇/偶分成两个短序列进行计算，而DIF FFT算法是在频域内将每一级输入序列依次按奇/偶分成两个短序列进行计算。两者的区别是旋转因子出现的位置不同，但算法是一样的。在DIT FFT算法中，旋转因子出现在输入端，而在DIF FFT算法中它出现在输出端。

假定序列$x(n)$的点数N是2的幂，按照DIT FFT算法可将其分为偶序列和奇序列。

偶序列：$x(0),x(2),x(4),\cdots,x(N-2)$，即

$$x_1(r)=x(2r)\quad r=0,1,\cdots,\frac{N}{2}$$

奇序列：$x(1),x(3),x(5),\cdots,x(N-1)$，即

$$x_2(r)=x(2r+1)\quad r=0,1,\cdots,\frac{N}{2}$$

则$x(n)$的DFT表示为

$$\begin{aligned}
X(k) &= \sum_{\substack{n=0\\ n\text{为偶数}}}^{N-1} x(n)\boldsymbol{W}_N^{nk} + \sum_{\substack{n=0\\ n\text{为奇数}}}^{N-1} x(n)\boldsymbol{W}_N^{nk} \\
&= \sum_{r=0}^{\frac{N}{2}-1} x(2r)\boldsymbol{W}_N^{2rk} + \sum_{r=0}^{\frac{N}{2}-1} x(2r+1)\boldsymbol{W}_N^{(2r+1)k} \\
&= \sum_{r=0}^{\frac{N}{2}-1} x_1(r)\boldsymbol{W}_N^{2rk} + \boldsymbol{W}_N^{k}\sum_{r=0}^{\frac{N}{2}-1} x_2(r)\boldsymbol{W}_N^{2rk} \qquad (1.2)
\end{aligned}$$

由于$\boldsymbol{W}_N^2=[\mathrm{e}^{-\mathrm{j}(2\pi/N)}]^2=[\mathrm{e}^{-\frac{\mathrm{j}2\pi}{\frac{N}{2}}}]=\boldsymbol{W}_{N/2}$，则式（1.2）可以表示为

$$\begin{aligned}
X(k) &= \sum_{r=0}^{\frac{N}{2}-1} x_1(r)\boldsymbol{W}_{N/2}^{rk} + \boldsymbol{W}_N^{k}\sum_{r=0}^{\frac{N}{2}-1} x_2(r)\boldsymbol{W}_{N/2}^{rk} \\
&= X_1(k) + \boldsymbol{W}_N^{k}X_2(k)\quad k=0,1,\cdots,\frac{N}{2}-1 \qquad (1.3)
\end{aligned}$$

式中：$X_1(k)$和$X_2(k)$分别为$x_1(n)$和$x_2(n)$的$N/2$点的DFT。

由于对称性，$\boldsymbol{W}_N^{k+N/2}=-\boldsymbol{W}_N^k$，则$X\left(k+\dfrac{N}{2}\right)=X_1(k)-\boldsymbol{W}_N^k X_2(k)$。因此，$N$点$X(k)$可分为以下两部分。

前半部分，即

$$X(k)=X_1(k)+\boldsymbol{W}_N^k X_2(k)\quad k=0,1,\cdots,\frac{N}{2}-1 \tag{1.4}$$

后半部分，即

$$X\left(k+\frac{N}{2}\right)=X_1(k)-\boldsymbol{W}_N^k X_2(k)\quad k=0,1,\cdots,\frac{N}{2}-1 \tag{1.5}$$

从式（1.4）和式（1.5）可以看出，只要求出$0\sim(N/2-1)$区间$X_1(k)$和$X_2(k)$的值，就可求出$0\sim(N-1)$区间$X(k)$的N点值。

以同样的方式进行抽取，可以求得$N/4$点的DFT，重复抽取过程，就可以使N点的DFT用一组2点的DFT来计算，这样就可以大大减少运算量。

基2 DIT FFT的蝶形运算如图1.2所示。设蝶形输入为$x_{m-1}(p)$和$x_{m-1}(q)$，输出为$x_m(p)$和$x_m(q)$，则有

$$x_m(p)=x_{m-1}(p)+x_{m-1}(q)\boldsymbol{W}_N^k \tag{1.6}$$

$$x_m(q)=x_{m-1}(p)-x_{m-1}(q)\boldsymbol{W}_N^k \tag{1.7}$$

在基数为2的FFT中，设$N=2^M$，共有M级运算，每级有$N/2$个2点FFT蝶形运算，因此，N点FFT总共有$(N/2)\log_2 N$个蝶形运算。

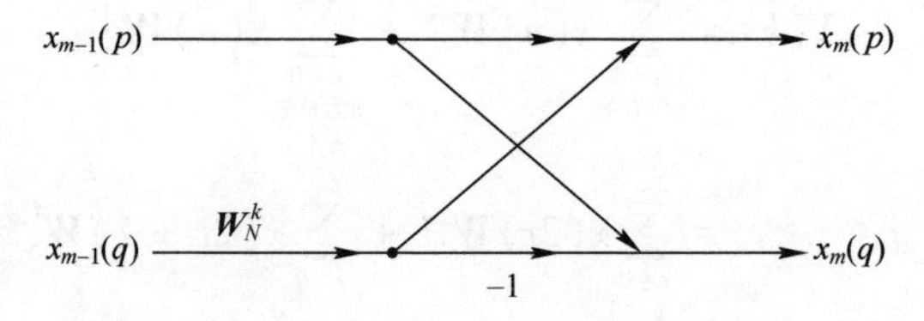

图1.2　基2 DIT FFT的蝶形运算

例如，在N点FFT中，当$N=8$时，共需要3级，需12个基2 DIT FFT的蝶形运算。其信号流程如图1.3所示。

从图1.3可以看出，输入是经过比特反转的倒位序列，称为位码倒置，其排列顺序为$x(0)$、$x(4)$、$x(2)$、$x(6)$、$x(1)$、$x(5)$、$x(3)$、$x(7)$。输出是按自然顺序排列，其顺序为$x(0)$、$x(1)$、$\cdots$、$x(6)$、$x(7)$。

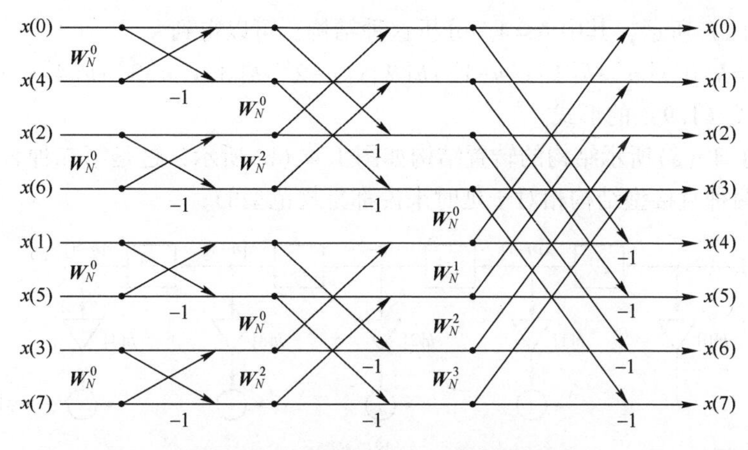

图 1.3　8 点基 2 DIT FFT 的蝶形运算

1.2.2　数字滤波器

数字滤波器主要包括有限脉冲响应（Finite Impulse Response，FIR）滤波器以及无限脉冲响应（Infinite Impulse Response，IIR）滤波器，下面将分别对其进行介绍。

1. FIR 滤波器

首先考虑 FIR 数字滤波器的实现。回忆 N 阶因果 FIR 滤波器，它可以用传输函数 $H(z)$ 来描述，即

$$H(z) = \sum_{k=0}^{N} h[k]z^{-k} \tag{1.8}$$

这是一个关于 z^{-1} 的 N 次多项式。在时域中，上述 FIR 滤波器的输入输出关系为

$$y[n] = \sum_{k=0}^{N} h[k]x[n-k] \tag{1.9}$$

式中：$y[n]$ 和 $x[n]$ 分别为输出和输入序列。

由于 FIR 滤波器可以设计成在整个频率范围内均可提供精确的线性相位，而且总是可以独立于滤波器系数保持系统稳定，因此在很多应用中，FIR 滤波器均是首选。下面将给出 FIR 滤波器的几种实现方法。

1）直接型

N 阶 FIR 滤波器要用 N+1 个系数描述，通常需要用 N+1 个乘法器和 N 个加法器来实现。不难发现，乘法器的系数正好是传输函数的系数，因此此结构称为直接型结构。直接型 FIR 滤波器可以很容易地通过式（1.9）来实现，如

图1.4（a）所示，其中$N=4$。分析这种结构，可以得到

$$y[n]=h[0]x[n]+h[1]x[n-1]+h[2]x[n-2]+h[3]x[n-3]+h[4]x[n-4]$$

这正是式（1.9）的形式。

图1.4（a）所示结构的转置结构如图1.4（b）所示，这是第二种直接型结构。这两种直接型结构相对于延时来说都是规范型的。

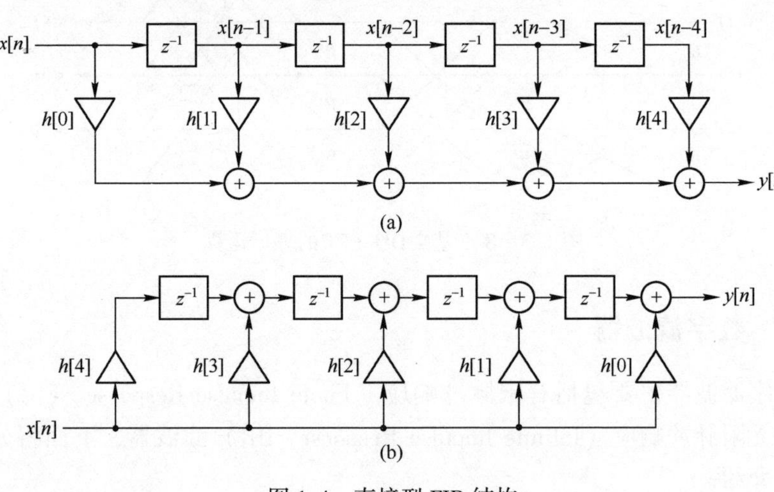

图1.4　直接型FIR结构

2）级联型

高阶FIR传输函数可以由1阶或2阶传输函数的级联实现。为此，将式（1.9）给出的FIR传输函数$H(z)$进行因式分解，即

$$H(z)=h[0]\prod_{k=1}^{K}(1+\beta_{1k}z^{-1}+\beta_{2k}z^{-2}) \tag{1.10}$$

式中：若N是偶数，则$K=N/2$；若N是奇数，则$K=(N+1)/2$；$\beta_{2k}=0$。

图1.5显示的是式（1.10）中，当$N=6$时由3个2阶FIR部分组成的级联实现。图中每个2阶部分也可以用转置的直接型结构来实现。注意，级联形式是规范型的，也需要用N个加法器和$N+1$个乘法器来实现N阶FIR传输函数。

3）多相实现

另一种让人感兴趣的FIR滤波器的实现方式是基于传输函数的多相位分解所得到的并联结构。为了说明这种方法，考虑一个长度为9的因果FIR传输函数$H(z)$，即

$$\begin{aligned}H(z)=&h[0]+h[1]z^{-1}+h[2]z^{-2}+h[3]z^{-3}+h[4]z^{-4}\\&+h[5]z^{-5}+h[6]z^{-6}+h[7]z^{-7}+h[8]z^{-8}\end{aligned} \tag{1.11}$$

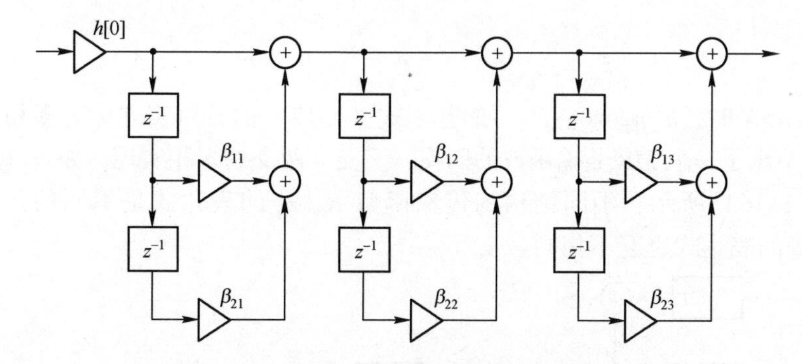

图 1.5　6 阶 FIR 滤波器的级联型 FIR 结构

上面的传输函数可以表示为两项之和，一部分包含了所有偶系数项，另一部分包含了所有的奇系数项，即

$$\begin{aligned}H(z)&=(h[0]+h[2]z^{-2}+h[4]z^{-4}+h[6]z^{-6}+h[8]z^{-8})\\&\quad+(h[1]z^{-1}+h[3]z^{-3}+h[5]z^{-5}+h[7]z^{-7})\\&=(h[0]+h[2]z^{-2}+h[4]z^{-4}+h[6]z^{-6}+h[8]z^{-8})\\&\quad+z^{-1}(h[1]+h[3]z^{-2}+h[5]z^{-4}+h[7]z^{-6})\end{aligned}\tag{1.12}$$

使用记号，有

$$\begin{cases}E_0(z)=h[0]+h[2]z^{-1}+h[4]z^{-2}+h[6]z^{-3}+h[8]z^{-4}\\E_1(z)=h[1]+h[3]z^{-1}+h[5]z^{-2}+h[7]z^{-3}\end{cases}\tag{1.13}$$

可以把式（1.12）写为

$$H(z)=E_0(z^2)+z^{-1}E_1(z^2)\tag{1.14}$$

用类似的方式，将式（1.11）重写为

$$H(z)=E_0(z^3)+z^{-1}E_1(z^3)+z^{-2}E_2(z^3)\tag{1.15}$$

此时，有

$$\begin{cases}E_0(z)=h[0]+h[3]z^{-1}+h[6]z^{-2}\\E_1(z)=h[1]+h[4]z^{-1}+h[7]z^{-2}\\E_2(z)=h[2]+h[5]z^{-1}+h[8]z^{-2}\end{cases}\tag{1.16}$$

对 $H(z)$ 进行如式（1.14）和式（1.15）的分解就是通常所说的多相分解。在一般情况下，如式（1.8）的 N 阶传输函数的 L 支多相分解具有以下形式，即

$$H(z)=\sum_{m=0}^{L-1}z^{-m}E_m(z^L)\tag{1.17}$$

其中，

$$E_m(z) = \sum_{n=0}^{\lfloor (N+1)/L \rfloor} h[Ln + m]z^{-n} \quad 0 \leqslant m \leqslant L - 1 \tag{1.18}$$

当 $n>N$ 时，$h[n]=0$。$H(z)$的基于式（1.17）的分解实现称为多相实现。图 1.6 给出了一个 FIR 传输函数的四支、三支、两支的多相实现。如式（1.13）和式（1.16）所示，不同结构的传输函数 $E_0(z)$的表达式是不同的，同样，$E_1(z)$等的表达式也互不相同。

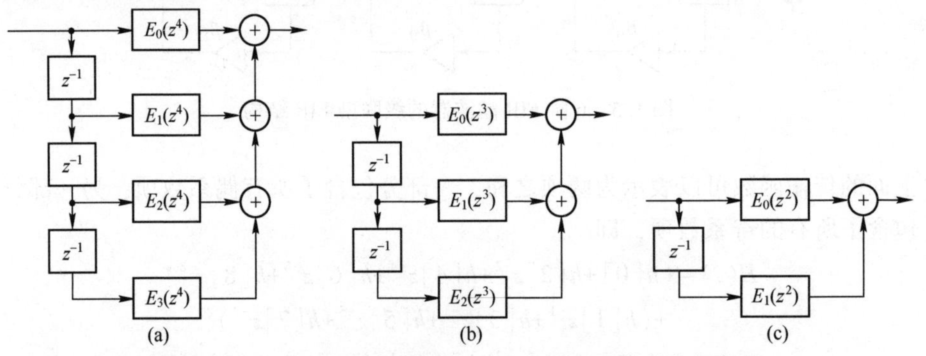

图 1.6　一个 FIR 传输函数的四支、三支、两支的多相实现

在 FIR 传输函数的多相实现中，各个子滤波器 $E_m(z^L)$也是 FIR 滤波器，可以用前述任何一种方法实现。然而，为了得到整个结构的规范实现，所有子滤波器必须共用延时器。图 1.7 说明了通过共用延时器得到的长度为 9 的 FIR 滤波器的规范型多相实现。注意，为了得到这种实现方式，用的是图 1.6（b）所示的转置结构形式，其他规范型多相实现可以用类似的方法得到。

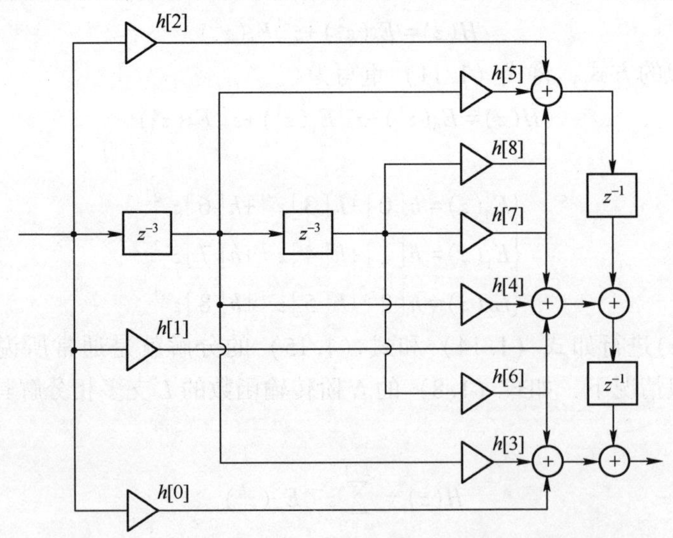

图 1.7　一个长度为 9 的 FIR 滤波器的规范型多相实现

多相结构经常用在多抽样率数字信号处理中。

4）线性相位 FIR 滤波器

已知 N 阶线性相位 FIR 滤波器可以用对称冲激响应

$$h[n]=h[N-n] \tag{1.19}$$

或反对称冲激响应

$$h[n]=-h[N-n] \tag{1.20}$$

来描述。

在传输函数的直接型实现中，利用线性 FIR 滤波器的对称（或反对称）性质可以减少近一半的乘法器。为此，考虑一个长度为 7 的直接型 FIR 传输函数，其对称冲激响应为

$$H(z)=h[0]+h[1]z^{-1}+h[2]z^{-2}+h[3]z^{-3}+h[2]z^{-4}+h[1]z^{-5}+h[0]z^{-6} \tag{1.21}$$

它可重写为

$$H(z)=h[0](1+z^{-6})+h[1](z^{-1}+z^{-5})+h[2](z^{-2}+z^{-4})+h[3]z^{-3} \tag{1.22}$$

图 1.8（a）显示了基于式（1.22）进行分解的 $H(z)$ 的实现。可以用类似的分解实现另一种直接型 FIR 传输函数。例如，对一个长度为 8 的直接型 FIR 传输函数，相关分解为

$$H(z)=h[0](1+z^{-7})+h[1](z^{-1}+z^{-6})+h[2](z^{-2}+z^{-5})+h[3](z^{-3}+z^{-4}) \tag{1.23}$$

得到的实现方式如图 1.8（b）所示。

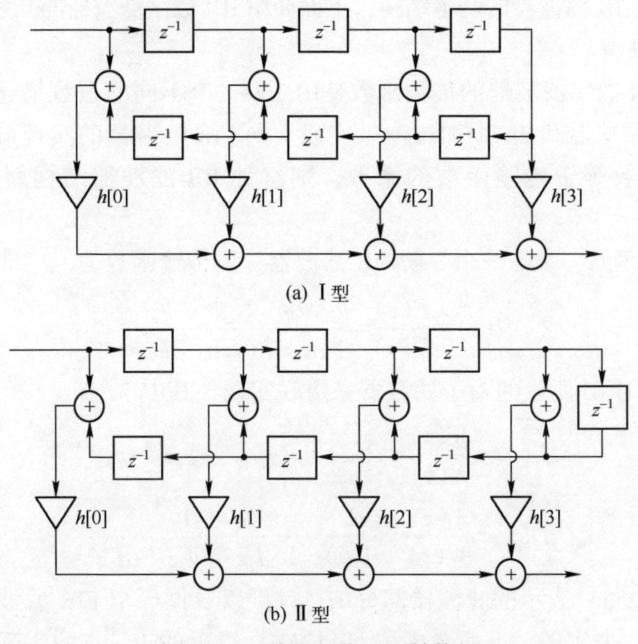

图 1.8 线性相位 FIR 结构

注意，图1.8（a）中的结构需要4个乘法器，而用直接型来实现原始滤波器需要7个乘法器。同样，图1.8（b）中的结构仅需要4个乘法器，而用直接型来实现却需要8个乘法器。

5）抽头延时线

在一些实际应用中，如音频信号处理，需要采用图1.9所示的FIR滤波器结构。该结构具有$M_1+M_2+M_3$个单位延时，每个延时部分都有一个抽头，分别位于M_1、M_2个单位延时后以及最后输出时刻。在这些抽头上，信号分别乘以系数α_0、α_1、α_2和α_3，然后叠加起来构成输出。这种结构通常称为抽头延时线。图1.4所示的直接型FIR结构可以被认为是一种特殊的抽头延时线，它在每个单位延时后都有一个抽头。

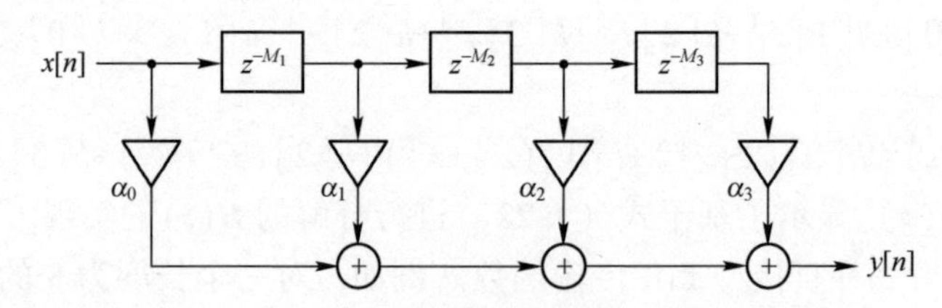

图1.9　一种特殊的抽头延时线

2. IIR数字滤波器

介绍完FIR滤波器的基本结构，下面介绍IIR数字滤波器的几种基本结构。

1）直接型

N阶IIR数字滤波器的传输函数是用$2N+1$个不同的系数描述的，通常需要$2N+1$个乘法器和$2N$个加法器来实现。同FIR滤波器的实现形式一样，若乘法器的系数等于传输函数的系数，则这种IIR滤波器结构就称为直接型结构。

为简化起见，考虑一个3阶IIR滤波器，其传输函数为

$$H(z)=\frac{P(z)}{D(z)}=\frac{p_0+p_1z^{-1}+p_2z^{-2}+p_3z^{-3}}{1+d_1z^{-1}+d_2z^{-2}+d_3z^{-3}} \tag{1.24}$$

它可以用图1.10所示的两个滤波器来级联实现，其中

$$H_1(z)=\frac{W(z)}{X(z)}=P(z)=p_0+p_1z^{-1}+p_2z^{-2}+p_3z^{-3} \tag{1.25a}$$

$$H_2(z)=\frac{Y(z)}{W(z)}=\frac{1}{D(z)}=\frac{1}{1+d_1z^{-1}+d_2z^{-2}+d_3z^{-3}} \tag{1.25b}$$

式（1.25a）表示的滤波器部分$H_1(z)$可以看作一个FIR滤波器，可以用图1.11（a）来实现。下面考虑式（1.25b）给出的$H_2(z)$的实现，其时域表

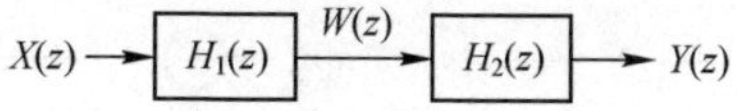

图 1.10　一种可能的 IIR 滤波器实现方案

达式为

$$y[n]=w[n]-d_1y[n-1]-d_2y[n-2]-d_3y[n-3] \tag{1.26}$$

因此，可以用图 1.11（b）所示的结构实现。

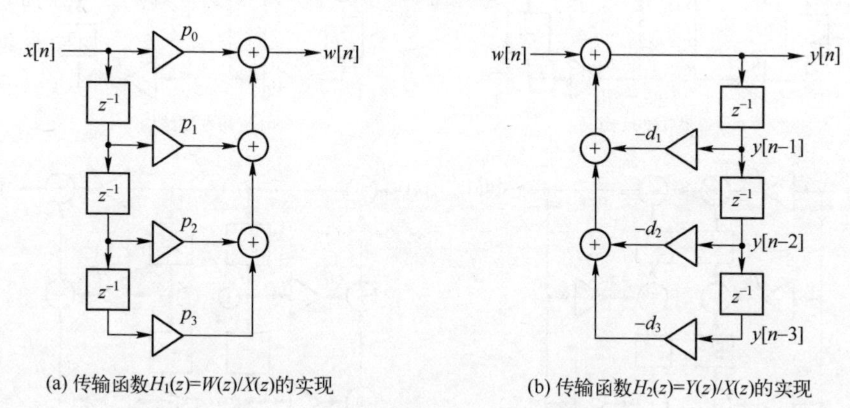

(a) 传输函数 $H_1(z)=W(z)/X(z)$ 的实现　　(b) 传输函数 $H_2(z)=Y(z)/X(z)$ 的实现

图 1.11　IIR 滤波器直接型结构示意图 1

将图 1.11（a）和图 1.10（b）所示的结构按照图 1.10 所示的方法进行级联，就得到了式（1.26）定义的原始 IIR 传输函数 $H(z)$ 的实现方式。最终的结构如图 1.12（a）所示，这就是通常所说的直接 I 型结构。注意，整个实现都是非规范型的，因为它用了 6 个延时器来实现一个 3 阶的传输函数。这种结构的转置形式在图 1.12（b）中给出。其他一些非规范的直接型结构可以通过简单的框图变换得到，图 1.12（c）和图 1.12（d）中给出了两个例子。

2）级联实现

若将传输函数 $H(z)$ 的分子和分母多项式表示为若干个低阶多项式的积，则数字滤波器通常可以用低阶滤波器的级联来实现。例如，将 $H(z)=P(z)/D(z)$ 表示为

$$H(z)=\frac{P_1(z)P_2(z)P_3(z)}{D_1(z)D_2(z)D_3(z)} \tag{1.27}$$

通过不同的极、零点多项式对，可以得到 $H(z)$ 的不同级联实现，图 1.13 中给出了示例。其他形式的级联实现可以简单地通过交换各部分的顺序得到。图 1.14 说明了改变各部分的次序可以得到不同的结构。由于极、零点对和次

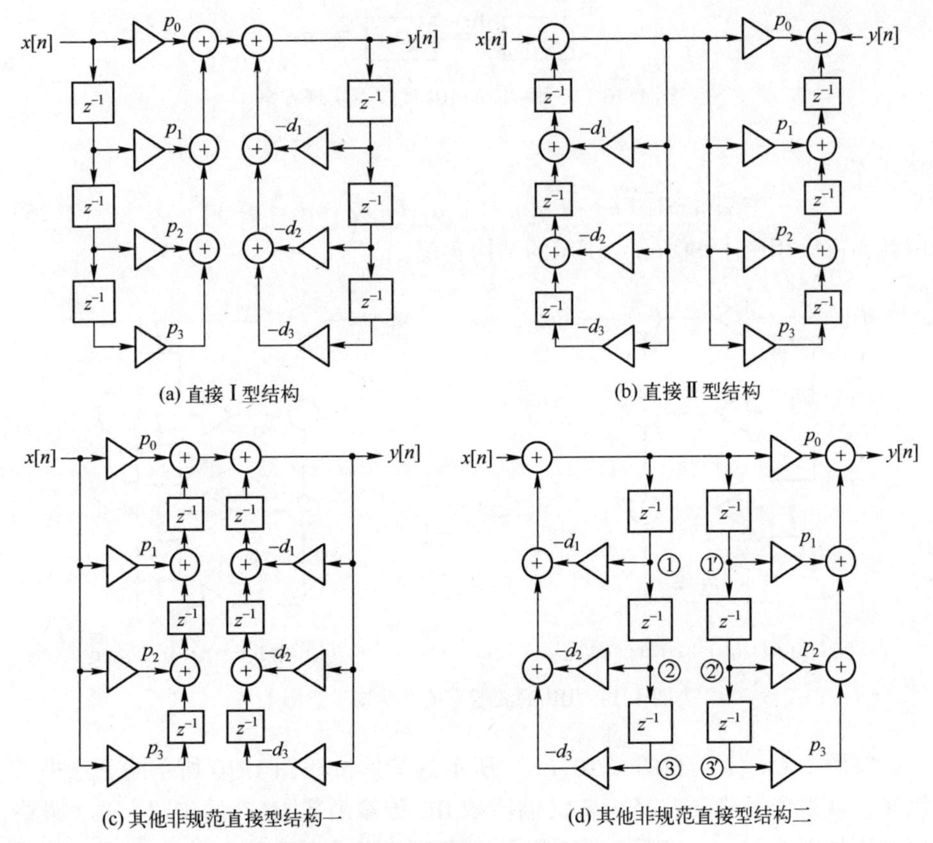

图 1.12　IIR 滤波器直接型结构示意图 2

序的因素，式（1.27）表示的因式形式共有 36 种级联实现。实际上，由于有限字长效应的影响，每种级联实现的性能是不同的。

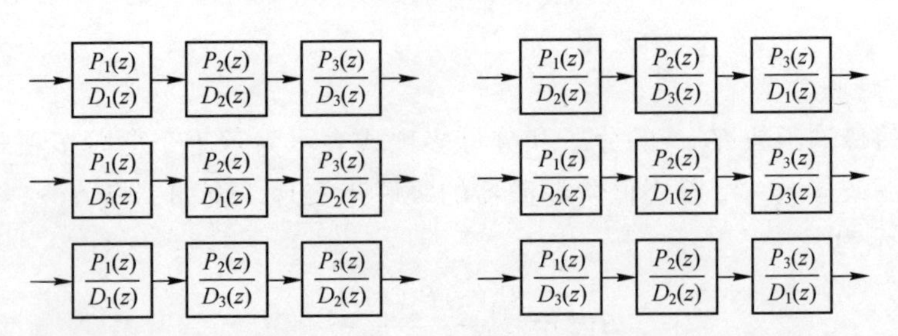

图 1.13　由不同极、零点对得到的不同等效级联实现示例

通常，可以通过因式分解把一个多项式分解为 1 阶多项式和 2 阶多项式的积。在这种情况下，$H(z)$可以表示为

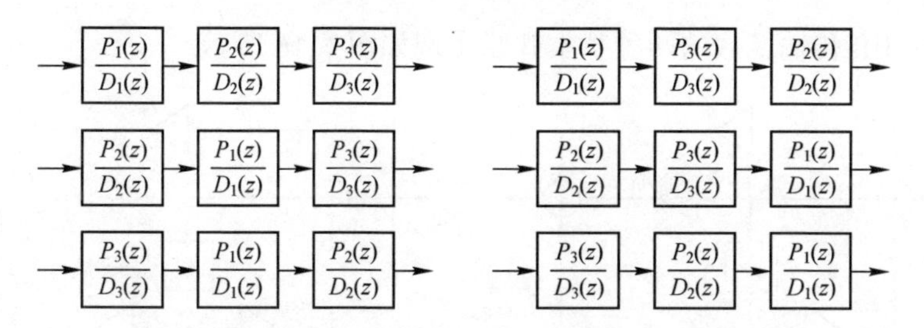

图 1.14　通过改变各部分的次序得到的不同级联实现

$$H(z) = p_0 \prod_k \left(\frac{1 + \beta_{1k} z^{-1} + \beta_{2k} z^{-2}}{1 + \alpha_{1k} z^{-1} + \alpha_{2k} z^{-2}} \right) \tag{1.28}$$

式（1.28）中，对于 1 阶因式，$\alpha_{2k} = \beta_{2k} = 0$。3 阶 IIR 传输函数

$$H(z) = p_0 \left(\frac{1+\beta_{11} z^{-1}}{1+\alpha_{11} z^{-1}} \right) \left(\frac{1+\beta_{12} z^{-1} + \beta_{22} z^{-2}}{1+\alpha_{12} z^{-1} + \alpha_{22} z^{-2}} \right) \tag{1.29}$$

的一种可能实现如图 1.15 所示。

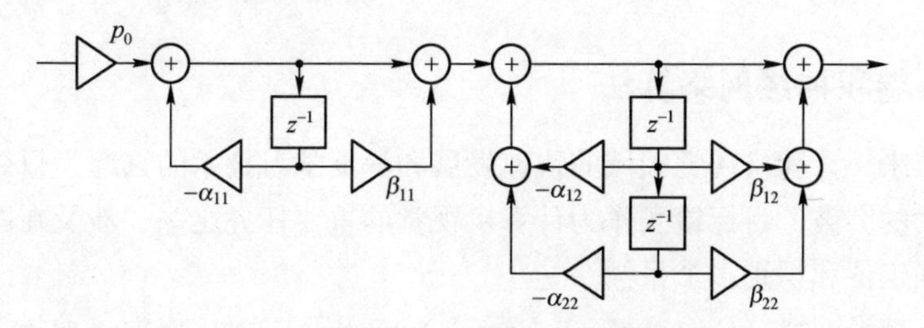

图 1.15　3 阶 IIR 传输函数的级联实现

3）并联实现

IIR 传输函数可以通过部分分式展开以并联的形式来实现。假设 $H(z)$ 的极点为简单极点，则 $H(z)$ 可表示为

$$H(z) = \gamma_0 + \sum_k \left(\frac{\gamma_{0k} + \gamma_{1k} z^{-1}}{1 + \alpha_{1k} z^{-1} + \alpha_{2k} z^{-2}} \right) \tag{1.30}$$

在式（1.30）中，对于实极点，有 $\alpha_{2k} = \gamma_{1k} = 0$。

将传输函数 $H(z)$ 以 z 的多项式比值的形式直接进行部分分式展开，可得到并联结构的第二个基本型，称为并联Ⅱ型。假设极点为简单极点，可以得到

$$H(z) = \delta_0 + \sum_k \left(\frac{\delta_{1k} z^{-1} + \delta_{2k} z^{-2}}{1 + \alpha_{1k} z^{-1} + \alpha_{2k} z^{-2}} \right) \tag{1.31}$$

其中，对于实极点，有 $\alpha_{2k} = \delta_{2k} = 0$。

3 阶 IIR 传输函数的两种基本并联实现如图 1.16 所示。

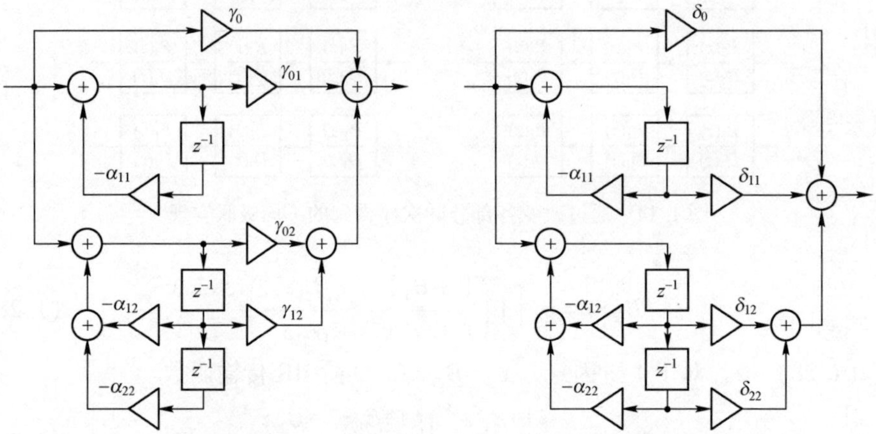

(a) 并联 Ⅰ 型

(b) 并联 Ⅱ 型

图 1.16　3 阶 IIR 传输函数的两种基本并联实现

1.2.3　卷积神经网络算法

近年来，计算机视觉领域的快速发展和深度学习技术的兴起为目标检测带来了巨大的突破。目标检测作为计算机视觉的重要任务之一，涉及在图像或视频中准确定位和识别多个目标。

卷积神经网络（Convolutional Neural Network，CNN）作为一种强大的深度学习模型，在计算机视觉领域取得了显著的成果。它通过层叠的卷积层和池化层，在保留空间结构信息的同时，能够有效地提取图像特征，使卷积神经网络成为目标检测的理想选择。通过将分类问题转化为回归问题，卷积神经网络能够在单个前向传播过程中实现目标的位置定位和类别识别，从而实现快速且准确的目标检测。

1. 卷积神经网络原理

CNN 是一种被广泛应用于计算机视觉和自然语言处理等领域的神经网络模型。卷积操作是该模型的核心部分，也是图像处理和信号处理中广泛使用的一种数学运算。卷积可以将两个函数（实数函数或复数函数）合并为一个新的函数，并反映它们之间的关系。在图像处理中，卷积通常用于图像滤波和边缘检测等应用中。

在数学上，两个函数的卷积定义为它们的乘积的积分。对于连续函数 $f(x)$ 和 $g(x)$，它们的卷积定义为

$$f(x) * g(x) = \int_{-\infty}^{\infty} f(t) g(x - t) \mathrm{d}t \tag{1.32}$$

式中：* 表示卷积操作。卷积的结果是一个新的函数，它表示 f 和 g 之间的关系。在实际应用中，通常使用离散卷积，即用离散函数代替连续函数，并将积分替换为求和。离散卷积的定义为

$$f[n] * g[n] = \sum_{m=-\infty}^{\infty} f[m] g[n - m] \tag{1.33}$$

式中：$[n]$为函数的离散值；f 和 g 都是离散函数。

卷积神经网络由 Yann Lecun 在 1994 年第一次提出（LeNet-5），被用于手写字符识别，采用了基于梯度的反向传播算法来训练。模型主要包括卷积层、池化层及全连接层。

1）卷积层

卷积层中最重要的是卷积核，也被称为滤波器或卷积矩阵。卷积核是一个小的矩阵，通常是 3×3 或 5×5 的大小，包含一些权重值。在卷积神经网络中，输入图像和卷积核进行卷积操作，来过滤出特征。

卷积核的工作原理是滑动到输入图像上，并对每个位置进行卷积运算，输出结果为一个图像，其中每个像素值是输入图像与卷积核重叠部分的加权和。

卷积核的选择在卷积神经网络设计中非常重要，直接影响网络的性能和精度。模型初始化时，卷积核的权重通常被赋予随机值，而在训练过程中，卷积核的权重会被自动学习和调整，以最大限度地提取输入图像的特征。卷积核的个数、大小和形状应根据数据或图像的实际情况确定，而步长则指卷积核每次移动的格数。即当步长为 N 时，卷积核每次向右移动 N 个格子。

常用的卷积包括一维卷积、二维卷积及三维卷积。其中，三维卷积常用于视频处理及医学领域的三维或多维数据；二维卷积既可以用于提取图像特征，也可以用于处理多维序列数据；而一维卷积多用于处理文本数据。

卷积具体运行方式为：首先，找到输入的二维矩阵的开始位置，把二维矩阵和卷积核中的元素一一对应，然后把对应的值相乘再相加，得到特征图的输出，把卷积核每次先向右平移 n 个单位，再和之前一样把二维矩阵和卷积核中的元素一一对应，然后内积求和，输出下一个数值。当卷积核不能右移时，再向下移动 n 个单位，从最左边继续。重复以上步骤，最终得到输入二维矩阵的特征图，其中 n 是移动单位。卷积运行过程如图 1. 17 所示。中间 3×3 的矩阵为卷积核，左侧 4×4 的矩阵代表输入，移动步长设为 1，箭头所指长、宽为 2 的矩阵是特征图。

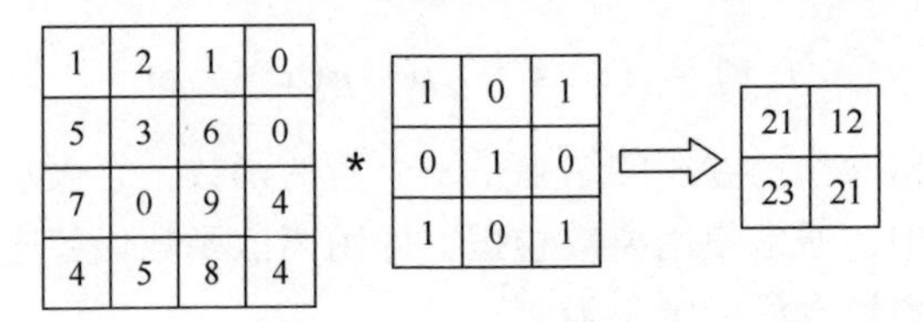

图1.17　卷积运行过程

由于卷积核尺度一般选取大于1的奇数，如果直接在原数据上进行卷积操作，会减小数据尺寸，如图1.18所示。当输入数据经过多个卷积层后，数据尺寸甚至会小于卷积核尺寸。在进行卷积运算之前，为确保输入和输出尺寸不变，方便后面某些对尺寸有要求的操作，一般情况下在输入的二维矩阵上方和左侧放置一排或一列向量，并将这些向量初始化为特定值，这种方法称为填充，函数名为padding。

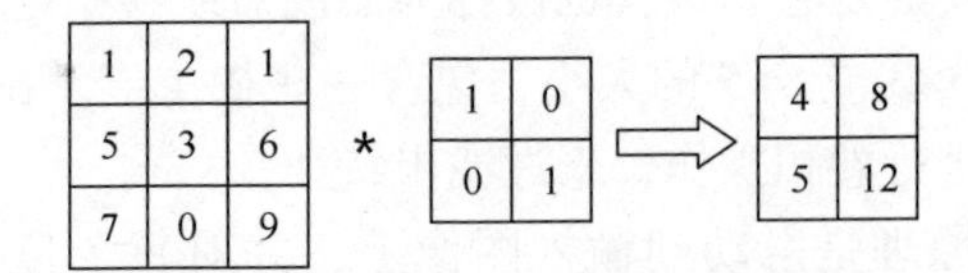

图1.18　卷积（无padding）操作

由于初始化的值不同，可以分为边界值填充和按零填充。为保证原始数据边缘特征，采取按零填充方式，如图1.19所示，取步长为1，左侧及上侧的零为填充数据。

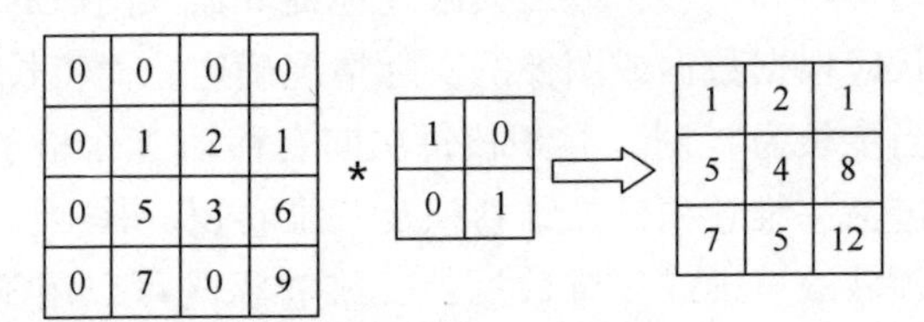

图1.19　卷积（有padding）操作

2）池化层

池化层也称采样层，能够减小特征图像的尺寸，在一定程度上抑制网络的过拟合并且增加模型的鲁棒性。池化层通过将特征图像分割成一定大小的区域，并对每个区域内的像素值求平均值或者最大值，从而降低特征数据的空间分辨率。这有助于减少特征数据中的噪声和不必要的细节，从而使特征更加集中和稳定。假设窗口大小为$k \times k$，步长为s，输入特征图的大小为$\boldsymbol{H}_{\text{in}} \times \boldsymbol{W}_{\text{in}}$，则池化操作的输出特征图或者一个矩阵的大小为

$$\boldsymbol{H}_{\text{out}}=\left\lfloor\frac{H_{\text{in}}-k}{s}\right\rfloor+1 \tag{1.34}$$

$$\boldsymbol{W}_{\text{out}}=\left\lfloor\frac{W_{\text{in}}-k}{s}\right\rfloor+1 \tag{1.35}$$

式中：$\lfloor\cdot\rfloor$表示向下取整。

因为减小了特征图像的空间分辨率，神经网络中的参数数量也得以减少。这有助于减少神经网络中的过拟合现象，提高网络的泛化能力。由于池化操作的使用，即使输入数据发生了平移，其输出数据的特征仍然可以保持不变。这提高了神经网络对数据的平移不变性。池化核函数决定了池化过程中的运算规则，一般有两种，即最大池化和平均池化。

① 最大池化：将窗口内数据的最大值作为该位置的输出。以过滤器大小 2×2、步长 2 为例，最大池化过程如图 1.20 所示。

输出特征图中每个元素的计算方式为

$$y_{i,j,k}=\max\sum_{p=0}^{n-1}\sum_{q=0}^{n-1}x_{ni+p,nj+q,k} \tag{1.36}$$

式中：x 为输入特征图；y 为输出特征图；i 和 j 为输出特征图中的索引；p 和 q 为在输入特征图中的索引；max 为取最大值的函数；k 为输入特征图像的通道数。

② 平均池化：计算所有非零数据的平均值并用作输出。以过滤器大小 2×2、步长 2 为例，平均池化过程如图 1.21 所示。

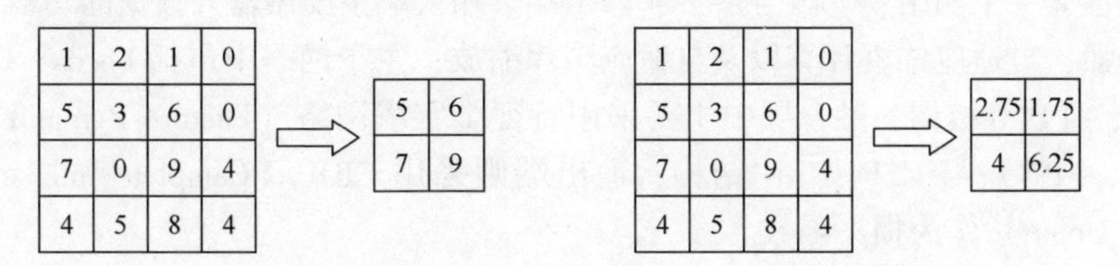

图 1.20　最大池化　　　图 1.21　平均池化

其运算公式为

$$y_{i,j,k}=\frac{1}{n}\sum_{p=0}^{n-1}\sum_{q=0}^{n-1}x_{(ni+p),(nj+q),k} \tag{1.37}$$

式中：x 为输入的图像；i 和 j 分别为输出特征图像的行和列的索引；k 为输入特征图像的通道数；n 为池化区域的大小；y 为输出的特征图像。在式（1.37）中，首先将输入矩阵分割成大小为 $n\times n$ 的子集，通过对每个子集中的元素和求平均，最后将平均值作为输出特征图像中对应区域的像素值。

3）全连接层

CNN网络中的全连接层通常用于将卷积层和池化层输出的特征图转化为具有实际意义的类别概率分布或者预测值。在卷积层和池化层中，神经网络可以通过获取合适的核参数来找到输入的高维表示。然而，这些特征通常是低级和局部的，并且可能需要结合全局信息进行分类。因此，将卷积层和池化层输出的特征图展开成的一维向量输入到网络末尾的全连接层中，以利用全局信息来拟合或者分类。

2. YOLOv5算法

在众多基于卷积神经网络的目标检测算法中，YOLO（You Only Look Once）算法因其出色的性能和实时检测的能力而备受关注。YOLO算法通过网络分割技术将图像划分为网格，并在每个网格单元中预测目标的类别和位置。然而，在YOLO算法的早期版本中，由于特征金字塔网络的缺失和预测精度的问题，在小目标检测和场景复杂性方面存在一定的限制。

为了改进YOLO算法的性能，YOLOv5应运而生。YOLOv5采用了一系列创新的设计，包括特征金字塔网络、切面聚合和自适应计算等。特征金字塔网络能够提取不同尺度的特征信息，从而增强对不同大小目标的检测能力；切面聚合则能够有效地提高目标定位的准确性；自适应计算技术可以根据目标的复杂性和背景环境进行动态调整，从而实现更高效的目标检测。下面对YOLOv5的原理进行介绍。

从图1.22中可以看出，YOLOv5整体网络分为4个部分，分别是：①输入端；②主干网络；③融合层；④输出端。输入端主要做输入数据的马赛克数据增强、自适应锚框计算以及自适应图片缩放；主干网络中包括Focus、CBL、CSP、SPP等结构；融合层中主要采用特征金字塔网络（Feature Pyramid Network，FPN）与CSP-PAN结构；输出端则采用CIOU（Complete Intersection Over Union）作为损失函数。

下面将针对以上关键模块进行详细介绍。

1）输入端

（1）马赛克数据增强。

在训练目标检测模型时，通常情况下，中目标和大目标能获得较大的平均准确率（Average Precision，AP），而小目标的AP值相较于中、大目标要低很多，同时小目标的分布存在不均匀问题。为了提升目标检测模型在小目标检测任务上的准确性，YOLOv5中使用了马赛克数据增强算法。

马赛克数据增强采用4张图片，通过随机缩放、随机裁剪、随机排布的方式进行拼接。使用马赛克数据增强，能够极大地丰富检测数据集，特别是对于

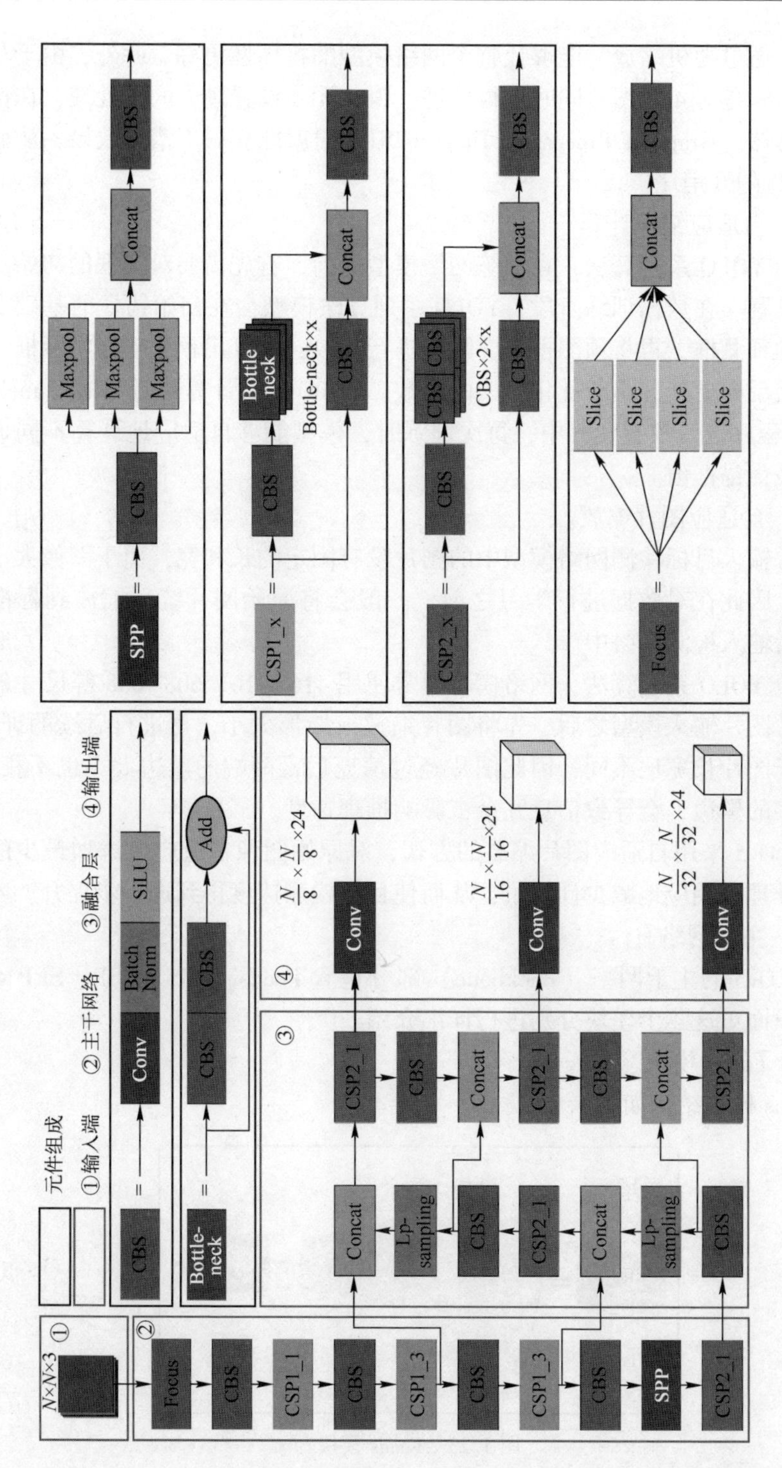

图1.22　YOLOv5网络结构

小目标，通过随机缩放，能够让整个网络模型的鲁棒性更好。此外，由于马赛克增强训练是对4张图片同时进行处理，因此无须设置过大的批处理，在使用图形处理器（Graphics Processing Unit，GPU）时就能获得不错的效果，从而节省了GPU的开销。

（2）自适应锚框计算。

对于YOLO系列算法，在训练网络模型之前，首先需要对锚框的初始长宽值进行设置。在数据训练阶段，YOLO系列算法模型会在初始锚框的基础上输出相应的预测框，再将预测框与实际框进行比较，计算出预测框与实际框的差距，从而反向更新，不断优化模型的参数。YOLOv5将计算初始锚框（anchor_grid）的程序嵌入模型代码中，每次训练时，模型能够自适应地计算不同训练集中的最优锚框值。

（3）自适应图片缩放。

通常输入目标检测网络模型中的图片没有固定的长和宽，由于图像大小均不一致，因此在对数据进行学习之前，一般会将原始图片统一缩放到标准尺寸，然后输入检测网络中。

对于YOLO系列算法，网络模型通常使用416×416、608×608等尺寸的图像数据，图片输入模型之后，先将图片缩放成矩形大小，再进行后续的训练。然而由于图片长宽比不同，因此图片经过填充后，两端的黑边大小也不相同。填充较多的黑边，会导致信息冗余，影响推理速度。

YOLOv5采用自适应图片缩放的方式，对原始图像自适应地添加最少的黑边，在推理时相应地减少计算量，从而使目标检测速度得到进一步提升。

（4）主干网络。

YOLOv5的主干网络（Backbone）部分包含Focus、CBS、CSP、SPP 4个模块，下面对这4个模块分别进行详细介绍。

（5）Focus模块。

Focus模块结构如图1.23所示。

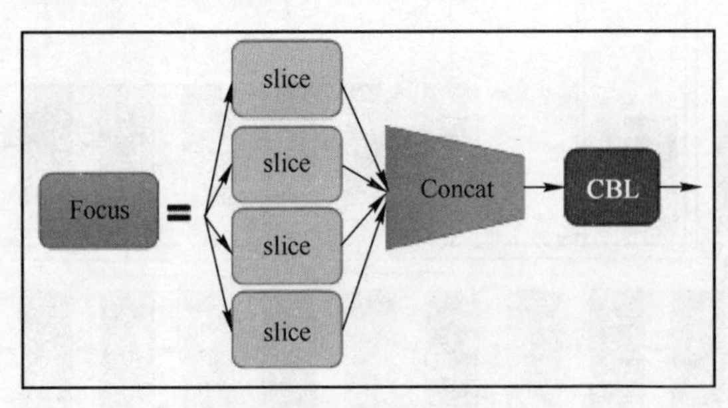

图1.23　Focus模块

Focus 模块是一种特殊的下采样方式，采用 Focus 模块能够起到提速的作用。其主要操作包括对图片进行切片和拼接。切片处理时，对于输入的每张图片进行间隔像素取值，从而将一张图片变成 4 张图片，4 张图片相似度高，又起到互补作用，既保证了信息不被丢失，又将 W、H 信息整合到通道空间，将输入通道扩充为原来的 4 倍，再将得到的图片送入卷积层，就能在保证信息不被丢失的条件下获得 2 倍下采样特征图。

（6）CBL 模块。

YOLOv5 中 CBL 模块是标准的卷积模块（图 1.24），包括卷积 CONV、归一化处理（Batch Normalization，BN）、激活函数 LeakyReLU 这 3 部分结构，YOLOv5 不同版本中使用的激活函数有一定的差异。

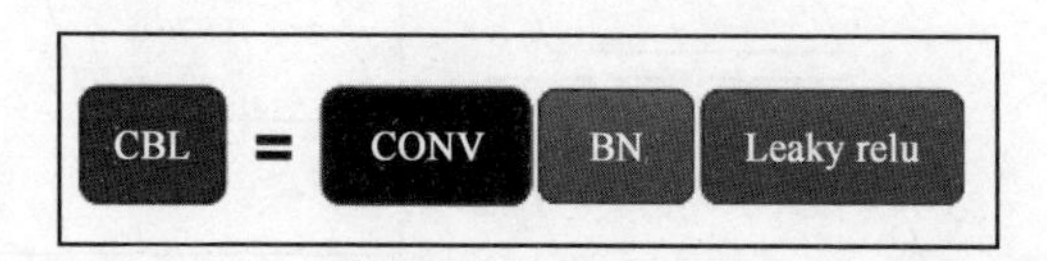

图 1.24　CBL 模块

（7）CSP 模块。

CSP 模块主要有两种，分别是 CSP1_1 和 CSP2_1，如图 1.25 所示。CSP1_1 模块在主分支先使用一个 CBL 单元，然后连接若干个残差组件，经过卷积后，与残差分支进行拼接，最后进行归一化处理、激活函数以及 CBL 单元的处理。CSP2_1 模块相较于 CSP1_1，只是将残差组件替换成 CBL 单元，其余部分的构成与 CSP1_1 相同。

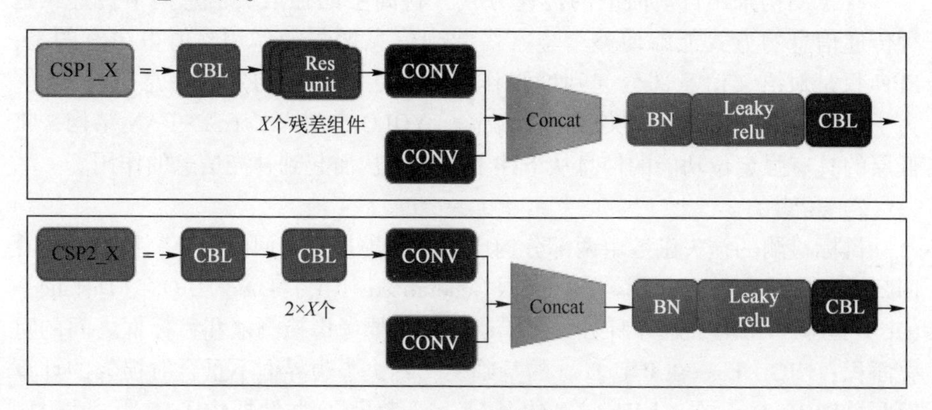

图 1.25　CSP 模块

（8）SPP 模块。

在 YOLOv5 中，SPP 模块为一个 CBL 单元连接 3 个串行的最大池化层，然后再相互进行拼接，最后再连接一个 CBL 单元。这种结构能对整个网络模型的速度起到一定的提升作用。

(9) 融合层模块。

YOLOv5 在融合层模块采用特征金字塔网络（Feature Pyramid Network，FPN）结构（图 1.26）与 CSP-PAN 结构。

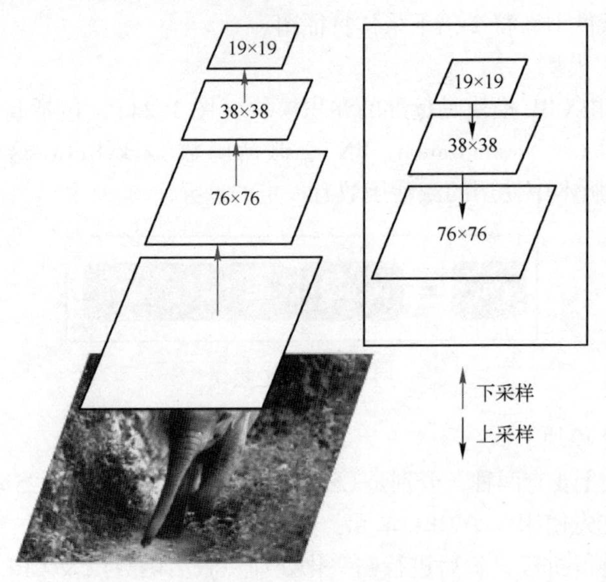

图 1.26 FPN 结构

FPN 结构采用自顶向下的传递方式，将高层的强语义信息向下传递，这种传递信息的方式能够使整个金字塔起到信息增强的作用。值得注意的是，FPN 只是对语义信息部分起到增强作用，无法对目标的定位信息进行传递。为了解决 FPN 不传递位置信息这一缺陷，YOLOv5 加入了 CSP-PAN 结构，将低层的具有强定位功能的信息从下往上传递，从而起到补充信息的作用。

2）输出端

目标检测的损失函数由两部分构成，即分类损失和回归损失。目前，计算回归损失的函数有 IOU Loss、GIOU（Generalized-IOU）Loss、DIOU（Distance-IOU）Loss、CIOU Loss 4 种方式。IOU Loss 主要考虑检测框和目标框之间的重叠面积；GIOU Loss 在 IOU Loss 的基础上，解决了边界框不重合时损失的计算问题；DIOU Loss 在 GIOU Loss 的基础上，考虑了边界框中心点距离信息；CIOU Loss 在 GIOU Loss 的基础上考虑了边界框宽高比的尺度信息。YOLOv5 在检测层中采用了 CIOU Loss 损失函数，CIOU Loss 有助于提升预测框回归的速度和精度。

YOLOv5 在检测层还采用了非极大值抑制（Non Max Suppression，NMS）算法。使用 NMS 在选择最优的预测框时，可以去掉目标物体多余的预测框。当多个目标框重合度很高时，取置信度（IOU）最大的框作为最终的输出结果。其中，置信度通过候选框与真实框的交并比计算得出。

1.3　数字信号处理系统

1.3.1　数字信号处理系统的组成

数字信号处理系统的组成框图如图 1.27 所示，系统由输入通道、数字信号处理模块及输出通道组成。

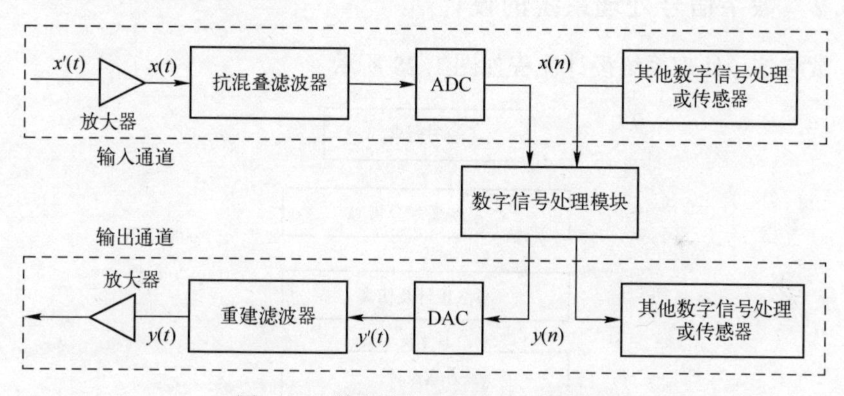

图 1.27　数字信号处理系统组成框图

1）输入通道

输入通道包括放大器、抗混叠滤波器、模拟数字转换器（Analog to Digital Converter，ADC）。

（1）放大器：对输入信号进行放大，以满足模拟数字转换器对输入模拟信号的要求。具体指标有放大倍数（增益）、带宽、电平、耦合形式（直流（视频）、交流（变压器耦合、中频））等。

（2）抗混叠滤波器：滤除带外信号及噪声，一般为低通滤波器（若是带通采样，则为带通滤波器）。主要指标有截止频率、带外抑制等。

（3）ADC：将模拟信号转变为数字信号。主要指标有精度（位数）、采样频率、输出信噪比、无杂散动态范围等。

2）数字信号处理模块

数字信号处理模块包括高性能 DSP、FPGA 及外围硬件。

(1) DSP：数字信号主处理芯片，实现信号处理算法。

(2) FPGA：数字信号主处理芯片，实现高速数据预处理。

(3) 外围硬件：电源、时钟、存储器等硬件。

3) 输出通道

输出通道包括数字模拟转换器（Digital to Analog Converter，DAC）、重构滤波器、放大器。

(1) DAC：将数字信号变换为模拟信号输出。主要指标有精度、转换频率等。

(2) 重构滤波器：将输出的模拟信号滤波，以恢复输出视频信号。主要指标有截止频率、带外抑制等。

(3) 放大器：对输出信号进行放大，以满足外界对模拟信号的需求。

1.3.2　数字信号处理系统的设计

数字信号处理系统设计流程如图1.28所示。

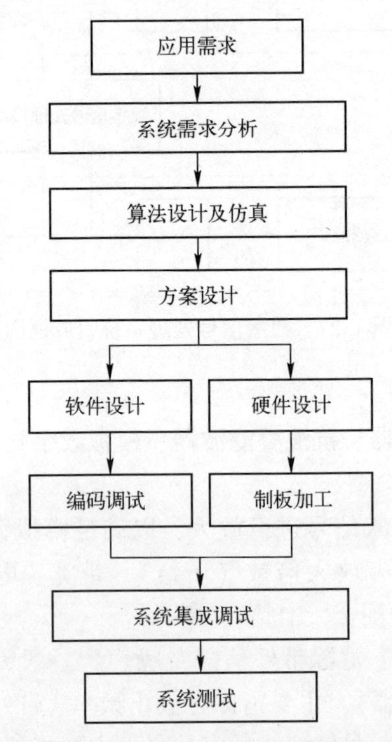

图1.28　数字信号处理系统设计流程

由图1.28可知，在进行数字信号处理系统设计之前，首先要明确应用需求，根据应用需求，给出系统需求分析或设计任务书。在进行系统需求分析或设计任务书时，应该将系统要达到的功能描述准确、清楚。描述的方式可以是人工语言，也可以是流程图或算法描述。

明确需求后，需要设计数字信号处理算法并完成设计仿真。采用高级语言或 MATLAB 等对算法进行仿真，确定最佳算法并初步确定参数，对系统中的哪些功能用软件（DSP、CPU、GPU 等）实现、哪些功能用硬件（如 FPGA）实现进行初步的分工，如 FFT、FIR 等是否需要用硬件来实现等。根据技术指标和算法，大致可以确定应该选用的 DSP、CPU、GPU 或 FPGA 芯片的型号。

下一步需要完成总体方案设计，即把设计任务书及算法转化为量化的技术指标，这些技术指标主要包括以下几个：

（1）根据信号的频率和性质决定系统采样频率。

（2）根据采样频率计算任务书最复杂的算法所需最大时间，以及系统对实时程度的要求判断系统能否完成工作。

（3）根据数据量及程序的长短决定片内随机存取器（Random Access Memory，RAM）的容量，以及是否需要扩展片外 RAM 及片外 RAM 容量。

（4）根据系统所要求的精度决定是 16 位还是 32 位、是定点还是浮点运算。

（5）根据系统是计算还是控制决定对输入输出接口的要求。在一些特殊的控制场合还有一些专门的芯片可供选用。

系统硬件设计包括原理图设计以及印制电路板（Printed Circuit Board，PCB）设计。

原理图设计主要包括核心处理芯片的选择，ADC、DAC 以及外围芯片的选型，硬件连接设计等。PCB 设计就是完成电路原理图到印制电路板的映射，考虑到现在电路工作频率越来越高，PCB 的设计越来越接近微波电路的设计，因此信号完整性的设计也是需要考虑的一个重要内容。

软件设计主要包括方案设计及代码设计、调试两个主要阶段，软件设计主要包括以 DSP 为处理器、以 C 语言为编写代码的“纯”软件设计；以 FPGA 为处理器、以 HDL 语言为编写代码的软件设计。

其中 HDL 的设计目前在各大电子公司中均被定位为逻辑设计，其设计的主要对象是硬件电路，主要描述硬件电路的工作以及信号在实际电路中的工作过程。但是由于其工作性质与软件比较类似，所以有时会与软件设计相混淆。本书对于两者的区别不做较深入的探讨，对 FPGA 及 HDL 设计感兴趣的同学可以参考本书作者撰写的关于 FPGA 及 Verilog HDL 设计的 3 本参考书，即《可编程逻辑器件与 Verilog HDL 语言》《Verilog HDL 与 FPGA 开发设计及应用》及《FPGA 技术开发——高级篇》。

在软、硬件均完成设计的基础上，需要进行系统集成调试，最后进行系统测试，完成系统的设计。

1.4 数字信号处理核心处理器

DSP作为数字信号处理核心芯片的“老大”，是数字信号处理得到快速发展的两大基石之一（另一基石是FFT算法的诞生），但是随着技术的进步，FPGA、GPU及CPU等处理器的快速发展，在数字信号处理领域，核心处理器已不再是DSP一家独大，FPGA、GPU、CPU等几大处理器各具特色，在信号处理领域均发挥着不同的作用。

1.4.1 数字信号处理核心处理器的发展近况

1. DSP的发展近况

1）国外发展状况

世界上第一片单片DSP芯片是1978年AMI公司推出的S2811，经过多年的发展，DSP产品的应用已经扩大到人们学习、工作和生活的各个方面，并逐渐成为电子产品更新换代的决定因素。世界上DSP芯片有300多种，其中定点DSP有200多种。迄今为止，国际上生产DSP芯片的厂家主要有两家，分别是TI公司和ADI公司。

（1）TI公司。

迄今为止，最成功的DSP芯片生产商是美国的德州仪器（TI）公司，该公司在1982年成功推出其第一代DSP芯片TMS32010及其系列产品TMS32011、TMS320C10/C14/C15/C16/C17等，之后相继推出了第二代DSP芯片TMS32020、TMS320C25/C26/C28，第三代DSP芯片TMS320C30/C31/C32/VC33，第四代DSP芯片TMS320C40/C44，第五代DSP芯片TMS320C5x/C54x/C55x，第二代DSP芯片的改进型TMS320C2xx，集多片DSP芯片于一体的高性能DSP芯片TMS320C8x以及目前速度最快的TMS320C62x/C64x/C66x系列等。目前，TI公司的DSP系列芯片主要包括C5000系列、C6000系列、KeyStone系列等。

（2）ADI公司。

美国模拟器件（ADI）公司在DSP芯片市场上也占有较大的份额。该公司相继推出了一系列具有显著特点的DSP芯片。目前，ADI公司有Blackfin、SHARC、Sigma、TigerSHARC和21xx等5个系列的DSP芯片，可供选择的DSP芯片有百余种。

2）国内发展状况

目前，我国的 DSP 产品主要来自海外。TI 公司的第一代产品 TMS32010 在 1983 年最早进入中国市场，之后 TI 公司通过提供 DSP 培训课程，不断扩大市场份额，现约占我国 DSP 市场的 90%，其余份额被 ADI 等公司所占有。

目前全球有数百家直接依靠 TI 公司的 DSP 而成立的公司，称为 TI 的第三方（Third Party）。我国也有 TI 的第三方公司，这些第三方公司有的从事 DSP 开发工具，有的从事 DSP 硬件平台开发，还有的从事 DSP 应用软件开发。这些公司基本上是 20 世纪 80 年代末至 90 年代初创建的，现在已发展到相当大的规模。对于 DSP 的发展，与国外相比，我国在硬件、软件上还有很大的差距，还有很长一段路要走。虽然 DSP 主要产品的市场都由国际半导体大厂所控制，但是我国在政策的扶持下，本土厂商积极进行研发，并取得了初步的进展。

（1）国家专用集成电路设计工程技术研究中心。

国家专用集成电路设计工程技术研究中心自 20 世纪 90 年代开始，致力于高性能 DSP 的研究工作。自 2000 年起，该中心承担了多项国家重大任务，自主成功研制一系列填补我国多项空白的 DSP 产品。近年来，该中心根据当前 DSP 领域的算法需求，提出了完全自主知识产权的 AppAISArc 指令体系结构，于 2014 年底研制出支持该体系结构的 5 核代数运算微处理器（Mathematics Process Unit，MaPU）产品，峰值计算能力为 3000 亿次/s。该中心还规划陆续推出基于该体系结构、满足不同应用领域的 MaPU 系列产品，最高达每秒万亿次的计算能力。

（2）中国电子科技集团公司第十四研究所与第三十八研究所。

中国电子科技集团公司第十四研究所与第三十八研究所分别研发了“华睿”和“魂芯”系列的 DSP 芯片。2018 年 4 月，中国电子科技集团公司第三十八研究所的“魂芯”2 号 A 问世，根据官方资料，该芯片 1s 能完成千亿次浮点操作运算，单核性能超过同类芯片 4 倍。2020 年 5 月，中国电子科技集团公司第十四研究所牵头研造的“华睿”2 号 DSP 成功通过“核高基”课题验收。芯片主频为 1GHz，每秒可完成 4000 亿次浮点运算。根据规划，“华睿”3 号将具备万亿次运算能力，进一步向高端芯片领域进军。

2. FPGA 的发展近况

1）国外发展状况

自 Xilinx 的联合创始人 Ros Freeman 于 1984 年发明 FPGA 以来，这种极具灵活性、动态可配置的产品就成为了很多产品设计的首选。FPGA 的存在，使某些具有挑战性的设计变得更为简单。随着芯片技术的发展，FPCA 的作用越发重要，诸多厂商也开始投入到FPGA的研发之中，国内公司跃跃欲试，现已出现不少FPGA生产厂家。

全球主要FPGA芯片生产厂商中，最被人们熟知的就是Xilinx公司和Altera公司两家巨头，紧排其后的是Lattice公司。

Xilinx公司作为全球FPGA市场份额最大的公司，其发展动态往往也代表着整个FPGA行业的动态，Xilinx每年都会在赛灵思开发者大会（XDF）上发布和提供一些新技术，很多FPGA领域的最新概念和应用都是由Xilinx公司率先提出并实践的，其高端系列的FPGA几乎达到了垄断的地位，是目前当之无愧的FPGA业界老大。2022年2月14日，AMD实现了对Xilinx的收购。

Altera公司于1983年成立于美国加州，是世界上“可编程芯片系统”（SOPC）解决方案倡导者，Altera公司于2015年被Intel以167亿美元收购，其长期位居全球FPGA市场份额的第二位。

Lattice公司以其低功耗产品著称，市场份额在全球FPGA市场中排名第三，iPhone7手机内部搭载的FPGA芯片就是Lattice公司的产品。Lattice公司是目前唯一一家在中国有研发部的外国FPGA厂商。

2）国内发展状况

国外“FPGA三巨头”占据全球90%的市场，FPGA市场呈现双寡头垄断格局，Xilinx公司和Altera公司分别占据全球市场的56%和31%，在中国的FPGA市场中，其占比也分别高达52%和28%，而目前国内厂商生产的高端产品在硬件性能指标上均与上面提到的三家FPGA巨头有较大差距，国产FPGA厂商暂时落后。

国产FPGA厂商目前在中国市场占比约为4%。主要有紫光同创、高云半导体等。

（1）紫光同创。

深圳市紫光同创电子有限公司（简称紫光同创），专业从事可编程系统平台芯片及其配套EDA开发工具的研发与销售，致力于为客户提供完善的、具有自主知识产权的可编程逻辑器件平台和系统解决方案。目前，紫光同创的FPGA有3个产品家族：Titan家族高性能FPGA、Logos家族高性价比FPGA和Compat家族CPLD产品，产品覆盖通信、网络安全、工业控制、汽车电子、消费电子等应用领域，是国产FPGA厂商中产品线种类最齐全、覆盖范围最广的一家公司。

紫光同创是国内最先推出自主知识产权180K逻辑规模器件的厂商。紫光同创已成功完成13.1Gb/s SerDes测试片的流片验证，突破了高速SerDes研发关键技术，已开始进行32.75Gb/s超高速SerDes的研发。

紫光同创产品性能领先、技术服务领先、供货能力稳定，具有丰富的 IP 和解决方案，目前已形成了覆盖高、中、低端的各类 FPGA 产品。后续，将持续完善 55nm、40nm、28nm 产品系列，完成国内中、低端 FPGA 国产化目标，并且将进一步加快新工艺、新技术的研究和突破，推出更高端的产品，满足国内高、中、低端全系列产品国产化需求。

（2）高云半导体。

广东高云半导体科技股份有限公司成立于 2014 年 1 月，总部位于广州黄埔区科学城总部经济区，是一家拥有百分之百独立自主知识产权，致力于可编程逻辑芯片产品的国产化，可提供集设计、软件、IP 核、参考设计、开发板、定制服务等一体化完整解决方案的国家高新技术企业。高云半导体公司目前已经完成 55nm 制程 FPGA 13 个种类、100 多款封装产品的研发和量产，2022 年推出 22nm 产品系列。

高云半导体公司于 2018 年获得中国 IC 设计成就奖——“五大最具潜力 IC 设计公司奖”；2019 年获得中国 IC 设计成就奖——年度最佳 FPGA/处理器“GW1NS2-QN32”；2020 年 6 月，产品再获 2020 年度中国 IC 设计成就奖——年度最佳 FPGA/处理器“GW1NRF-LV4B-QFN48”；2020 年 11 月，获 2020 年硬核中国芯最佳国产 EDA 产品奖——高云云源软件逻辑综合工具 GowinSynthesis1. 9. 6。图 1. 29 所示为高云半导体公司晨熙二代系列 FPGA 芯片。

图 1. 29　高云半导体公司晨熙二代系列 FPGA 芯片

（3）上海复旦微电子。

上海复旦微电子集团股份有限公司（以下简称复旦微电子）于 1998 年 7 月 16 日由复旦大学“专用集成电路与系统国家重点实验室”、上海商业投资公司出资成立，是一家从事超大规模集成电路的设计、开发、测试，并为客户提供系统解决方案的专业公司。公司现已形成了可编程逻辑器件、安全与识别、非挥发存储器（Non-Volatile Memory，NVM）、智能电表、专用模拟电路五大产品和技术发展系列，是国内从事超大规模集成电路的设计、开发和提供系统解决方案的专业公司。复旦微电子于2000年在香港创业板上市，成为国内集成电路设计行业第一家上市企业，并于2014年转至香港主板。

复旦微电子的可编程逻辑器件产品研发能力在国内处于领先地位，在工业控制、信号处理、智能计算等领域得到了国内客户的广泛关注，在28nm工艺FPGA与SOPC的研发上居于国内第一梯队，也是目前国内唯一一家面向市场正式提供SOPC产品的企业。

复旦微电子在可编程逻辑器件方面，通过近20年的开发，结合民用领域积累的丰富设计经验，逐步形成了可编程逻辑器件、中央处理器、SERDES高速接口、DDR3、DSP等关键设计技术，大规模FPGA、SOPC测试技术、可靠性技术，构建了高可靠、低功耗、高速FPGA和SOPC相关研制平台与生产体系，相关产品年销售额已达上亿元。

3. CPU的发展近况

1）国外发展状况

目前全球CPU市场呈现Intel和AMD寡头垄断格局，Intel主导了全球CPU市场。在两家公司整体CPU出货量中，2022年Q1 Intel公司占据64.8%的市场份额，AMD占据35.1%的市场份额。从出货量来看，目前全球CPU市场上Intel与AMD两大巨头基本实现了对市场的寡头垄断，中小CPU企业由于自身体量、资金、技术等限制，较难在现有格局下突围。此外，Intel出货量市场份额接近AMD的两倍，仍然在市场上占据主导地位。

2）国内发展状况

目前，国内CPU产品大多数采用基于X86或ARM指令系统的构架。近些年，随着国内处理器设计和基础软件研发水平的提升，独立于Wintel（微软-英特尔）和AA体系（安卓-ARM）的其他生态体系开始出现，如龙芯中科推出的基于LoongArch指令系统的生态体系。支持LoongArch的CPU市场占有率目前尚低，但随着相关CPU产品性能的提升和生态的不断完善，其竞争力正在不断增强。

国产CPU企业目前主要有6家，分别是龙芯中科、电科申泰、华为海思、飞腾信息、海光信息和上海兆芯。按采用的指令系统类型可大致分为3类：第一类是龙芯中科和电科申泰，早期曾分别采用与MIPS兼容的指令系统和类Alpha指令系统，现已分别自主研发指令系统；第二类是华为海思和飞腾信息，采用ARM指令系统；第三类是海光信息和上海兆芯，采用X86指令系统。

（1）龙芯。

龙芯CPU由中国科学院计算技术所龙芯课题组研制，由中国科学院计算技术所授权的北京神州龙芯集成电路设计公司研发。

龙芯 1 号的频率为 266MHz，最早在 2002 年开始使用。龙芯 2 号的最高频率为 1GHz。龙芯 3A 系列是国产商用 4 核处理器。龙芯 3A3000 基于中芯 28nm FDSOI 工艺，设计为 4 核 64 位处理器，主频为 1.5GHz，功耗仅为 30W，非常适合笔记本平台。

龙芯 3B 系列是国产商用 8 核处理器，主频超过 1GHz，支持向量运算加速，峰值计算速度达到每秒 1.28×10^3 亿次浮点运算，具有很高的能耗比。龙芯 3B 系列主要用于高性能计算机、高性能服务器、数字信号处理等领域。

（2）上海兆芯。

上海兆芯集成电路有限公司（简称上海兆芯）是众多使用 X86 架构的国内企业之一。X86 架构是 Intel 和 AMD 公司的核心技术。上海兆芯自主研发的 ZX-C 处理器于 2015 年 4 月量产，采用 28nm 工艺，属于 4 核处理器，主频可达 2.0GHz。2017 年上海兆芯宣布自主研发的 ZX-D 系列 4 核和 8 核通用处理器已经成功流片。2019 年，上海兆芯正式发布新一代 ZX-E8 核 CPU，主频高达 3.0GHz，采用 8 核 16nm 工艺。

（3）天津飞腾。

天津飞腾公司（简称飞腾）是国防科技大学高性能处理器研究团队建立的企业。国防科技大学多年来在 CPU 领域的耕耘使之积累了雄厚的技术实力。2016 年，飞腾公布了新产品 FT-2000 芯片（图 1.30），它最早亮相于 2015 年的 HotChips 大会，代号“火星”，定位于高性能服务器、行业业务主机等。FT-2000 采用 ARMv8 架构，但是使用自研内核，不同于市面上 ARMv8 的 Cortex-A53/A57/A72（直接购买于 ARM 公司的内核）。

图 1.30　FT-2000 芯片

FT-2000之所以引人注目，还因为它在性能方面（包括64个FTC661处理器核，其公布的Spec 2006测试中，整数计算的得分为672，浮点数计算的得分为585）足以和Xeon E5-2699v3相媲美。这也是国产服务器芯片第一次在性能上追平Intel，存储器控制芯片总聚合带宽为204.8Gb/s，超过目前的E5V3和E7V3，接近IBM POWER8（总带宽高达230Gb/s）。跑分与Intel的XeonE5-2699v3相媲美，意味着FT-2000对于很多商业应用来说已经完全够用了。只要软件生态跟得上，FT-2000完全可以在商业市场上，取代Intel的某些产品。

4. GPU的发展近况

1）国外发展状况

在GPU市场上，长期以来都是美国超威半导体公司（AMD）和英伟达（NVIDIA）二分天下，2022年Intel正式杀入了显卡市场，目前独立GPU市场则主要由NVIDIA、AMD和Intel三家公司占据，2022年全球独立GPU市场占有率分别为88%、8%和4%，其中，NVIDIA在PC端独立GPU领域市场占有率优势明显。

NVIDIA是一家专注于GPU半导体设计的企业，成立于1993年，1999年NVIDIA推出GeForce256芯片，并首次定义了GPU的概念；随后创新性地提出CUDA架构，让此前只做3D渲染的GPU实现通用计算功能；2010年以后，NVIDIA在AI行业发展初期市场皆不看好的情况下，预见了GPU在AI市场的应用并全力以赴地开展相关布局；当前，NVIDIA公司以数据中心、游戏、汽车、专业视觉四大类芯片为收入基础，完成了硬件、系统软件、软件平台、应用框架全栈生态的建设。

AMD创立于1969年，专门为计算机、通信和消费电子行业提供各类微处理器以及提供闪存和低功率处理器方案，公司是全球领先的CPU、GPU、APU和FPGA设计厂商，掌握中央处理器、图形处理器、闪存、芯片组以及其他半导体技术，具体业务包括数据中心、客户端、游戏、嵌入式四大部分。公司采用无生产线研发模式，聚焦于芯片设计环节，制造和封测环节则委托给全球专业的代工厂处理。

2）国内发展状况

目前国产GPU的发展远落后于国际先进水平，伴随着人工智能等的兴起，国内GPU的发展也迎来一波热潮，目前国内GPU厂家主要有景嘉微电子以及壁仞科技等公司。

（1）景嘉微电子。

长沙景嘉微电子股份有限公司成立于2006年，2015年推出首款国产

GPU，是国内首家成功研制具有完全自主知识产权的 GPU 芯片并实现工程应用的企业，2016 年在深交创业板成功上市。公司业务布局图形显示、图形处理芯片和小型专用化雷达领域，产品涵盖集成电路设计、图形图像处理、计算与存储产品、小型雷达系统等方面。

公司 GPU 研发历史悠久，技术积淀深厚。公司成立之初承接“神舟”8 号图形加速任务，为图形处理器设计打下坚实基础；公司 2007 年自主研发成功 VxWorks 嵌入式操作系统下 M9 芯片驱动程序，并解决了该系统下的 3D 图形处理难题和汉字显示瓶颈，具备了从底层上驾驭图形显控产品的能力。2015 年具有完全自主知识产权的 GPU 芯片 JM5400 问世，具备高性能、低功耗的特点；此后公司不断缩短研发周期，JM7200 在设计和性能上有较大进步，由专用市场走向通用市场；JM9 系列定位中、高端市场，是一款能满足高端显示和计算需求的通用型芯片。

（2）壁仞科技。

上海壁仞科技股份有限公司主营业务为高端通用智能计算芯片。壁仞科技创立于 2019 年，公司致力于开发原创性的通用计算体系，建立高效的软、硬件平台，同时在智能计算领域提供一体化解决方案。从发展路径上，公司首先聚焦云端通用智能计算，逐步在人工智能训练和推理、图形渲染等多个领域赶超现有解决方案，实现国产高端通用智能计算芯片的突破。2022 年 3 月，公司首款通用 GPU 芯片 BR100 成功点亮，后于 2022 年 8 月正式发布。

公司的产品体系主要涵盖 BR100 系列通用 GPU 芯片、BIRENSUPA 软件开发平台以及开发者云三大板块。其中，BR100 系列通用 GPU 芯片是公司的核心产品，目前主要包括 BR100、BR104 两款芯片。BR100 系列针对人工智能训练、推理及科学计算等更广泛的通用计算场景开发，主要部署在大型数据中心，依托“壁立仞”原创架构，可提供高能效、高通用性的加速计算算力。

1.4.2　几种处理器的特点

1. FPGA 的特点

1）FPGA 的优点

（1）FPGA 由逻辑单元、寄存器、RAM、乘法器等硬件资源组成，通过将这些硬件资源合理组织，可实现乘法器、寄存器、地址发生器等硬件电路。

（2）FPGA 可使用框图或者 Verilog HDL 来设计，从简单的门电路到 FIR 或者 FFT 电路都可以实现。

（3）FPGA 可无限地重新编程，加载一个新的设计只需几百毫秒，利用重配置可以减少硬件的开销。

（4）FPGA 集成了多种软、硬 IP 核，可以为设计提供更为快捷的多种选择。

（5）FPGA 的工作频率由 FPGA 芯片以及设计决定，可以通过修改设计或者更换更快的芯片达到某些苛刻的要求（当然工作频率也不能无限制地提高，而是受当前的 IC 工艺等因素制约）。

2）FPGA 的缺点

（1）FPGA 的所有功能均依靠硬件实现，实现分支条件跳转等操作会消耗大量的逻辑资源，造成大量的资源浪费。

（2）FPGA 只能实现定点运算（一些 FPGA 厂家也提供了浮点运算，但利用浮点运算会消耗大量 FPGA 硬件资源）。

2. DSP 的特点

1）DSP 的优点

（1）DSP 具有独立的单周期乘法器，以及采用哈弗及改进的哈弗总线结构，大大提高了数字信号处理的运算效率。

（2）所有指令的执行时间都是单周期，指令采用流水线处理，内部的数据、地址、指令及 DMA 总线分开，有较多的寄存器。

（3）DSP 芯片通过汇编或高级语言（如 C 语言）等进行编程。如果 DSP 芯片采用标准 C 程序，这种 C 代码可以实现高层的分支逻辑和判断。软件更新速度快，极大地提高了系统的可靠性、通用性、可更换性和灵活性。

（4）DSP 芯片可以实现硬件的浮点运算。

2）DSP 芯片的缺点

（1）与通用微处理器相比，DSP 芯片的通用功能相对较弱。DSP 芯片是专用微处理器，适用于条件进程，特别是较复杂的多任务算法。

（2）在运算上它受制于时钟速率，且每个时钟周期所做的有用操作数目也受限制。例如，TMS320C6201 只有两个乘法器，在 200MHz 的时钟下只能完成每秒 4 亿次的乘法运算。

（3）DSP 芯片受到串行指令流的限制。

3. CPU 的特点

1）CPU 的优点

（1）CPU 芯片具有较高的时钟频率和专门优化的指令集，能够快速执行复杂的计算任务。

（2）CPU 芯片是可编程的，可以根据不同的需求进行软件编程和优化，具有灵活性和可扩展性。

（3）现代 CPU 芯片通常是多核处理器，可以同时执行多个任务，提高处理效率和并行计算能力。

(4) CPU芯片具有更为优秀的通用处理能力，适用于各种复杂的多任务环境。

2) CPU芯片的缺点

(1) 高性能的CPU芯片在运行过程中会产生大量的热量，需要附加散热设备保持温度稳定，否则可能导致性能下降或故障。

(2) 高性能的CPU芯片通常价格较高，主要是针对专业应用等领域的高端产品。

(3) 尽管CPU芯片可以通过增加核心数量和时钟频率来提高性能，但由于物理限制，这种增长速度逐渐放缓，进一步提升性能变得较为困难。

4. GPU的特点

1) GPU的优点

(1) 并行计算能力。GPU芯片具有大量的处理核心，可以同时执行多个任务，在并行计算方面表现出色，这使它在高性能计算、深度学习和机器学习等领域具有巨大的优势。

(2) 图形渲染能力。GPU芯片最初是为图形渲染而设计的，具有强大的图形处理能力。它可以高效地处理复杂的3D场景、光照效果和纹理贴图等，提供流畅且逼真的图像和视频显示。

(3) 高带宽存储器。GPU芯片通常配备高带宽的显存，用于存储大量的图像、视频和计算数据。这种高速存储器可以大幅提高数据传输速度，加快计算和渲染过程。

2) GPU芯片的缺点

(1) 通用计算能力限制。相对于CPU芯片，GPU芯片在通用计算方面的灵活性较差。它更适合于大规模数据并行处理，而不是处理顺序执行的任务。

(2) 能耗和散热问题。由于GPU芯片拥有大量的处理内核，其能耗相对较高，并且会产生大量热量。因此，需要采取有效的散热措施，以确保系统稳定运行。

(3) 硬件成本。GPU芯片的设计和制造成本较高，特别是针对高端、专业级的图形处理和科学计算应用，这使购买和维护GPU芯片的硬件成本相对较高。

5. 几种处理器的区别

虽然几种处理器在数字信号处理领域均有着广阔的应用，但本书介绍的几种处理器存在较大的区别，表1.1给出了四种处理器的主要区别。

表1.1 四种处理器的主要区别

	FPGA	DSP	CPU	GPU
实现所需功能的方式	硬件	软件	软件	软件
编程语言	HDL代码	C语言	C语言	Python语言/C语言
通用处理能力	强	弱	强	弱
功耗	中等	小	中等	大
价格	适中	便宜	适中	昂贵
适用场景	① 常规信号处理领域； ② 高速、高带宽领域； ③ 定制化接口转换	① 复杂数字信号处理算法； ② 复杂数据处理算法	① 通用信号处理算法； ② 显示、通信等多接口、多任务需求	① 图像处理领域； ② 大块数据处理需求； ③ 大规模并行处理

第2章　高速数据采集技术

2.1　概　　述

2.1.1　模/数转换的发展现状

1. 国外发展状况

市场高需求的激励和先进集成电路工艺的发展使近十几年来模/数转换（ADC）技术进入蓬勃发展时期，取得了丰硕的成果。世界各国都在不断投入人力、财力开发高转换速率、高精度、低功耗的数据转换器。目前世界上能生产高性能、高性价比ADC芯片的企业都集中在美国，两家生产ADC芯片的顶尖企业为德州仪器（TI）公司和亚德诺（ADI）公司。

1）TI公司

TI公司是一家在模拟信号处理领域具有深厚技术底蕴的半导体公司，其ADC产品线丰富多样。

ADS8686S是基于双路同步采样16位逐次逼近型的16通道ADC，该器件能够实现高性能、高精度及零延迟转换，是多种工业应用的理想之选。ADC12DJ5200-SEP器件是一款射频ADC，可对从直流到10GHz以上的输入频率进行直接采样，可配置为双通道5.2GS/s ADC或单通道10.4GS/s ADC，适用于卫星通信及电子战环境。ADS1288是一款32位低功耗ADC，可满足地震监测设备需要低功耗来延长电池运行时间的严苛要求。ADS127L11是一款24位的三角积分（Δ-Σ）ADC，使用宽带滤波器时数据速率高达400KS/s，使用低延迟滤波器时数据速率高达1067KS/s，同时采用小尺寸封装，适用于工业数据测量测试、医疗脑电信号采集等。ADC12J1600和ADC12J2700器件为宽带采样和数字调谐器件，集成数字下变频器可进行数字滤波和下变频转换，以减轻后续数据处理压力，该器件适用于软件无线电、激光雷达等设施。

2）ADI公司

ADI公司是一家全球知名的半导体公司，拥有业界齐全的模/数转换器系列产品，可提供符合各种性能、功耗、成本和尺寸需求的器件。AD92系列是

ADI公司的高速ADC系列，如AD9207、AD9209、AD9213等，支持高达GS/s级的采样率，其中AD9207是12位、6GS/s双通道采样的ADC，AD9213是12位10.25GS/s的ADC，该类型ADC适用于雷达、通信、测试测量等需要超高速率的应用。AD40系列是ADI公司的高分辨率ADC系列。例如，AD4021具有20位的分辨率，AD4032具有24位的分辨率，适用于精密测量、传感器接口、音频处理等高精度应用。ADI公司对ADC精度、速率的不断提升，让许多如工业现场控制、地震波检测和无线通信弘基站信号传输等数字化应用逐步成为现实。

2. 国内发展状况

在国内的ADC研究领域中，上海贝岭公司和杭州城芯公司处于国内行业领先地位。但与国外高水平企业相比，无论是在技术工艺上还是测试环境上都存在一定的差距，还需深入研究和突破。

1）上海贝岭公司

上海贝岭公司创建于1988年9月，是中国微电子行业第一家上市公司，重点发展消费类和工控类两大板块的半导体设计业务，目前最新推出的BL1088产品是一款16通道16位1MS/s高精度模/数转换器芯片。在大型水轮机组发变组保护装置项目中，上海贝岭开发了一款8通道16位200KS/s同步采样ADC芯片，该产品提高了在复杂电磁环境下的长期可靠性和采样精度，其独有的CRC数据接口保障了核心信号链数据传输。此外，BL1063产品在125MS/s采样速率下可以具备82dBFS的信噪比，在信噪比、线性度、功耗等主要性能指标上处于优势地位。

2）杭州城芯公司

杭州城芯公司成立于2016年3月，是一家集设计开发、研制、生产和销售于一体的射频收发芯片企业。产品主要应用在数字相控阵系统、移动通信系统、卫星互联网等无线通信终端和通信雷达系统。其产品CX7342K/CX7342KN是一款宽带射频接收器，集成3通道14bit，3GS/s模/数转换器，最高支持6GHz射频信号的直接采样输入。其产品CX9261可为多模智能终端提供有效的硬件支撑，工作频率、信号带宽与通道数量等参数独立可配，极大地简化了多模通信终端的系统设计。

2.1.2 模/数转换的目的

数/模转换和模/数转换技术是数字技术的重要基础，在高速数据采集技术中占有重要地位。众所周知，数字信号处理的是二进制数字信息。然而在工业控制、电测技术和智能仪器仪表等场合，输入系统的信息绝大多数是模拟量，即数值随着时间在一定范围内连续变化。按其属性，可分为电量和非电量两类。对于诸如温度、压力、流量、速度、位移等众多的非电量，采用相应的传感元器件可以转换为电量。为使数字信号处理器能够对这些模拟量进行处理，首先必须采用模/数转换技术将模拟量转换成数字量。在输出控制系统中，系统的输出控制信息往往必须先由数字量转换成模拟量后，才能驱动执行部件完成相应的操作，以实现所需的控制。由此可见，模/数转换和数/模转换互为逆过程，其构成的器件分别称为模/数转换器（Analog to Digital Converter，ADC）和数/模转换器（Digital to Analog Converter，DAC）。

图2.1所示为实时控制系统，从图中可以看出ADC和DAC在系统中的作用和位置。图中运放给ADC提供足够的模拟信号幅度，功放给执行部件提供足够的驱动能力。

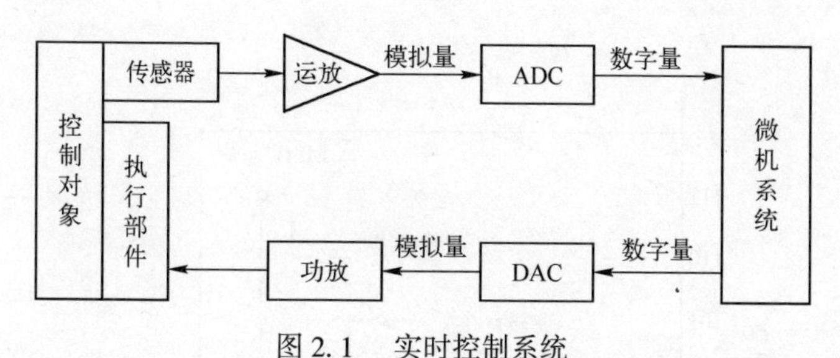

图2.1　实时控制系统

图2.1中的系统可以看成是由两部分组成的：一部分是将现场模拟信号变为数字信号送至处理系统进行处理的测量系统；另一部分是由处理系统、DAC、功放和执行部件构成的程序控制系统，实际应用中，这两部分都可以独立存在。

现今的信息传递过程已广泛采用数字形式进行传输。因此，需要将模拟信息转换成数字量，传送到对方后再将数字量变为模拟量。图2.2所示为时分数据传输系统的原理。多路模拟信号经过多路扫描器分时传送到ADC，数字信息经线路驱动装置和传输线后由接收器接收，再由DAC把数字信号转换成模拟信号，最后由多路扫描器把信号分成多路。

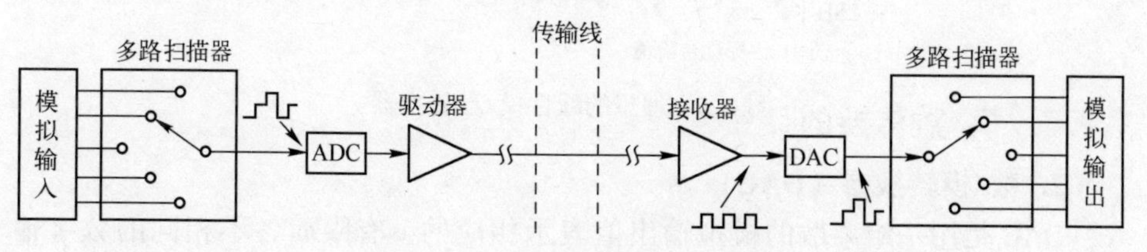

图2.2　时分数据传输系统原理

模/数转换和数/模转换主要分为以下3类：

(1) 数字→电压、电压→数字转换；

(2) 电压→频率（脉宽)、频率（脉宽）→电压转换；

(3) 轴角→数字、数字→轴角转换。

2.1.3 模/数转换器的术语

1. 模/数转换器（ADC）

ADC是利用有限的数字输出代码进行组合后来表示规定输入范围内的全部模拟值的一种转换器。每组数字输出代码只表示全部模拟输入范围内的一个分数部分，如图2.3所示。用数字输出代码表示模拟量，在量化处理时会引入在分数范围内的固有误差，因此数字输出代码只能表示在此范围内的一个无误差模拟值。

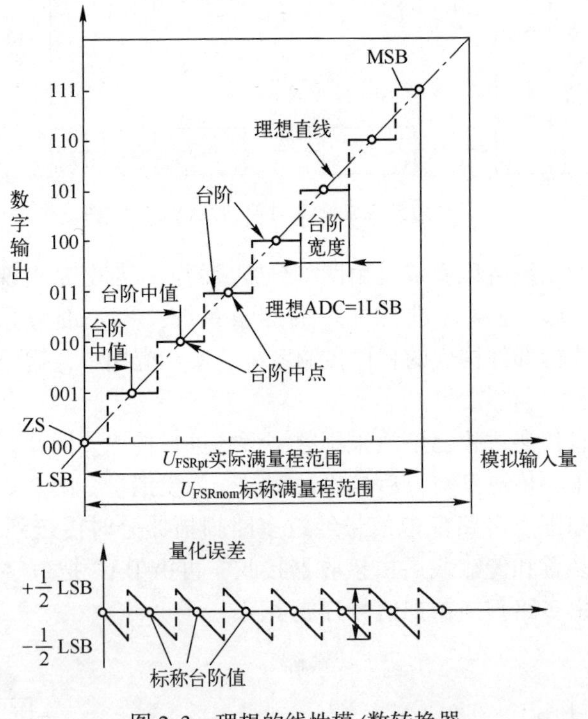

图2.3 理想的线性模/数转换器

2. 数/模转换器（DAC）

DAC是用一组离散的模拟输出值表示相应的、有限而各不相同的数字输入代码的一种转换器，如图2.4所示。

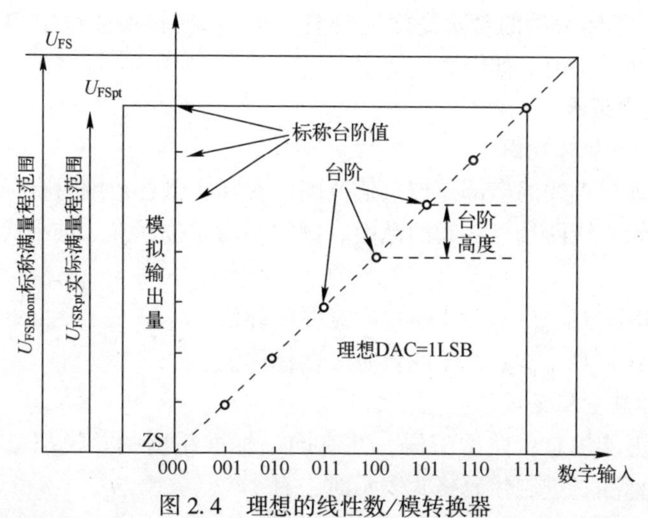

图 2.4　理想的线性数/模转换器

3. 转换代码

转换代码是指全部模拟输入范围内的每个分数部分分别对应的数字输出代码；或者每个数字输入代码分别对应的模拟输出值。转换代码是一组具有相关性的符号，如图 2.3 和图 2.4 所示。

4. 台阶

台阶是指在转换代码中，任何一个各自相关的代码，它是在转换曲线中相等而各自相关的任意部分。对于 ADC，台阶可以同时用模拟输入值的一个分数范围和与之对应的数字输出代码表示；对于 DAC，台阶可以同时用数字输入和与之对应的离散模拟输出值表示。

5. 台阶中心值

它指台阶中点的模拟值，也叫台阶中值。除模拟输入范围两端的台阶外（图 2.3），台阶的台阶中心值定义为模拟量从相邻台阶跃迁点增加或减少台阶宽度标称值的$\frac{1}{2}$的模拟值。

6. 台阶值

它指与数字输入代码对应的模拟值，如图 2.4 所示。

（1）模/数转换器的标称台阶中心值：模拟量从相邻台阶转换点减少或增加 1/2 台阶宽度标称值的模拟值，如图 2.3 所示。

（2）数/模转换器的标称台阶值：能准确表示对应于数字输入代码的规定的台阶值，如图 2.4 所示。

（3）模/数转换的台阶宽度：在一个台阶的模拟值范围内与其两端差值对应的绝对值，如图 2.3 所示。

(4) 数/模转换器的台阶高度（台阶量值）：在转换曲线中相邻两个台阶的台阶值的绝对差值，如图2.4所示。

7. 满量程范围

1）实际满量程范围

对应于理想直线的全部模拟量值范围。实际满量程范围只有标称值，因为它指的是理想直线两端点之间的范围。例如，用n位标准二进制代码格式表示时，有

对于ADC，$U_{\text{FSRpt}}=(2^n-1)\times$台阶宽度标称值。

对于DAC，$U_{\text{FSRpt}}=(2^n-1)\times$台阶高度标称值。

2）标称满量程范围

在理论上能用总台阶数编码，并有同一标准精度的总模拟量值范围。例如，用n位标准二进制代码格式表示时，有

对于ADC，$U_{\text{FSRnom}}=2^n\times$台阶宽度标称值。

对于DAC，$U_{\text{FSRnom}}=2^n\times$台阶高度标称值。

8. 理想直线

它指在转换曲线中，最大正（最小负）和最大负（最小正）标称台阶中值或标称台阶值两个规定点之间的直线。理想直线通过全部标称台阶中心值或标称台阶值的点。

9. 满量程

图2.5所示为电压输入、理想线性模/数转换器的理想直线、满量程和量程零点。

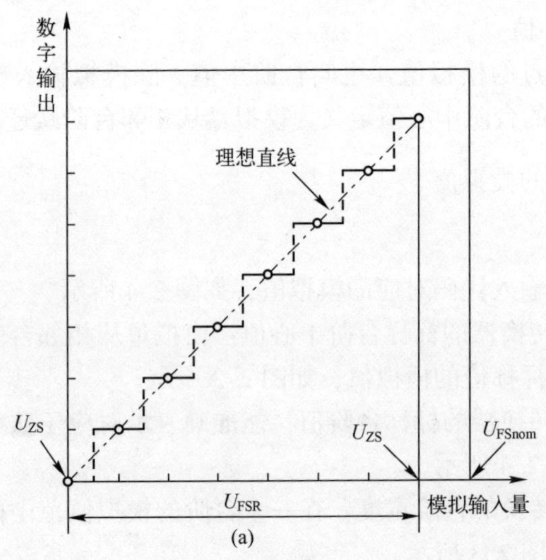

(a)

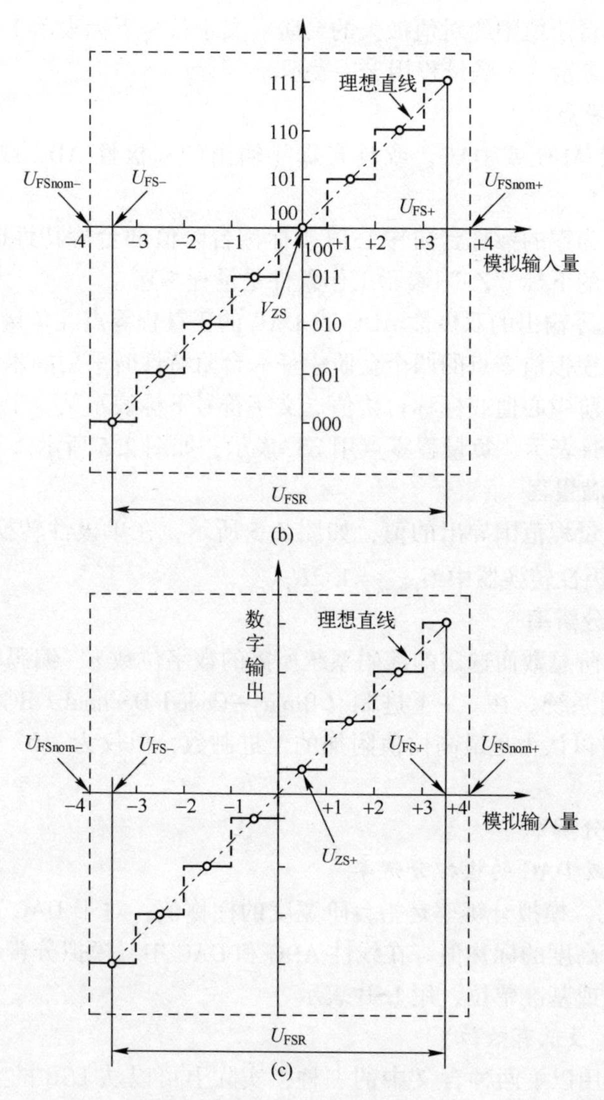

图2.5　电压输入、理想线性模/数转换器的理想直线、满量程和量程零点

1）单极性 ADC 或 DAC 满量程

在转换曲线中，用以描述具有最大绝对值的标称台阶中心值或标称台阶值特性时所采用的术语。线性单极性 ADC 如图 2.3 所示。文字符号下标“FS”表示工作条件是“满量程”。

2）双极性 ADC 或 DAC 的正满量程或负满量程

在转换曲线中，描述两端点的任一端点特性时所采用的术语，即标称台阶中心值或标称台阶值中绝对值最大的台阶。文字符号下标表示工作条件，如正满量程用 FS+表示、负满量程用 FS-表示。

10. 量程零点

（1）单极 ADC 或 DAC，或具有真零输出的双极性 ADC 或 DAC 的量程零点。

描述量值为零的标称台阶中心值或标称台阶值的台阶特性时所使用的术语，文字符号的下标“ZS”表示工作条件是量程零点。

（2）无真零输出的双极性 ADC 或 DAC 的正量程零点或负量程零点。

描述接近模拟值零点的两个台阶中任一台阶特性时采用的术语，即最小绝对值的标称台阶中心值或标称台阶值。文字符号下标表示某一工作条件，如正量程零点用 ZS+表示、负量程零点用 ZS-表示，如图 2.5 所示。

11. 标称满量程

从标称满量程范围导出的值，如图 2.5 所示，在单极性转换器中 $U_{\mathrm{FSnom}}=U_{\mathrm{FSRnom}}$，在双极性转换器中 $U_{\mathrm{FSnom}}=1/2U_{\mathrm{FSRnom}}$。

12. 数字分辨率

为表示台阶总数而选定的编码系统所需的数字位数 n，编码系统通常是二进制或十进制系统。在二-十进制（Binary-Coded Decimal，BCD）编码系统中，“1/2”可以认为是最高位值附加的十进制数，但仅为“0”或“1”两个十进制数。

13. 模拟分辨率

1）ADC 或 DAC 的模拟分辨率

对于 ADC，模拟分辨率是指台阶宽度的标称值，对于 DAC 而言，模拟分辨率是指台阶高度的标称值。在线性 ADC 和 DAC 中，模拟分辨率的量值通常作为参考单位或基准单位，用 LSB 表示。

2）LSB（最低有效位）

LSB 可以用以下两种含义中的一种，实际上可以从 LSB 的上下文搞清其含义。

（1）单位符号：单位符号 LSB 仅适用于线性转换器，是线性转换器模拟分辨率量值的单位符号。在以模拟分辨率量值的倍数或分数表示同一转换器其他模拟量值（特别是模拟误差）时用作基准单位。例如，“1/2LSB”是指等于 0.5 倍模拟分辨率量值的一个模拟量。对于自然二进制代码而言，单位符号是指对应于二进制数最低有效位的模拟分辨率所具有的标称权数。此时有恒等式

$$1\mathrm{LSB}=\text{模拟分辨率}$$

从而在分辨率为 n 位时，有

$$1\mathrm{LSB}=\frac{U_{\mathrm{FSR}}}{2^{n}-1}=\frac{U_{\mathrm{FSRnom}}}{2^{n}} \tag{2.1}$$

（2）缩写：LSB（Least Significant Bit）即在自然二进制数中最低权数位。例如，在自然二进制数“1010”中，最右位“0”就是LSB。

2.2　模拟调理电路

调理电路的作用是将敏感元件检测到的各种信号转化为标准信号。

一个完整的采集电路，从传感器或信号源到最终的ADC数据输出，中间需要经过输入范围调整、信号带宽限制、多通道复用等信号调理环节。除ADC自身之外，还需要考虑整个采集通道链路的设计，才能获得的良好的采集精度，满足系统对信号精度、稳定性和抗干扰能力的要求。

AD芯片具有输入电压范围的限制，而传感器将非电物理量转换为电信号后，并不保证其处于AD转换器可接受的范围内。因此，为了确保传感器输出的信号能够被AD转换器正确采集，通常需要使用调理电路对信号进行处理和调整，以使其适应AD转换器的输入要求，并消除潜在的噪声、失真或干扰等问题。

常见的采集电路前端调理技术有以下几个。

（1）电平调整。传感器信号本身比较微弱时，需要进行放大增强，提高其可检测性。当传感器信号过大时需要衰减降低输入信号的幅度，从而使经调理的信号处于ADC输入电压范围之内。可以使用运算放大器实现电平调整电路的设计，不仅实现了电压调整，而且可以满足阻抗匹配的要求。

（2）线性化。消除传感器等检测系统中因非线性特性引起的偏差。可以采用固定参数的元件与敏感器件并联或串联，避开非线性区。

（3）滤波。为得到较为干净的信号，需要对信号以外的噪声进行滤除。通常对输入信号进行频率选择，去除高于或低于特定频率范围的信号。

（4）隔离。用于分离不同基准电位或解决接地问题，以提高信号质量。

2.2.1　滤波电路

滤波电路的作用是使有用频率信号通过，同时抑制或衰减无用频率信号，根据电路工作是否需要电源，分为无源滤波电路和有源滤波电路。

1. 无源滤波电路

无源滤波电路由电感、电容、电阻构成。该电路的优点在于电路结构简单；缺点在于带负载能力差、无放大作用、滤波截止频率边缘不陡峭。

其中由电阻电容组成的1阶RC滤波电路的结构如图2.6及图2.7所示。

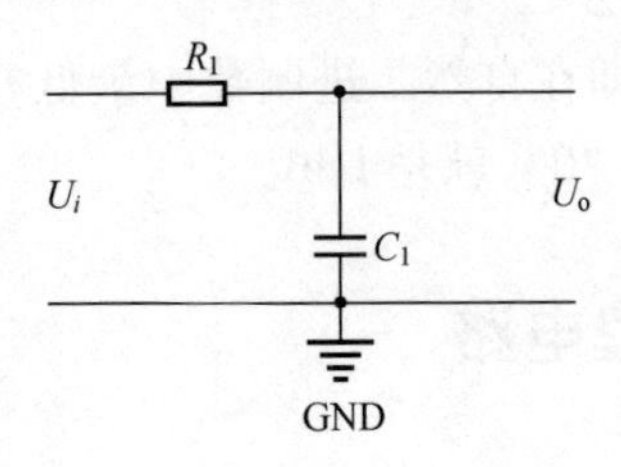

图2.6　1阶RC低通滤波器结构

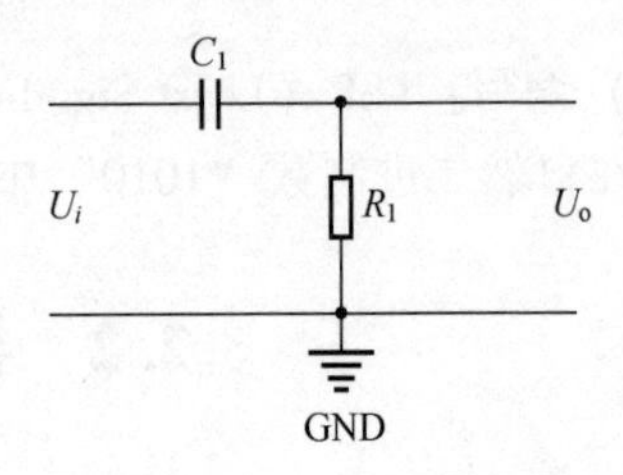

图2.7　1阶RC高通滤波器结构

其中高通滤波器与低通滤波器的区别就在于电容电阻摆放的位置，这是根据电容隔直通交的特效判断的，1阶RC滤波电路的截止频率为$\frac{1}{2\pi RC}$。

将1阶RC电路级联就可以实现带通滤波电路及带阻滤波电路，其电路结构如图2.8及图2.9所示。

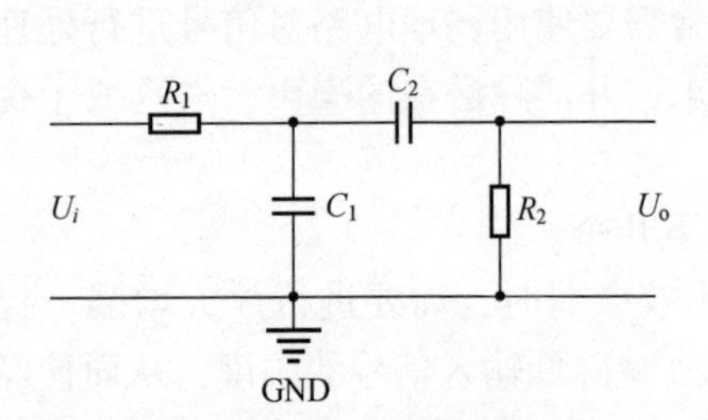

图2.8　RC带通滤波器结构

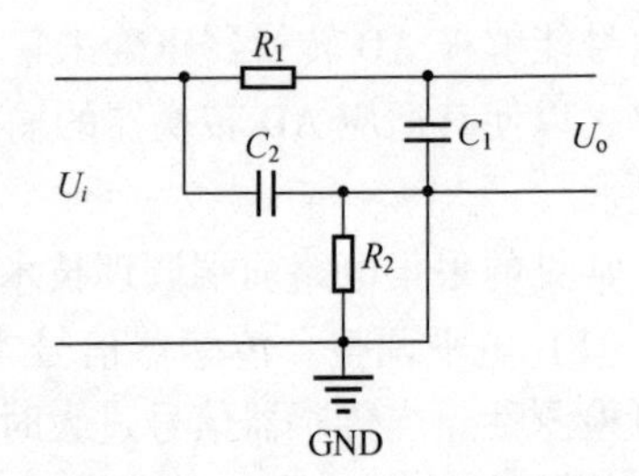

图2.9　RC带阻滤波器结构

2. 有源滤波电路

有源滤波电路的优点在于可以放大信号且倍数易于调节、输入电阻高、输出电阻低、输入与输出之间有良好的隔离。缺点在于不适用于高频率、高电压、大电流的电路。

1阶低通有源滤波器是一种同相输入、产生正向增益的低阶滤波器，通过负反馈网络形成一个增益可控的压控电压源，其电路结构如图2.10所示。

其放大器增益可以表示为

$$A_0=\frac{R_1+R_f}{R_1} \tag{2.2}$$

特征角频率可以表示为

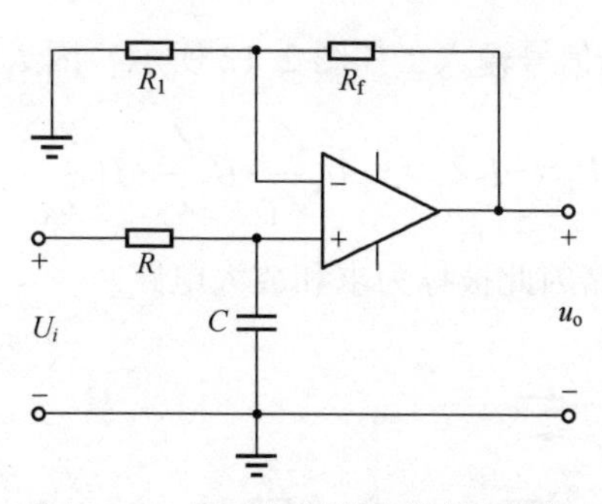

图 2.10　低通有源滤波器电路结构

$$\omega_0=\frac{1}{RC} \tag{2.3}$$

幅频特性可以表示为

$$|A(\mathrm{j}\omega)|=\frac{A_0}{\sqrt{1+(\omega/\omega_0)^2}} \tag{2.4}$$

2.2.2　运算放大电路

运算放大器是一类高增益的直接耦合放大器，被广泛用于实现信号的组合运算和处理。在数/模转换调理电路中经常用于组成反相输入运算放大电路和同相输入运算放大电路。

1. 反相输入运算放大电路

反相输入运算放大器原理电路如图 2.11 所示。

$$A_{\mathrm{CL}}=\frac{U_o}{U_1}=-\frac{Z_F}{Z_1} \tag{2.5}$$

式中：A_{CL}为放大器的闭环放大倍数。在理想情况下，它取决于输入端阻抗 Z_1 和反馈阻抗 Z_F，而与放大器内部参数无关。

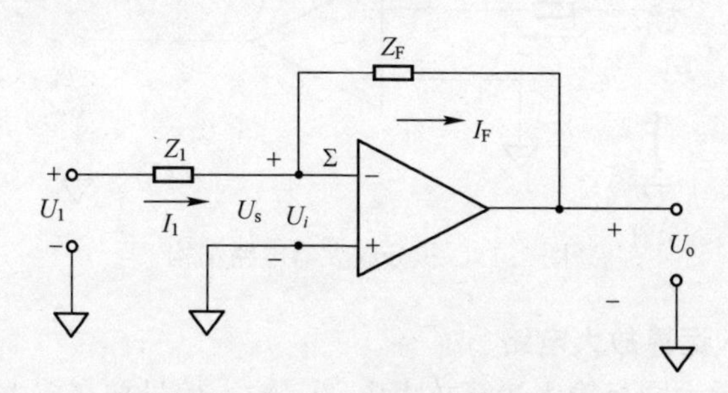

图 2.11　反相输入运算放大器电路结构

如果放大器有多个信号输入，如图2.12所示，因$I_F = I_1 + I_2 + I_3$，故有

$$U_o = -I_F Z_F = -\left(U_1 \frac{Z_F}{Z_1} + U_2 \frac{Z_F}{Z_2} + U_3 \frac{Z_F}{Z_3}\right) \tag{2.6}$$

图2.12所示的电路因此被称为求和放大电路。

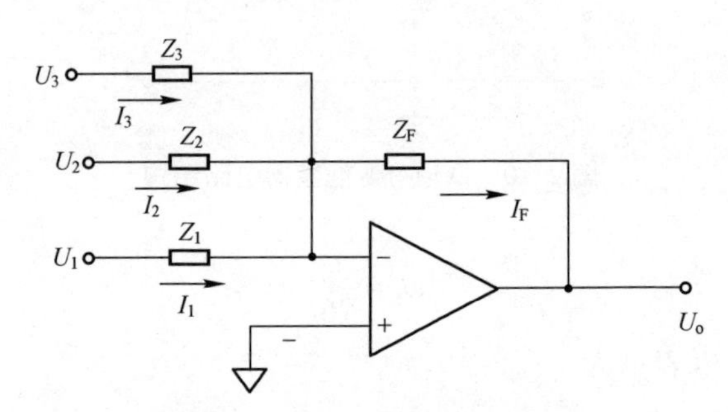

图2.12　求和放大器电路结构

假如反馈回路中接入电容C，输入回路接电阻R，如图2.13所示，则

$$U_o = -\frac{1}{C}\int \frac{U_1}{R} dt = -\frac{1}{CR}\int U_1 dt \tag{2.7}$$

若U_1=常数，则电容充电电流是恒定的。于是输出电压为

$$U_o = -\frac{U_1}{CR}\int_0^t dt = -\frac{U_1}{CR}t \tag{2.8}$$

式（2.8）表示输出电压是输入电压对时间的积分。因此，如图2.13所示的积分放大器电路称为积分放大器电路。

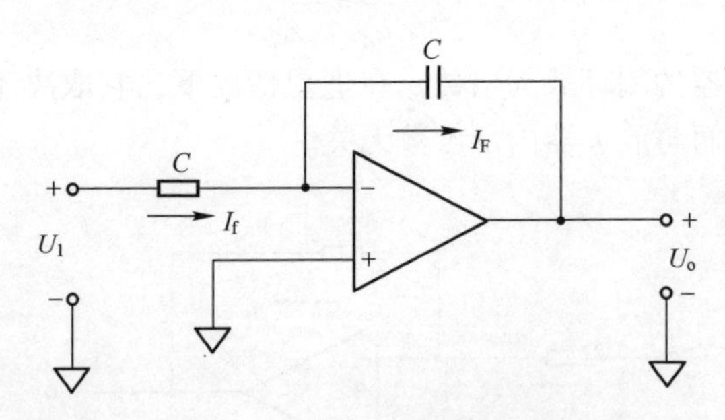

图2.13　积分放大器电路结构

2. 同相输入运算放大电路

图2.14所示为同相输入运算放大电路。输入信号加在放大器同相输入端，反馈信号连到反相输入端。由图可知，在理想情况下，有

$$U_2 = I_2 Z_1 = U_o \frac{Z_1}{Z_1 + Z_F} \tag{2.9}$$

$$U_2 = U_1 \tag{2.10}$$

$$A_{CL} = \frac{U_o}{U_1} = \frac{Z_1 + Z_F}{Z_1} = 1 + \frac{Z_F}{Z_1} \tag{2.11}$$

式（2.11）表示了放大器的闭环放大倍数 $A_{CL} \geqslant 1$，其值完全决定反馈阻抗 Z_F和输入回路阻抗 Z_1。如果 $Z_F = 0$，则 $A_{CL} = 1$，放大电路相当于跟随器，输出电压就等于输入电压。

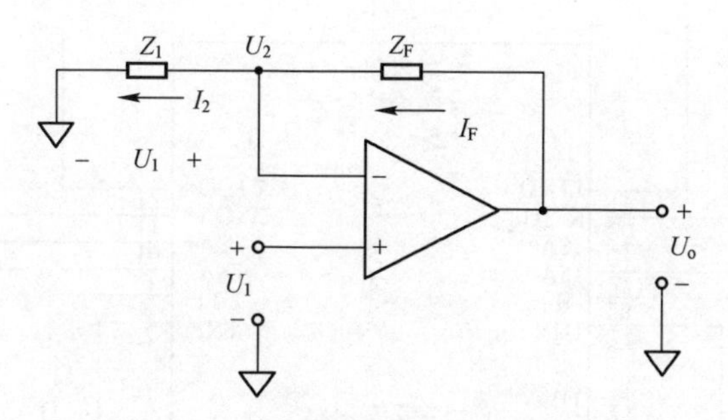

图 2.14　同相输入运算放大电路结构

2.2.3　单端转差分电路

模/数转换器前端的单端转差分电路一般有 3 种主要形式，即运算放大器、变压器和巴伦。

这 3 种前端电路都能起到对信号进行阻抗变换以实现电路的阻抗匹配，将输入的单端模拟信号转换为差分信号，并完成将输入信号输出到 ADC 的功能，区别是三者能够变换的信号频率逐渐递增。

3 种前端电路的典型电路如图 2.15 至图 2.17 所示。

图 2.15 所示为利用运算放大器实现的前端电路，其工作频率较低，但是运算放大器电路是有源电路，因此其可实现一定的增益，可以提高输入电压的幅值。

图 2.16 所示为利用变压器实现的前端电路，图 2.17 所示为利用巴伦实现的前端电路。两者均是无源电路，因此无法提供额外增益，但其工作频率较高，可以实现对较高输入频率信号的匹配。

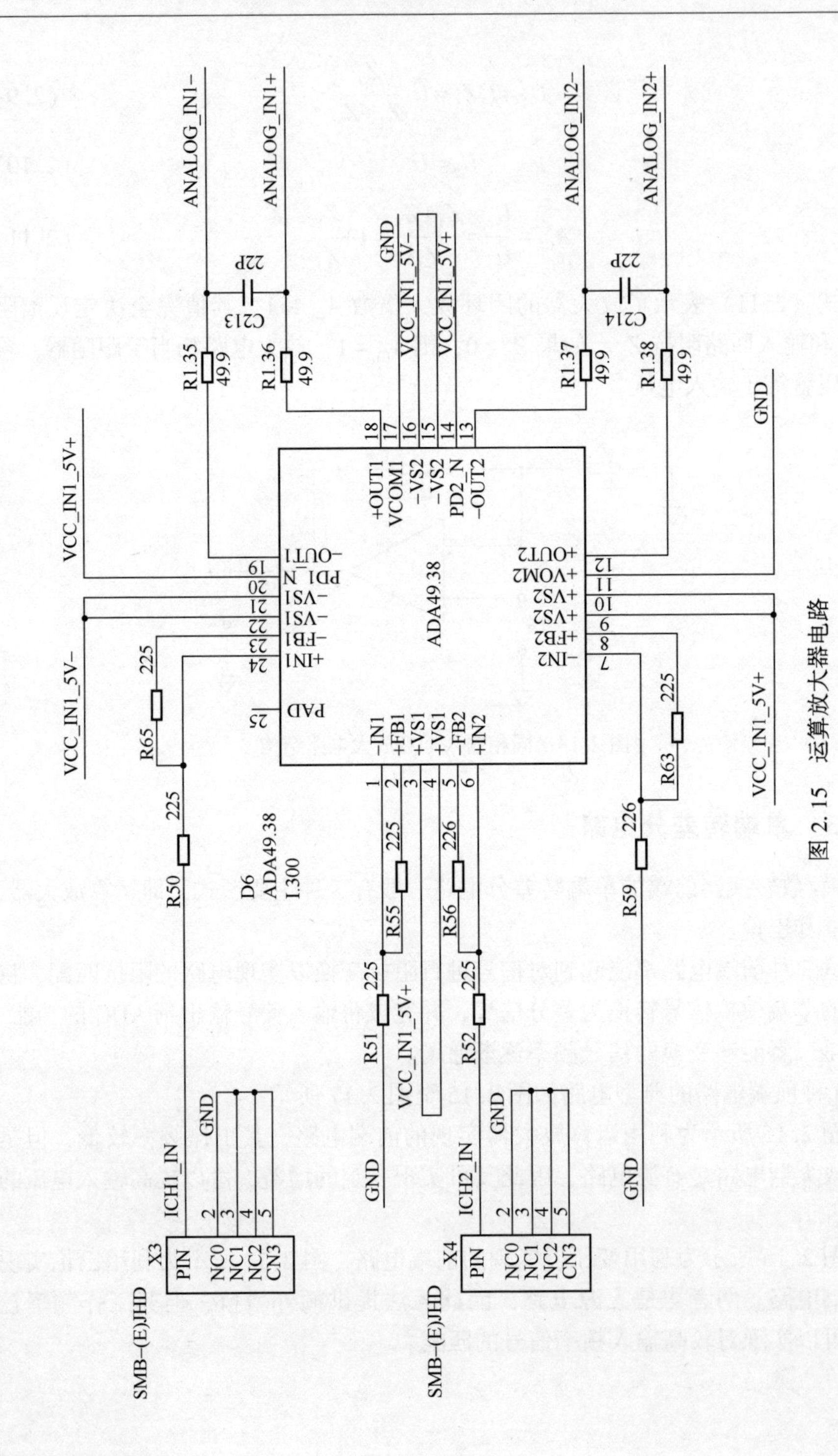

图 2.15　运算放大器电路

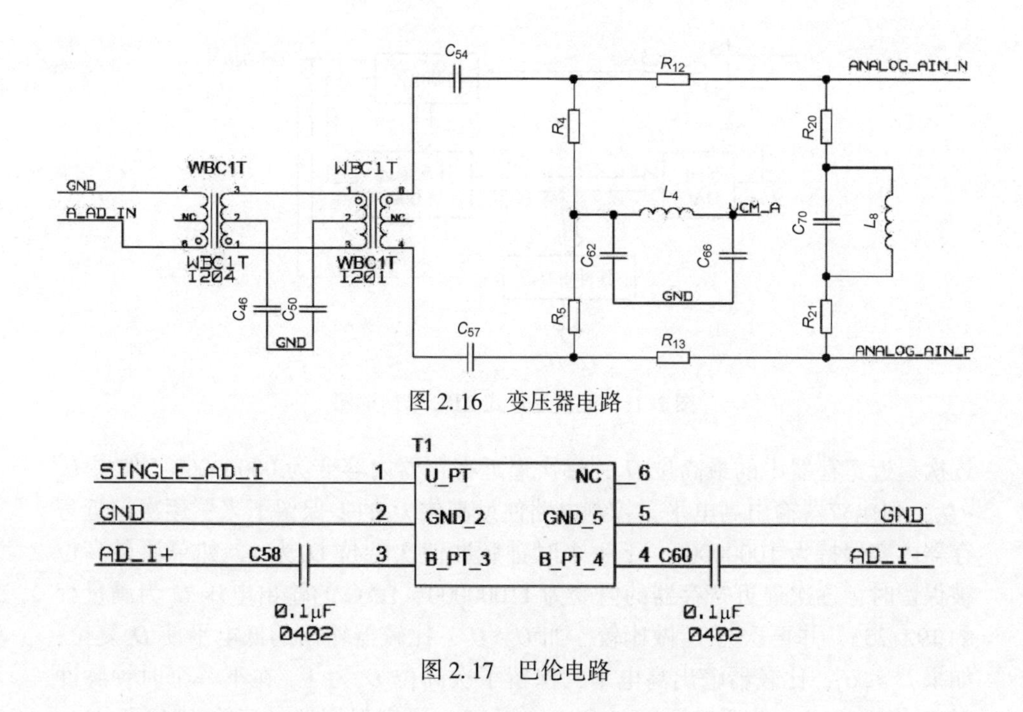

图 2.16　变压器电路

图 2.17　巴伦电路

2.3　模/数转换器

2.3.1　模/数转换器基本原理

1. 逐次逼近式 ADC

逐次逼近式 ADC 是一种普遍应用的 ADC，它可以用较低的成本得到很高的分辨率和速度。逐次逼近式 ADC 主要包括高分辨率比较器、高速 DAC 和控制电路，以及逐次逼近寄存器，结构如图 2.18 所示。逐次逼近式 ADC 在转换时，使用 DAC 的输出电压来驱动比较器的反相端，进行数/模转换时，用一个逐次逼近寄存器存放转换出来的数字量，转换结束时，将数字量送到缓冲寄存器中。

当启动信号由高电平变为低电平时，逐次逼近寄存器清零，这时 DAC 的输出电压 U_o 也为 0。当启动信号变为高电平时，转换开始，逐次逼近寄存器开始计数。

逐次逼近寄存器工作时，从最高位开始，通过设置试探值来进行计数。即当第一个时钟脉冲来到时，控制电路把最高位置 1 送到逐次逼近寄存器，使它的输出为 10000000。这个数字送入高速 DAC，使 DAC 的输出电压 U_o 为满量程的 128/255。这时，如果 $U_o>U_i$，比较器输出为低电平，使控制电路据此清除

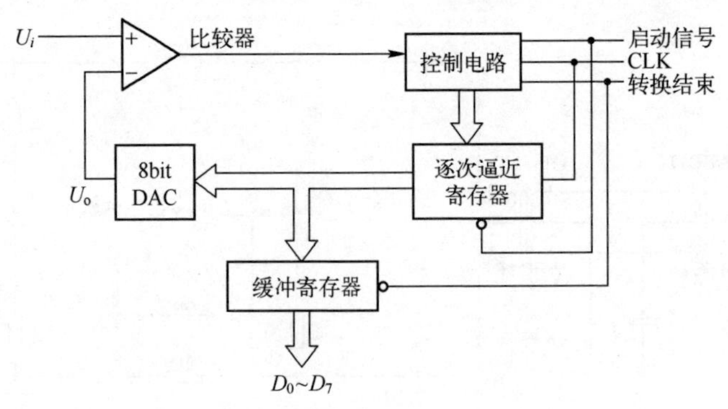

图 2.18　逐次逼近式 ADC 结构框图

逐次逼近寄存器中的最高位 D_7，逐次逼近寄存器内容变为 00000000；如果 $U_o < U_i$，则比较器输出高电平，控制电路使最高位 D_7的 1 保留下来，逐次逼近寄存器内容保持为 10000000。下一个时钟脉冲使次低位 D_6为 1，如果原最高位被保留时，逐次逼近寄存器的值变为 11000000，DAC 的输出电压 U_o为满量程的 192/255，并再次与 U_i做比较。如 $U_o > U_i$，比较器输出的低电平使 D_6复位；如果 $U_o \leq U_i$，比较器输出高电平，保留了次高位 D_6为 1。在下一个时钟脉冲对 D_5位置“1”，然后根据对 U_o和 U_i的比较，决定保留还是清除 D_5位上的 1，2，……，重复这一过程，直到 $D_0 = 1$，再与输入 U_i比较。经过 N 次比较后，逐次逼近寄存器中得到的值就是转换后的数据。

转换结束后，控制电路送出一个低电平作为结束信号，这个信号的下降沿将逐次逼近寄存器的数字量送入缓冲寄存器，从而得到数字量的输出。一般来说，N 位逐次逼近法 ADC 只用 N 个时钟脉冲就可以完成 N 位转换，N 一定时，转换时间则是常数。

由上可知，逐次逼近法的基本原理和转换过程与化学天平有着惊人的相似。首先是将高位置 1（相当于取最大允许电压的 1/2）与输入电压比较。如果搜索值在最大允许电压的 1/2 范围内，那么最高位置 0；此后，次高位置 1，相当于在 1/2 范围内再做对半搜索，根据搜索值确定次高位复位还是保留。依此类推，因此逐次逼近法也常称为二分搜索法或对半搜索法。

2. 双积分式 ADC

双积分式 ADC 的工作原理如图 2.19 所示，电路中的主要部件包括积分器、比较器、计数器和参考电源。

其工作过程分为两段时间，即 T_1和 Δt。

在第一段时间内，开关 AS_1将被转换的电压 U_i接到积分器的输入端，积分器从原始状态（0V）开始积分，积分时间为 T_1，当积分到 T_1时，积分器的输

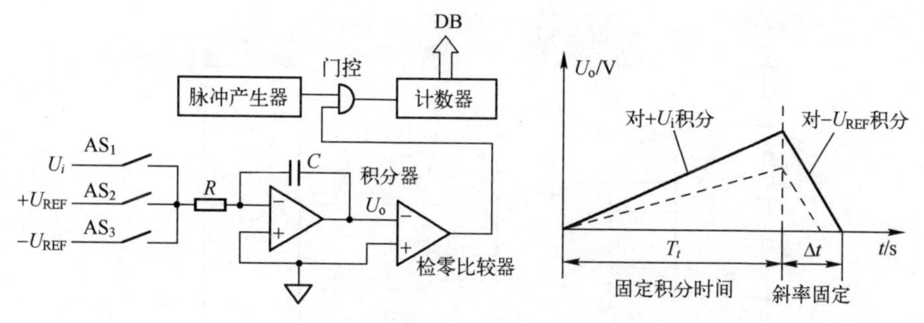

图 2.19　双积分式 ADC 的工作原理

出电压 U_o为

$$U_o = -\frac{1}{RC}\int_0^{T_1} U_i \mathrm{d}t \tag{2.12}$$

第二阶段，T_1结束后，AS_1断开，AS_2或AS_3将与被转换电压U_i极性相反的基准电压U_{REF}接到积分器上，这时，积分器的输出电压开始复原，当积分器输出电压回到起点（0V）时，积分过程结束。设这段时间为 Δt，此时积分器的输出为

$$U_o + \frac{1}{RC}\int_0^{\Delta t} U_{REF} \mathrm{d}t = 0 \tag{2.13}$$

即

$$U_o = -\frac{1}{RC}\Delta t \cdot U_{REF} \tag{2.14}$$

如果被转换电压 U_i在 T_1时间内是恒定值，则

$$U_o = -\frac{1}{RC} \cdot T_1 \cdot U_i \tag{2.15}$$

即

$$\Delta t = \frac{T_1}{U_{REF}} \cdot U_i \tag{2.16}$$

式中：T_1和 U_{REF}为常量，故第二次积分时间间隔 Δt 与被转换电压 U_i成正比。由图 2.19 可看出，被转换电压 U_i越大，则 U_o的数值越大，Δt 时间间隔越长。若在 Δt 时间间隔内计数，则计数值即为被转换电压 U_i的等效数字值。注意，图 2.19 中没有考虑实际积分器的负号问题。

3. 高速并行式 ADC

在各种 ADC 中，逐次比较器是用得较多的，但它属于串行编码，从最高位至最低位一位一位地进行。为了提高转换速率，可以采用并行编码结构的 ADC，该结构又称为闪烁式（Flash）或直接式结构。4 位并行比较式 ADC 的工作原理如图 2.20 所示。

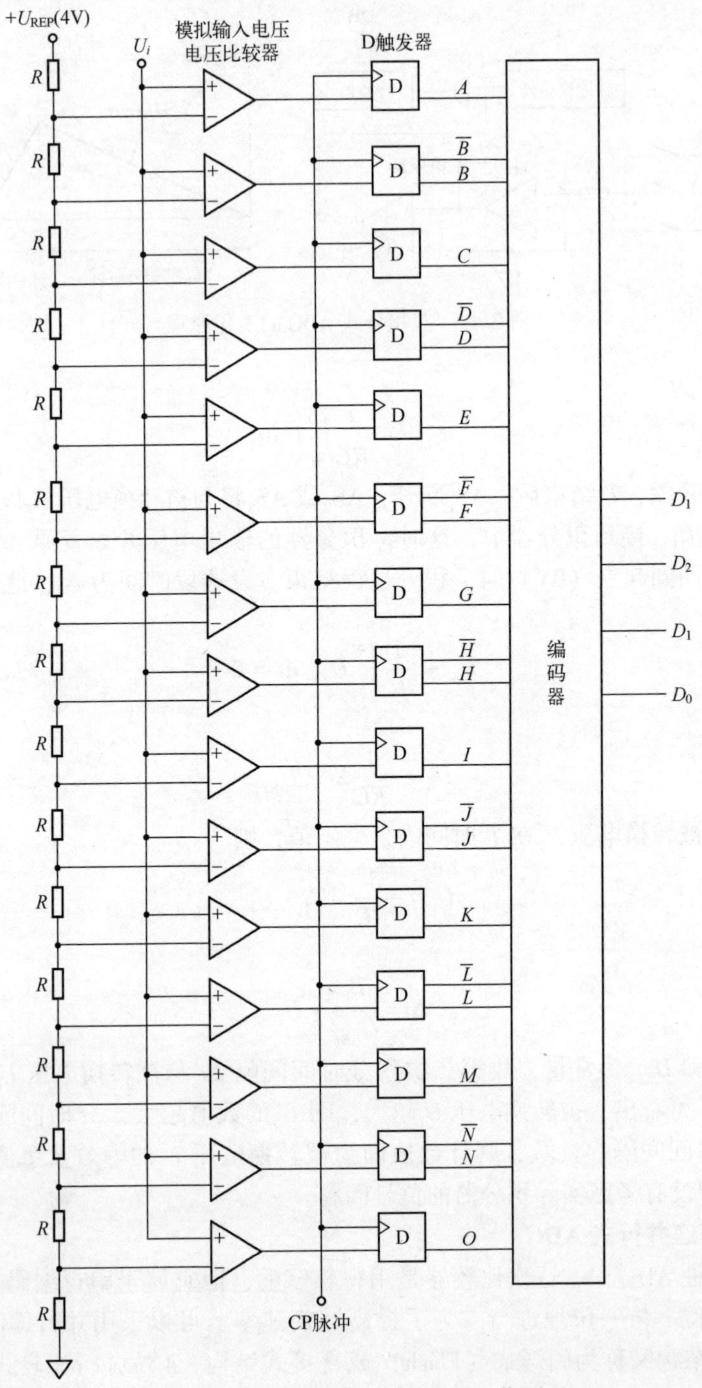

图2.20　4位并行比较式ADC的工作原理

假设基准电压$+U_{REF}=+4V$，经过一串分压电阻得到一系列基准电压，即3.75V、+3.50V、+3.25V、+3.00V、+2.75V、+2.50V、+2.25V、+2.00V、+1.75V、+1.50V、+1.25V、+1.00V、+0.75V、+0.50V 和+0.25V，这些基准电压分别接到15个电压比较器的负向输入端。电压比较器的工作过程是，当正输入端电压（即模拟转换电压 U_i）大于负输入端电压（即分压得到的基准电压）时，比较器给出数字1状态；当正输入端电压小于负输入端电压时，比较器给出数字0状态。图2.20所示的4位并行比较式ADC的工作原理中在电压比较器的输出端加0触发器的目的是使各比较器的输出数字状态在节拍脉冲的作用下读到触发器中寄存，以获得稳定的数字输出。表2.1给出了模拟转换电压与15个比较器的输出状态（D触发器的状态）之间的对应关系。

为得到普通的二进制码，表2.1的数字状态还应变换为相应的普通二进制码，即表2.2的对应关系。

其编码逻辑为

$$\begin{cases} D_3=H \\ D_2=D+\overline{H}\cdot L \\ D_1=B+\overline{D}\cdot F+\overline{H}\cdot J+\overline{L}\cdot N \\ D_0=A+\overline{B}\cdot C+\overline{D}\cdot E+\overline{F}\cdot G+\overline{H}\cdot I+\overline{J}\cdot K+\overline{L}\cdot M+\overline{N}\cdot O \end{cases} \tag{2.17}$$

这一逻辑关系是不难在电路上实现的。

表2.1　模拟电压与模拟器输出状态关系表

模拟电压/V	比较器输出状态（D触发器状态）														
	A	B	C	D	E	F	G	H	I	J	K	L	M	N	O
3.75~4.00	1	1	1	1	1	1	1	1	1	1	1	1	1	1	1
3.50~3.75	0	1	1	1	1	1	1	1	1	1	1	1	1	1	1
3.25~3.50	0	0	1	1	1	1	1	1	1	1	1	1	1	1	1
3.00~3.25	0	0	0	1	1	1	1	1	1	1	1	1	1	1	1
2.75~3.00	0	0	0	0	1	1	1	1	1	1	1	1	1	1	1
2.50~2.75	0	0	0	0	0	1	1	1	1	1	1	1	1	1	1
2.25~2.50	0	0	0	0	0	0	1	1	1	1	1	1	1	1	1
2.00~2.25	0	0	0	0	0	0	0	1	1	1	1	1	1	1	1
1.75~2.00	0	0	0	0	0	0	0	0	1	1	1	1	1	1	1
1.50~1.75	0	0	0	0	0	0	0	0	0	1	1	1	1	1	1
1.25~1.50	0	0	0	0	0	0	0	0	0	0	1	1	1	1	1
1.00~1.25	0	0	0	0	0	0	0	0	0	0	0	1	1	1	1

（续）

模拟电压/V	比较器输出状态（D触发器状态）														
	A	*B*	*C*	*D*	*E*	*F*	*G*	*H*	*I*	*J*	*K*	*L*	*M*	*N*	*O*
0.75~1.00	0	0	0	0	0	0	0	0	0	0	0	0	1	1	1
0.50~0.75	0	0	0	0	0	0	0	0	0	0	0	0	0	1	1
0.25~0.50	0	0	0	0	0	0	0	0	0	0	0	0	0	0	1
0.00~0.25	0	0	0	0	0	0	0	0	0	0	0	0	0	0	0

表2.2　输出状态与普通二进制关系表

D触发器状态															普通二进制
A	*B*	*C*	*D*	*E*	*F*	*G*	*H*	*I*	*J*	*K*	*L*	*M*	*N*	*O*	
1	1	1	1	1	1	1	1	1	1	1	1	1	1	1	1111
0	1	1	1	1	1	1	1	1	1	1	1	1	1	1	1110
0	0	1	1	1	1	1	1	1	1	1	1	1	1	1	1101
0	0	0	1	1	1	1	1	1	1	1	1	1	1	1	1100
0	0	0	0	1	1	1	1	1	1	1	1	1	1	1	1011
0	0	0	0	0	1	1	1	1	1	1	1	1	1	1	1010
0	0	0	0	0	0	1	1	1	1	1	1	1	1	1	1001
0	0	0	0	0	0	0	1	1	1	1	1	1	1	1	1000
0	0	0	0	0	0	0	0	1	1	1	1	1	1	1	0111
0	0	0	0	0	0	0	0	0	1	1	1	1	1	1	0110
0	0	0	0	0	0	0	0	0	0	1	1	1	1	1	0101
0	0	0	0	0	0	0	0	0	0	0	1	1	1	1	0100
0	0	0	0	0	0	0	0	0	0	0	0	1	1	1	0011
0	0	0	0	0	0	0	0	0	0	0	0	0	1	1	0010
0	0	0	0	0	0	0	0	0	0	0	0	0	0	1	0001
0	0	0	0	0	0	0	0	0	0	0	0	0	0	0	0000

由上面的讨论可以看出，并行编码的ADC转换速率可以很高，原则上，完成一次转换只需一个节拍时间。但是，随着位数的增加，所用的电压比较器和D触发器的数量将按2^N的方式增加，而且加重了输入级负载，同时对电阻等元器件精度和匹配特性也提出了严格的要求。比如，一个10位的ADC需要1023个比较器，使ADC的体积和功耗都比较大，因此，这类ADC一般位数都不超过10位。

4. 子区式 ADC

子区式（Subranging）ADC 是一种折中的办法，它采用并行编码与串行编码相结合，可获得速度较高又较为简单的 ADC，因此又称为串并比较型 ADC，其结构如图 2.21 所示。

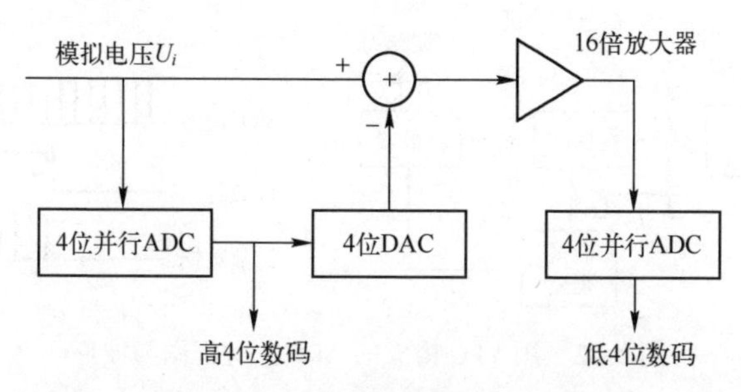

图 2.21　4 位并行两级串行 ADC

图 2.21 是一个两级的 8 位 ADC，由一个 4 位粗精度 ADC 和一个 4 位细精度 ADC 构成，粗精度 ADC 完成模拟量的高位部分转换结果，细精度 ADC 完成模拟量的低位部分转换结果，两者合并形成 ADC 最终结果。

实际工作时，由第一个 4 位并行粗精度 ADC 完成对模拟量的转换，得到高 4 位数码，经高速 DAC 后，输入运算放大器的反相端，与原模拟输入 U_i 相减得到差值信号，经 16 倍放大器放大后，由第二个 4 位并行细精度 ADC 转换，得到低 4 位数码，高、低 4 位组合后，得到 U_i 的 8 位 ADC 数码。可以看出，串并行编码 ADC 在速度方面比完全并行编码的 ADC 低，精度也差，但器件数量大为减少。如此例中，若两级 ADC 都采用高速并行结构，则两级 ADC 所需的比较器个数为 $2\times(2^4-1)=30$ 个，比相同 8 位的高速并行式 ADC 所需比较器少得多，而速度仅仅降低 1 倍。因此，现在普遍流行的高速 ADC 都采用这种结构，另外，两级粗精度和细精度的 ADC 也可以采用其他结构的模/数转换器。

流水线（Pipelined）结构通过在子区式结构的各级之间引入采样保持放大电路，使子区转换可以并行工作，大大提高了转换速度；由于其子区转换、流水操作的特点，在实现较高精度的模/数转换时仍然能保持较高的速度和较低的功耗，是目前公认的一种可以实现高速高精度模/数转换的结构。

5. 电压/频率转换式 ADC

电压/频率转换器（Voltage Frequency Converter，VFC）是将输入电压的幅值转换成频率与输入电压幅值成正比的输出脉冲串的器件。VFC 本身还不能算作量化器，但加上定时与计数器以后就可以实现模/数转换了。

VFC的突出特点是把模拟电压转换成抗干扰能力强、传送距离远，并能直接送入信号处理系统的脉冲串。只要能测出VFC的输出频率，就可以实现模/数转换。频率测量的一般原理是统计一定时间内的脉冲数，所以用VFC实现模/数转换时要添加时基电路和计数器，其原理如图2.22所示。

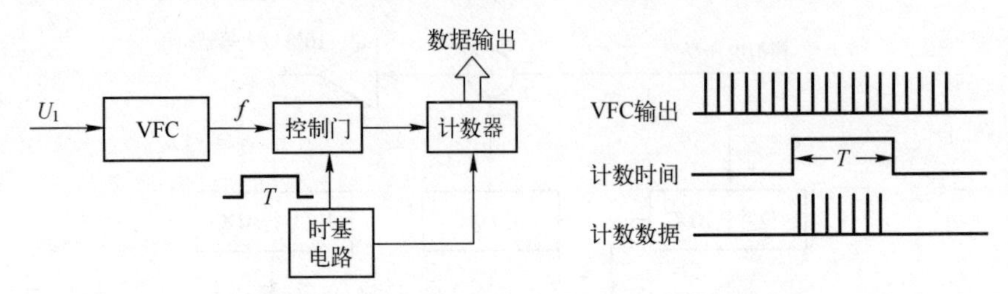

图2.22　用VFC构成的ADC原理框图与波形

在图2.22中，用VFC构成的ADC是由VFC、控制门、计数器和时基电路组成的。当输入电压U_I加到VFC的输入端后，便产生频率f与U_I成正比的脉冲，这些脉冲通过时钟控制门，在单位时间T内由计数器计数。计数器每次开始计数时先清零，这样在每个单位时间内计数器的计数值就正比于输入电压U_I，从而实现了模/数转换。

用VFC构成的ADC的分辨率取决于计数器计满时的值N，只要增加N就可以达到任意高的分辨率。因为N等于VFC的输出频率f与时基门脉冲宽度T的乘积，即

$$N=f\cdot T \tag{2.18}$$

所以，要提高分辨率就要增加VFC的输出频率f和（或）增加门脉冲宽度T。不过VFC一般在0～10kHz内精度最高，频率越高，精度越差，而门脉冲宽度T实际上就是模/数转换的转换时间。换言之，在f一定时，分辨率的增加是以牺牲转换时间为代价的。比如用0～10kHz的VFC构成分辨率达到0.01%的ADC，则转换时间$T=N/f=1\text{s}$。

下面通过对逐次逼近式、双积分式、并行式、子区式和VFC式的性能比较，可以看出它们的应用场合。

由于逐次逼近式ADC在一个时钟周期内只能完成1位转换，而N位转换需要N个时钟周期，故这种ADC的采样速率不高，输入带宽也较低，对常态干扰抑制能力较差。它的优点是原理简单，便于实现，不存在延迟问题，适用于中速率而分辨率要求较高的场合。

双积分式ADC在许多场合代表了一类计数式转换器，属于间接转换，采用的是积分技术，它们共同的特点是转换速率较低，精度可以做得较高。它们

多数利用平均值转换，所以对常态干扰的抑制能力强，这种 ADC 特别适用于含有噪声信号需要变换并且不需要修正的慢速场合，如数字式电压表、热电偶输出量化等。

并行比较式 ADC 的转换速率可以达到 1GS/s 以上，是现有各种结构中速度最高、输入输出延迟最小的电路结构，但其精度一般不易做得很高，常用在要求转换速率特别高的场合。

子区式 ADC 通过将转换范围分区和信号分步的方法来换取电路规模和功耗的减少，但其多级转换降低了转换器的转换速度。流水线 ADC 兼顾了高速与高精度的特点，是目前高速、高精度 ADC 的主流产品，

用 VFC 构成的 ADC 转换速率是最低的，但它的优点是抗干扰性能好、具有良好的精度、与信号处理系统接口简单、便于远距离传输和隔离（如差分或光电隔离）。

2.3.2　模/数转换器性能指标

在模数转换过程中，衡量 A/D 转换性能的指标有转换灵敏度、信噪比（SNR）、有效转换位数、孔径误差、无杂散动态（SFDR）、非线性误差、互调失真、总谐波失真等。

1. 转换灵敏度

假设一个 A/D 器件的输入电压范围为（$-U$，U），转换位数为 n，即它有 $2n$ 个量化电平，则它的量化电平为

$$\Delta U = \frac{2U}{2^n} \tag{2.19}$$

ΔU 也可以称为转换灵敏度。A/D 转换器的位数越多，器件的电压输入范围越小，它的转换灵敏度越高。

2. 信噪比（SNR）

在量化过程中，存在量化误差，量化噪声可以写为

$$N_{\mathrm{q}} = E(m - m_{\mathrm{q}})^2 = \int_a^b (x - m_{\mathrm{q}})^2 p(x)\,\mathrm{d}x \tag{2.20}$$

式中：E 为取均值。更进一步可以把式（2.20）写为

$$N_{\mathrm{q}} = \sum_{i=0}^{2^n} \int_{m_{i-1}}^{m_i} (x - q_i)^2 p(x)\,\mathrm{d}x \tag{2.21}$$

式中：$p(x)$为输入信号的概率密度函数。而量化器输出的信号功率为

$$S_{\mathrm{q}} = E[(m_{\mathrm{q}})^2] \sum_{i=1}^{M} q_i \int_{m_{i-1}}^{m_i} f(x)\,\mathrm{d}x \tag{2.22}$$

假如量化误差是在$\left(-\frac{\Delta U}{2}, \frac{\Delta U}{2}\right)$范围内且服从均匀分布的随机变量，那么其量化噪声功率为

$$N_q = \frac{(\Delta U)^2}{12} \tag{2.23}$$

对于一个满量程的正弦输入信号，有

$$x(t) = U\sin(2\pi ft) \tag{2.24}$$

则可得输入信号功率为

$$S_q = \frac{U^2}{2} \tag{2.25}$$

这样，可以得到理论上的信号对量化噪声的信噪比（SNR）的关系式为

$$\frac{S_q}{N_q} = \frac{\frac{U^2}{2}}{\frac{(\Delta U)^2}{12}} \tag{2.26}$$

所以

$$\mathrm{SNR} = 10\lg\left(\frac{S_q}{N_q}\right) = 10\lg\frac{U^2}{2} - 10\lg\frac{(\Delta U)^2}{12} \tag{2.27}$$

利用式（2.19）、式（2.23）和式（2.25）可以得到

$$\mathrm{SNR} = 10\lg U^2 - 10\lg 2 + 10\lg 12 - 10\lg(2U)^2 + 10\lg 2^{2n} \tag{2.28}$$

所以有

$$\mathrm{SNR} = 6.02n + 1.76\mathrm{dB} \tag{2.29}$$

式中：n为A/D转换位数。给定采样频率f_s，理论上处于$0.5f_s$带宽内的量化噪声为$\Delta U/\sqrt{12}$。如果信号带宽固定，采样频率提高，效果就相当于在一个更宽的频率范围内扩展量化噪声，从而使SNR有所提高。如果信号带宽变窄，在此带宽内的噪声也减少，信噪比也会有所提高。因此，对一个满量程的正弦信号，SNR可以准确地表示为

$$\mathrm{SNR} = 6.02n + 1.76\mathrm{dB} + 10\lg\left[\frac{f_s}{2B}\right] \tag{2.30}$$

式中：f_s为采样频率；B为模拟信号带宽。式（2.30）右边的第三项也称为处理增益，是一个正值，它表示信号带宽与$0.5f_s$相差的程度所增加的信噪比。可以看出，提高采样频率或者降低模拟信号带宽都可以改善A/D转换器的信噪比。因此，有必要在A/D采样之前加一个带通（或低通）滤波器，限制信号带宽。也可以利用数字滤波器，对采样后的数据进行滤波，把$B\sim0.5f_s$之间

的噪声功率滤除，以提高信噪比。量化噪声与 A/D 转换器分辨率的关系如表 2.3 所列，表中 LSB 表示最低有效位。

表 2.3　量化噪声与 A/D 转换器分辨率的关系（满刻度为 10V）

转换位数/bit	量化级数	0.5LSB/%	量化噪声（峰-峰值）/mV	量化噪声/满刻度/dB
8	256	0.19	39	-18.2
10	1024	0.048	9.8	-60.2
12	4096	0.012	2.44	-72.2
14	16384	0.003	0.61	-84.3
16	65536	0.00076	0.152	-96.3

其实 A/D 转换器实际做到的信噪比指标也可以用有效转换位数来表征。

3. 有效转换位数

由于 A/D 转换部件不能做到完全线性，总会存在零点几位乃至 1 位的精度损失，从而影响 A/D 的实际分辨率，降低了 A/D 的转换位数。有效转换位数（Effective Number of Bits，ENOB）可以通过测量各频率点的实际信噪比（SINAD）来计算。对于一个满量程的正弦输入信号，有

$$\mathrm{ENOB}=\frac{(\mathrm{SINAD}-1.761)}{6.02} \tag{2.31}$$

图 2.23 给出了 14 位 A/D 转换器 BLAD14Q125 的 ENOB 与输入信号频率之间的关系。图 2.23 所示为纵坐标表示有效位数。

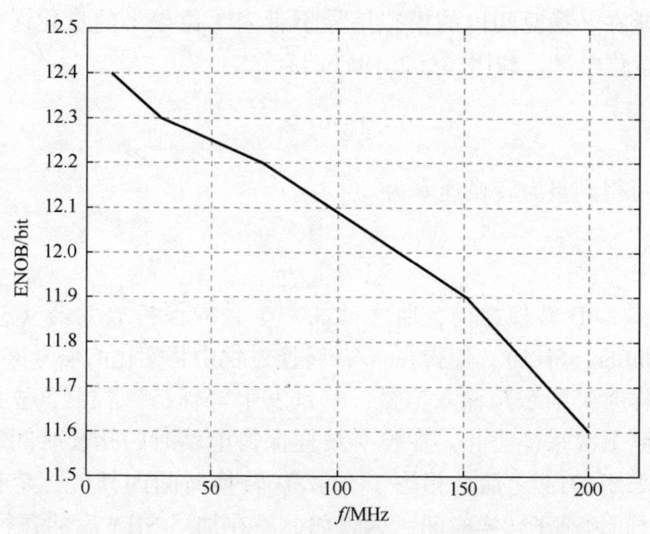

图 2.23　BLAD14Q125 的 ENOB 与输入信号频率之间的关系

由图2.23可见，信号频率越低，所能得到的有效转换位数越多。

4. 孔径误差

孔径误差是由于模拟信号转换成数字信号需要一定的时间来完成采样、量化、编码等工作而引起的。对于一个动态模拟信号，在A/D转换器接通的孔径时间里，输入的模拟信号值是不确定的，从而引起输出的不确定误差。假设输入信号是频率为f的正弦信号$y(t)$，如图2.24所示。

在A/D转换时间内，孔径误差一定出现于信号变化（或斜率）最大处，对于正弦信号而言，信号电压变化最大的时刻发生在信号的过零点处，输入模拟信号的变化速率为

$$\frac{\mathrm{d}y}{\mathrm{d}t}=U\cdot 2\pi f\cos(ft) \quad (2.32)$$

$$\left(\frac{\mathrm{d}y}{\mathrm{d}t}\right)\pi_{\max} \quad (2.33)$$

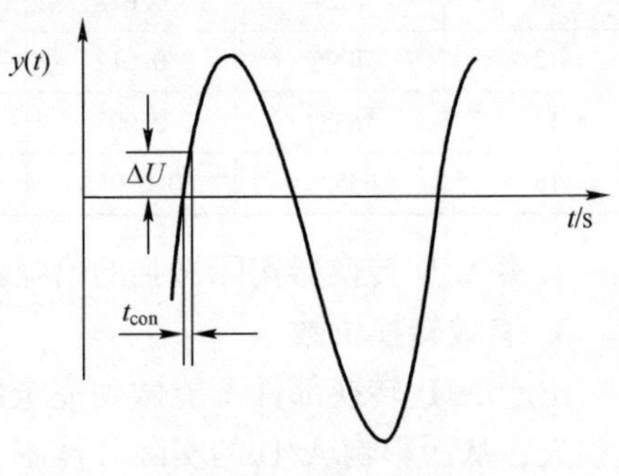

图2.24 孔径误差

设A/D转换器的转换时间为t_{con}，在转换时间内可能出现的最大误差为

$$U_{\mathrm{e}}=U\cdot 2\pi ft_{\mathrm{con}} \quad (2.34)$$

所以，最大相对孔径误差为

$$\frac{U_{\mathrm{e}}}{U}=2\pi ft_{\mathrm{con}} \quad (2.35)$$

假若要求在转换时间内的模拟信号不带来1位以上的量化误差，也就是说，K小于量化电平，利用式（2.19）即有

$$U\cdot 2\pi ft_{\mathrm{con}}\leqslant\frac{2U}{2^n} \quad (2.36)$$

所以，可得到最大转换速率为

$$f\leqslant\frac{1}{2^n t_{\mathrm{con}}\pi} \quad (2.37)$$

因此，在A/D转换之前，通常都加一个采样保持放大器（Sampling and Holding Amplifier，SHA），使得在A/D转换过程中将变化的信号冻结起来，保持不变。采样时不断跟踪输入信号，一旦发生“保持”控制，立即将采得的信号值保持到下次采样为止。在没有采样保持电路时的孔径时间就等于A/D转换时间。采用SHA之后，相当于在A/D转换时间内开了一个很窄的“窗孔”，孔径时间远小于转换时间。尽管如此，在加了SHA后的孔径时间t_{a}里，由于模拟信号仍有可能发生变化，以及可能有噪声调制到采样时钟信号上等因

素存在，仍会引起孔径误差。仍然考虑上述的正弦信号，如芯片的转换位数为 n，那么采用 SHA 后的 A/D 转换器的最高转换频率为

$$f \leqslant \frac{1}{2^n t_a \pi} \tag{2.38}$$

从式（2.38）可以看出，对于 A/D 转换器而言，在采样速率满足要求的情况下（即满足采样定理），其所能处理的最高频率取决于 SHA 的孔径时间。这一点对于带通采样显得非常重要。换句话说，SHA 决定了 A/D 的最高工作频率，而 A/D 编码速度决定了 A/D 的采样速率。在软件无线电中采用的是带通采样，因为实际信号所占的带宽都较窄，从几千赫兹到几十千赫兹，而工作频率范围却非常宽，从 2MHz 到 1GHz 以上，而我们只需要对感兴趣的信号带宽进行数字化即可。如果有了性能非常好的 SHA，在跟踪滤波器、宽带放大器等前端电路的辅助下，完全可以实现射频数字化。现在，很多 A/D 转换器芯片内就带有采样保持电路，SHA 的性能好坏就体现在器件的最高工作频率上。为了对采样速率和工作带宽的理解更加深刻，下面举例对这两个指标加以说明。

采样速率为 125MHz 的 ADC，云芯微电子公司的 YA16D125 的最高工作频率为 652MHz，而贝岭公司的 BLAD14Q125 最高工作频率可达 880MHz。前者的采样频率与后者一致，而最高工作频率却比后者低。这就说明采样频率与最高工作频率并没有绝对一致的关系；采样频率相同的 A/D 转换器，由于采用了较好的采样保持器，其工作频率同样可以做得很高。在软件无线电的实际应用中，所需要的是具有适中的采样频率、很高的工作带宽和高动态的 A/D 转换器。

另外，从式（2.38）可见，在相同的工作带宽的前提下，A/D 位数每增加 1 位，其孔径误差就减少 1 倍；在 A/D 转换位数不变的情况下，工作带宽越宽，所要求的孔径误差越小，这就给大动态 A/D 转换器的频带扩展增加了技术难度，这也是高转换位数 A/D 的工作带宽受限的重要原因之一。

5. 无杂散动态

无杂散动态（Spurious Free Dynamic Range，SFDR）是指在第一 Nyquist 区内测得信号幅度的有效值与最大杂散分量有效值之比的分贝数。其反映的是在 A/D 输入端存在大信号时，能检测出有用小信号的能力。SFDR 通常是输入信号幅度的函数，可以用相对于输入幅度的分贝数（dBc）或相对于 A/D 转换器满量程的分贝数来表示（dBFS），图 2.25 给出了上海贝岭 A/D 转换器 BLAD14Q125 的 SNR/SFDR 与输入幅度的关系。

对于一个理想的 A/D 转换器来说，在其输入满量程信号时的 SFDR 值最

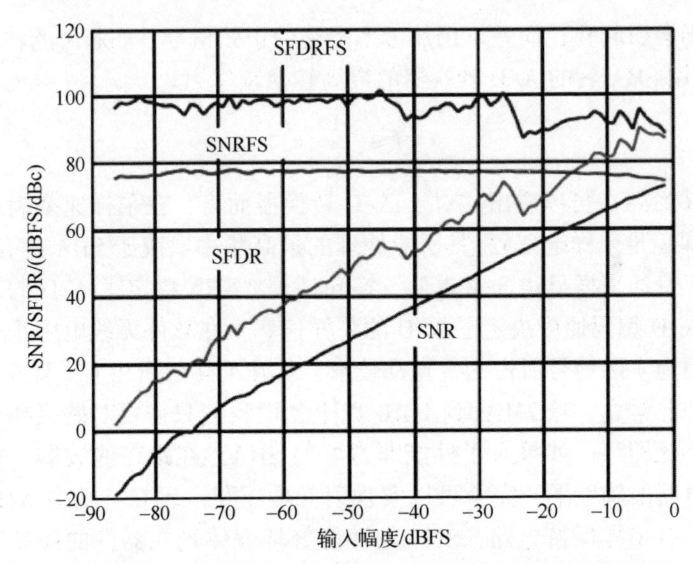

图 2.25 BLAD14Q125 的 SNR/SFDR 与输入幅度的关系

大。在实际中，当输入比满量程值低几个分贝时，出现最大的 SFDR 值。这是由于 A/D 转换器在输入信号接近满量程值时，其非线性误差和其他失真都增大的缘故。另外，由于实际输入信号幅度的随机波动，当输入信号接近满量程范围（Scale Full Range，SFR）时，信号幅度超出满量程值的概率增加。这便会带来由限幅所造成的额外失真。

在 A/D 转换器的手册中可以看到，n 位 A/D 转换器的 SFDR 通常比 SNR 值大很多。SFDR 指标只考虑了由于 A/D 非线性引起的噪声，仅仅是信号功率和最大杂散功率之比。而 SNR 是信号功率和各种误差功率之比，误差包括量化噪声、随机噪声以及整个 Nyquist 频段内的非线性失真，故 SNR 比 SFDR 要小。

在信号带宽比采样频率低得多时，SNR 由于噪声减少使性能指标提高，而且可以通过窄带数字滤波再加以改善，而寄生分量可能仍然落在滤波器带内，而无法消除。

6. 非线性误差

非线性误差是指 A/D 转换器理论转换值与其实际特性之间的差别。非线性误差又可分为差分非线性（Differential Non-Linearity）误差和积分非线性（Integral Non-Linearity）误差。差分非线性误差是指，对于一个固定的编码，理论上的量化电平与实际中最大电平之差。常用与理想量化电平相比，用所差的百分比或零点几位来表示。

差分非线性误差（Differential Non-Linearity，DNL）主要是由于 A/D 本身的电路结构和制造工艺等原因，引起在量程中某些点的量化电压和标准的量化电压不一致而造成的。差分非线性误差引起的失真分量与输入信号的幅度和非线性出现的位置有关，如图 2.26 所示。

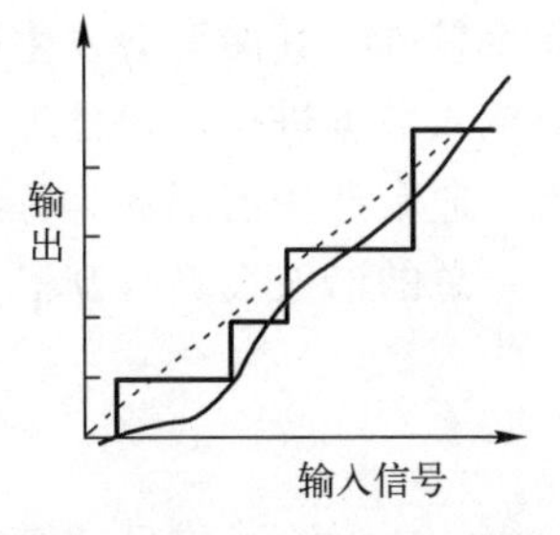

图 2.26　差分非线性误差

积分非线性误差（Integral Nonlinearity，INL）是指 A/D 转换器实际转换特性与理想转换特性直线之间的最大偏差。常用满刻度值的百分数来表示。理想直线可以利用最小均方算法得到。积分非线性误差是由于 A/D 模拟前端、采样保持器及 A/D 转换器的传递函数的非线性所造成的。INL 引起的各阶失真分量的幅度随输入信号的幅度变化。输入信号每增加 1dB，则 2 阶交调失真分量增加 2dB，3 阶交调失真分量增加 3dB。

7. 互调失真

当两个正弦信号 f_1、f_2 同时输入 A/D 转换器时，由于器件的非线性，将会产生许多失真产物 mf_1+nf_2。为使两个信号在同相时不会导致 A/D 转换器限幅，这两个信号的幅度应略大于半满量程。图 2.27 给出了 2 阶互调、3 阶互调产物的位置。2 阶产物 f_1-f_2 和 f_1+f_2 容易用数字滤波器滤除。而 3 阶产物因与 f_1、f_2 离得很近，很难滤除。除非另有说明，一般情况下双音互调失真是指 3 阶产物引起的失真。

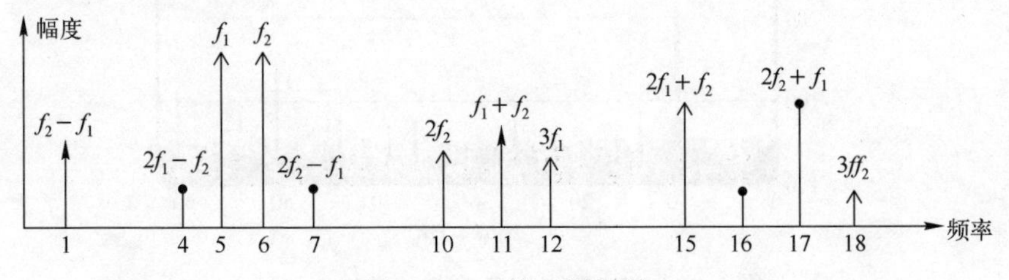

图 2.27　双音互调频谱

8. 总谐波失真

由于 A/D 器件的非线性，使其输出频谱中出现许多输入信号的高次谐波，这些高次谐波分量称为谐波失真分量。度量 A/D 转换器的谐波失真的方法很多，通常用 DFT 测出各次谐波分量的大小。DFT 算法的表达式为

$$X(k)=\sum_{n=0}^{N-1}x(n)\mathrm{e}^{-\mathrm{j}\pi\frac{nk}{N}} \tag{2.39}$$

式中：$x(n)$ 为输入序列；N 为变换的点数；$k=0,1,\cdots,N-1$。如果输入的信号

频率较高，其谐波会发生折叠。为了防止在做频谱变换时发生频谱泄漏，往往对输入数据进行加窗处理，即把采样得到的数据和窗函数相乘后再做 DFT 变换。通常选用窗函数为旁瓣抑制较好的窗。

总的谐波失真（D_{TH}）指标可以用下式表示，即

$$D_{\mathrm{TH}}=\frac{\sqrt{V_2^2+V_3^2+\cdots+V_n^2}}{V_1^2} \tag{2.40}$$

式中：V_1为输入信号的幅度（有效值）；$V_2,\cdots,V_n$分别为2次、3次、…、n次谐波的幅度（有效值）。在实际应用中，通常取$n=6$。

ADC 的性能指标包括有效位数、非线性、单调性、漏码等。由于电路中各种干扰因素的存在，不能认为 ADC 芯片的标称指标就是实际电路板的性能指标，因此需要对 ADC 进行性能测试。这里，ADC 的测试可以分为静态测试和动态测试。在 ADC 的各项指标中，通常最为关心的指标是动态有效位数（ENOB），它可以采用 FFT 方法进行测试（图2.28）。具体方案如下。

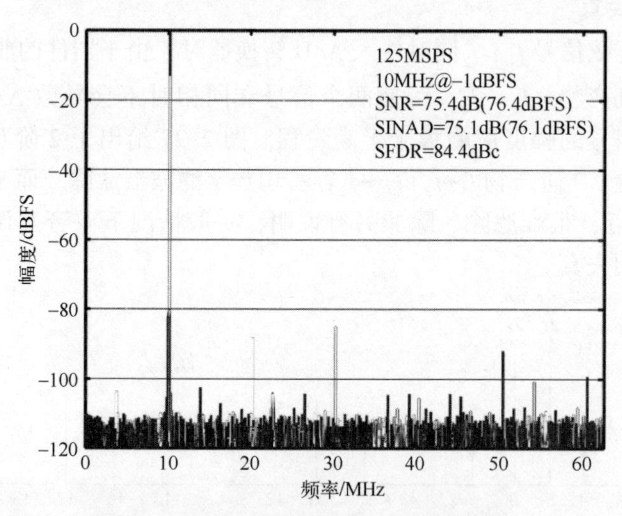

图2.28　ADC 芯片动态有效位数性能测试

（1）采用单频正弦信号输入到 ADC。

（2）对 ADC 输出结果进行快速傅里叶变换（FFT），计算信噪比。

（3）有效位数=（信噪比-FFT 增益-1.76）/6.02。上述 FFT 可以由 DSP、PC 机、逻辑分析仪等完成。

2.3.3　模/数转换器电路设计

本节以 BLAD14Q125 为例，介绍 ADC 的设计（图2.29）。

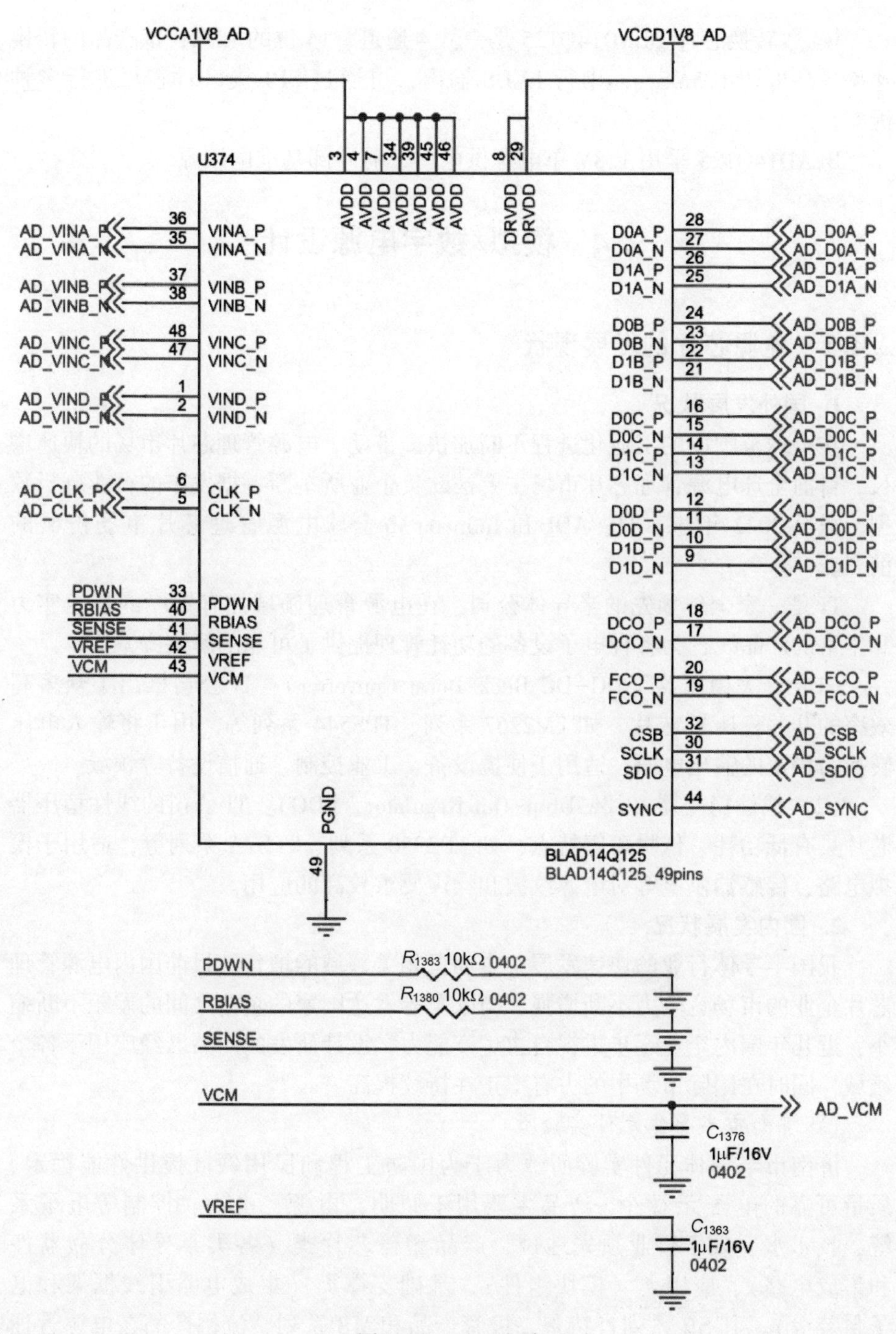
VCCA1V8_AD
VCCD1V8_AD
U374
3 4 7 34 39 45 46
AVDD AVDD AVDD AVDD AVDD AVDD AVDD
8 29
DRVDD DRVDD
AD_VINA_P 36 VINA_P
AD_VINA_N 35 VINA_N
AD_VINB_P 37 VINB_P
AD_VINB_N 38 VINB_N
AD_VINC_P 48 VINC_P
AD_VINC_N 47 VINC_N
AD_VIND_P 1 VIND_P
AD_VIND_N 2 VIND_N
AD_CLK_P 6 CLK_P
AD_CLK_N 5 CLK_N
PDWN 33 PDWN
RBIAS 40 RBIAS
SENSE 41 SENSE
VREF 42 VREF
VCM 43 VCM
D0A_P 28 AD_D0A_P
D0A_N 27 AD_D0A_N
D1A_P 26 AD_D1A_P
D1A_N 25 AD_D1A_N
D0B_P 24 AD_D0B_P
D0B_N 23 AD_D0B_N
D1B_P 22 AD_D1B_P
D1B_N 21 AD_D1B_N
D0C_P 16 AD_D0C_P
D0C_N 15 AD_D0C_N
D1C_P 14 AD_D1C_P
D1C_N 13 AD_D1C_N
D0D_P 12 AD_D0D_P
D0D_N 11 AD_D0D_N
D1D_P 10 AD_D1D_P
D1D_N 9 AD_D1D_N
DCO_P 18 AD_DCO_P
DCO_N 17 AD_DCO_N
FCO_P 20 AD_FCO_P
FCO_N 19 AD_FCO_N
CSB 32 AD_CSB
SCLK 30 AD_SCLK
SDIO 31 AD_SDIO
SYNC 44 AD_SYNC
PGND
49
BLAD14Q125
BLAD14Q125_49pins
PDWN
R1383 10kΩ 0402
RBIAS
R1380 10kΩ 0402
SENSE
VCM
AD_VCM
C1376
1μF/16V
0402
VREF
C1363
1μF/16V
0402

图 2.29　ADC 电路

模/数转换芯片 BLAD14Q125 是一款 4 通道、14 位的 ADC，该产品的转换速率最高可达 125MS/s，串行 LVDS 输出，可通过 SPI 接口对芯片进行多种配置。

BLAD14Q125 采用 1.8V 单电源供电，无需外部基准电压源。

2.4 模拟/数字电源设计

2.4.1 电源芯片的发展现状

1. 国外发展状况

在全球范围内的工业化进程不断加快，带动了电源管理芯片市场的快速增长，目前全球电源管理芯片市场主要被欧美企业所垄断，据发布的行业分析数据，截至 2022 年末，TI、ADI 和 Infineon 占全球电源管理芯片市场份额的前三。

TI 是一家全球领先的半导体公司，在电源管理领域拥有雄厚的技术实力和丰富的产品线，为各种电子设备的功耗管理提供了可靠的解决方案。

（1）开关稳压器（DC-DC Buck/Boost Converter）：TI 公司推出了众多高效率的开关稳压器芯片，如 LM2267 系列、TPS544 系列等，用于将输入电压转换为稳定的输出电压，适用于便携设备、工业控制、通信设备等领域。

（2）线性稳压器（Low Drop-Out Regulator，LDO）：TI 公司的线性稳压器芯片具有低功耗、低噪声等特点，如 LP2950 系列、TPS7A 系列等，适用于模拟电路、传感器供电等对电源纹波和噪声要求较高的应用。

2. 国内发展状况

我国半导体行业的快速发展，带动了相关领域的增长，目前国内电源管理芯片企业的市场竞争力不断增强，与欧美等发达国家的企业之间的差距不断缩小，近几年国内企业逐步重视自主生产能力，设计研发的产品已经应用于各个领域，同时在国际市场中的占有率正在持续提高。

1）济南市半导体元件实验所

济南市半导体元件实验所致力于为国防工程和民用领域提供性能稳定、质量可靠的电子元器件，产品主要用于照明、电源、电力、控制等电子系统，技术水平处于行业领先地位，产品涵盖芯片类（各类半导体分立器件和集成电路）、应用类（模块组件）、基础支撑类（集成电路引线框架和电子封装等）。其 SR 系列肖特基二极管产品和 MB 系列整流桥产品在电源管理应用中占据着举足轻重的地位，常见于开关电源、DC-DC 转换器以及充电器设计中。同时与台商合作的开关电源公司共开发出几十个系列、上千个品种的电源类产品。

2）深圳国微电子公司

深圳国微电子公司从事特种集成电路的研发、生产、测试和销售服务。产品方向涵盖微处理器、可编程器件、存储器、网络总线及接口、模拟器件、SoPC 系统器件和定制芯片七大系列。产品兼容性好、可靠性高、系统集成创新程度高，已大量应用于我军多个重点型号的武器装备中。

深圳国微电子公司在电源领域深耕多年，不仅生产多种高集成度、高可靠性的电源芯片产品，而且通过对电源控制芯片和功率级电路的创新设计，实现在电源模组上的多项专利技术突破，解决现有电源模组输出电压精度和负载调整率低的问题，在降低成本的同时，提升了产品的性能和稳定性。

2.4.2　电源设计的目的

系统电源是整个系统电路正常工作的保证，电源性能的好坏直接影响整个系统的可靠性及安全性，因此电源电压设计是整个系统的首要关键技术之一。

1. 电源的种类

1）化学电源（如电池）

（1）线性稳压电源：低压差线性稳压器（Low Dropout Regulator，LDO）

优点：稳定性高，纹波小，可靠性高，易做成多路、输出连续可调的模块。缺点：体积大，较笨重，效率相对较低。

（2）开关型直流稳压电源（Pulse Width Modulation，PWM；Pulse Frequency Modulation，PFM）。

优点：体积小，重量轻，稳定可靠；可以升压、降压或转换电压极性。缺点：纹波较大，纹波峰-峰值一般为输出电压的 1%。

2）开关电源

（1）AC/DC 电源。

（2）DC/DC 电源。

（3）模块电源。

2. 电源的设计要求

（1）输入电压允许范围和输出电压允许范围。

（2）需求电流大小。

（3）电源稳定性。

（4）电压纹波。

（5）损耗。

（6）加电顺序。

（7）体积。

（8）辐射。

（9）保护电路。

2.4.3 模拟/数字电源设计

1. 设计方案

（1）模拟电源对电源纹波要求较高，因此一般选用线性电源作为其供电的电源芯片。

在图2.30中，输入5V模拟电源经二次变压后分别输出给模/数转换电路部分需要使用的模拟1.8V电源1.8VA以及数字电源1.8VD。使用二次变压的原因主要是将损耗在LDO上的功耗均分在多片电源芯片上，以避免芯片的功耗过大，使芯片过热的问题。

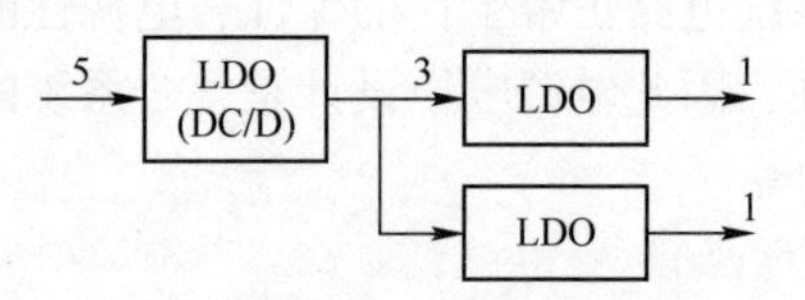

图2.30　模拟电源设计方案

若系统所需电流过大，则需要考虑利用高性能DC/DC电源来实现第一级电压变换的功能。此时对于DC/DC电源的纹波输出要求较高，一般要求不大于30mV。

（2）数字电源由于功耗较大，同时对于电源纹波的要求较小，因此一般选用开关电源作为其供电的电源芯片。

在图2.31中，数字电源经过DC/DC的二次变压分别输出数字电压3.3V、2.5V以及1.0V，如果某些电源的电流较大，也可以直接一次变压输出所需的电源电压，如图2.31中的3.3V。

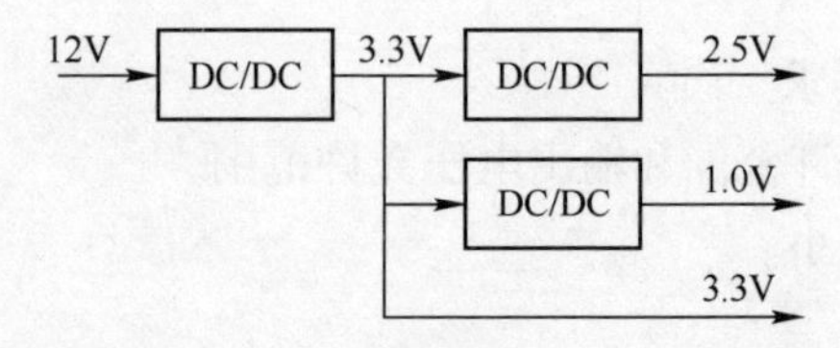

图2.31　数字电源设计方案

2. DC/DC 设计

本节以济南市半导体元件实验所的 LYM4620A 为例，介绍 DC/DC 变换器的设计方法（表 2.4）。

表 2.4　LYM4620A 测试情况表

参　数	数　值
输出电压	0.6~5.3V
最大输出电流	13A
输入电压	4.5~16.0V
输出纹波	<20m V_{pp}

LYM4620A 的技术指标如下。

（1）独立双输出电源：双 13A 或单 26A 输出电流。

（2）封装尺寸：15mm×15mm。

LYM4620A 的性能测试如图 2.32 所示。

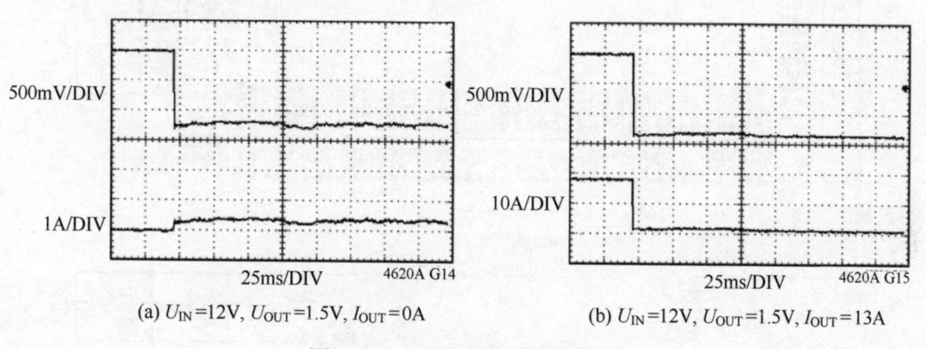

(a) U_{IN}=12V, U_{OUT}=1.5V, I_{OUT}=0A　　(b) U_{IN}=12V, U_{OUT}=1.5V, I_{OUT}=13A

图 2.32　LYM4620A 性能测试

LYM4620A 硬件设计电路如图 2.33 所示。

在图 2.33 中，LYM4620A 的输入输出接口均连接较多的电容，以实现对电源的滤波，保证了输出电压的稳定性以及纹波特性。

f_{SET}引脚的外接电阻 R_{FSET} 可设置开关频率；R_{FSET} 上的电压为 $U_{FSET}=R_{FSET}\cdot 10\mu A$，$U_{FSET}$ 与开关频率的关系如图 2.34 所示。根据图 2.34 中，R_{FSET} 的值为零，对应的开关频率即为 250kHz。

3. LDO 设计

本节以深圳国微公司的 SM74401 为例，介绍 LDO 变换器的设计方法。

LDO 选用深圳国微公司的 SM74401，其特点如下。

（1）最大输出电流：3A。

（2）输出电压范围：0.8~3.6V。

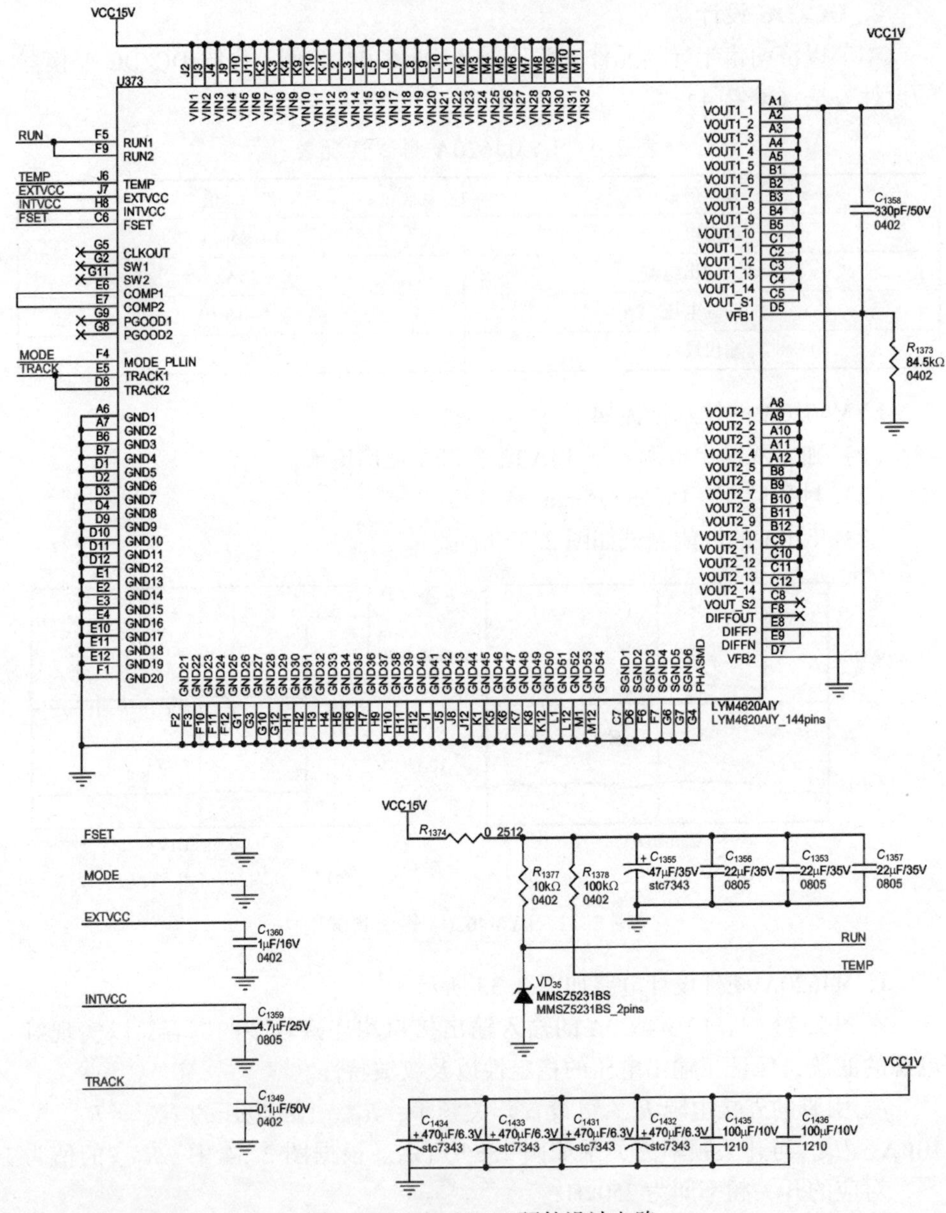

图 2.33　LYM4620A 硬件设计电路

（3）封装尺寸：5.00mm×5.00mm。

SM74401 的性能测试如图 2.35 所示。

SM74401 硬件设计电路如图 2.36 所示。

在图 2.36 中，SM74401 无需连接较多的滤波电容即可实现稳定的电压输出。

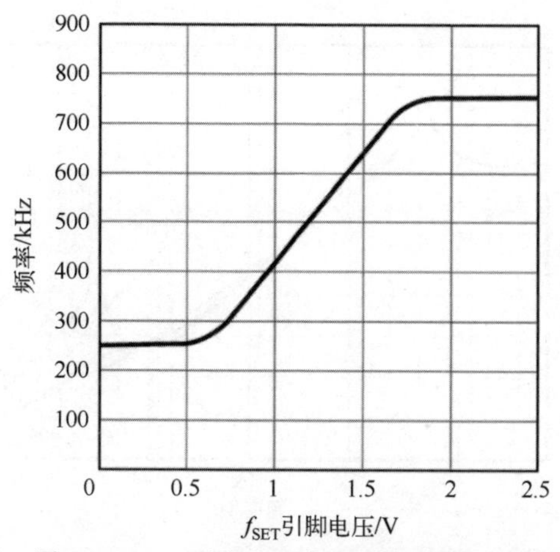

图 2.34　f_{SET}引脚电压与开关频率的关系

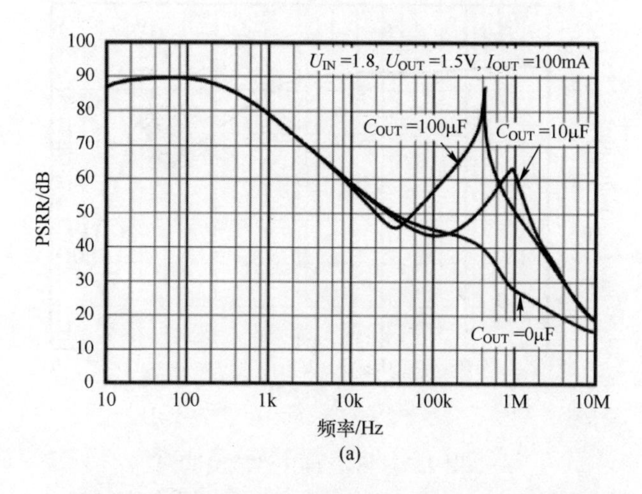

(a)

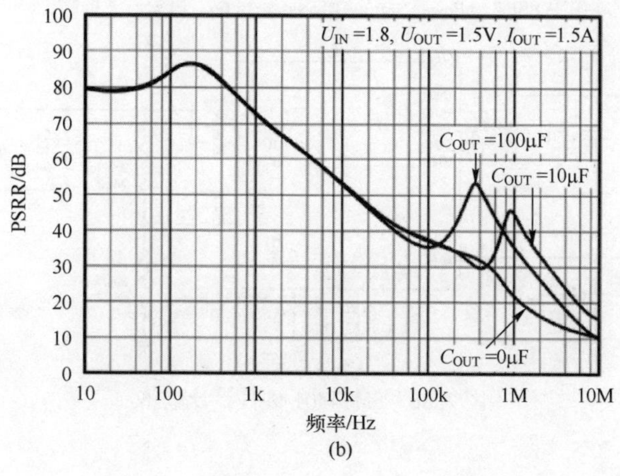

(b)

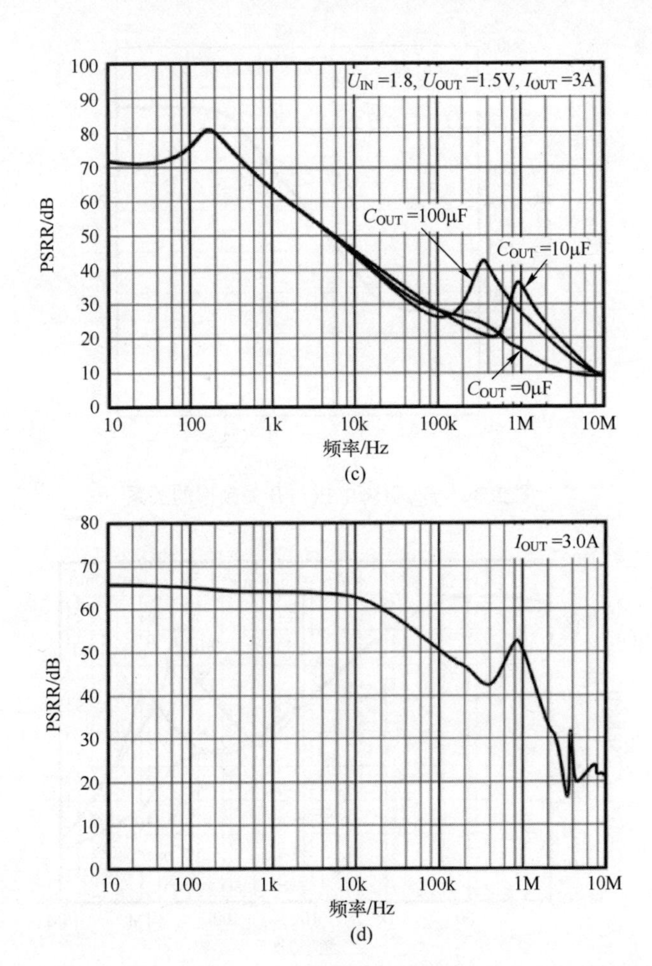

图2.35 SM74401性能测试

（图中PSRR（Power Supply Rejection Ratio，电源纹波抑制比）

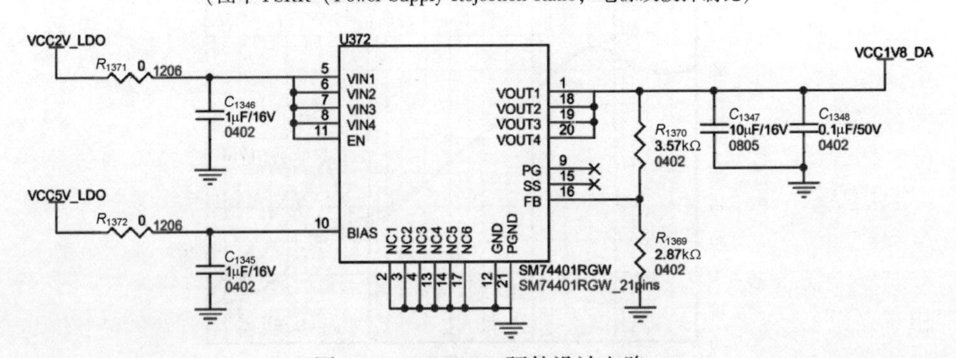

图2.36 SM74401硬件设计电路

第 3 章　半导体存储器

存储器（Memory）是数字信号处理系统的重要组成部件，是数字信号处理系统实现记忆功能的部件，用来存放程序指令、处理数据和运算结果及各种需要计算机保存的信息（统称为信息）。有了它，数字信号处理系统才能“记住”程序，并按程序的规定自动运行。存储器的容量越大，表明能存储的信息越多，数字信号处理系统的处理能力也就越强。由于数字信号处理系统大部分操作要和存储器交换信息，所以存储器的工作速度越快，数字信号处理系统的处理速度也就越快。因此，数字信号处理系统的存储器要容量大且速度快。

本章主要介绍存储器的相关基本概念、RAM 与 ROM 的特点及分类，以及高速缓存和虚拟存储器的概念。

3.1　概　　述

随着数字信号处理系统速度的不断提高和软件规模的不断扩大，人们希望存储器能同时满足速度快、容量大、价格低的要求。但实际上这一点很难办到，解决这一问题的较好方法是，设计一个快慢搭配、具有层次结构的存储系统。数字信号处理系统中的信息是分级存储的，所以存储系统是以层次结构进行组织的。典型的存储系统层次结构是高速缓冲存储器—内存储器—外存储器 3 级。图 3.1 显示了一个典型存储系统的层次结构。CPU 寄存器位于顶端，它有最快的存取速度，但数量极为有限，向下依次是数字信号处理系统的内部 Cache（高速缓冲存储器）、系统的外部 Cache（由高速 SRAM 组成）。内存储器（简称内存）又称主存储器（简称主存），是信号处理系统的一个组成部分，用于存放当前与系统频繁交换的信息，数字信号处理系统可以通过总线（地址总线、数据总线、控制总线）直接对它进行访问，因此要求它的工作速度和数字信号处理系统的处理速度接近，但容量相对于外存储器要小得多。外存储器（简称外存）又称辅助存储器（简称辅存），属于选配设备，用来存储相对来说不经常使用的可永久保存的信息。外存中的信息要通过专门的接口电路传送到内存后，才能供给数字信号处理系统处理。因此，它的速度可以低一些，但容量相对于内存却要大得多。大容量辅助存储器则规模更大，是起到数据备份等作用的外部存储器。

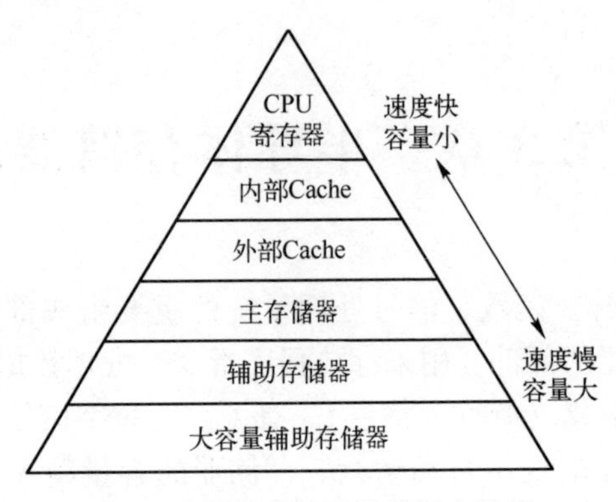

图3.1　微机存储系统的层次结构

3.1.1　半导体存储器的发展现状

1. 国外发展状况

（1）Micron Technology 是一家全球领先的半导体存储器制造商，致力于研发各类存储器产品。该公司在存储器领域取得了重要突破，推出了一系列创新产品。早期，Micron 就成功推出了首款动态随机存取存储器（DRAM）产品，并不断改进和拓展其产品线。随着技术的进步，Micron 推出了多款新型存储器产品，包括闪存、固态硬盘（Solid State Disk，SSD）等。美光 7450 NVMe（Non Volatile Memory Express）SSD 基于美光最先进的 176 层 NAND 构建，可提供最广泛的 PCIe Gen4 SSD 外形尺寸，使其能够用于所有主要平台功能（启动、缓存和主数据存储），并提供 2ms 和更低的延迟，实现 99.9999%的 QoS。美光 7500 SSD 率先采用 200 层以上 NAND。美光 9400 SSD 将电源效率提高到 77%并提供高达 30.72T 的容量，可实现最大机架级存储密度。美光 9400 SSD 是目前可用于数据中心的容量最高的 2.5 英寸高性能 NVMe SSD。特别是在 3D NAND 技术领域，Micron 不断创新，推出了更高密度、更高性能的存储器产品，满足了市场对高品质存储解决方案的需求。美光于 2020 年发布首款 176 层 3D NAND，2022 年发布了美光第六代 NAND 业界首款 232 层 3D NAND 技术，232 层 NAND 器件的单位面积位密度比上一代 176 层高出 45%以上，并且比上一代芯片的封装小 28%。232 层 NAND 不仅层数多，而且速度快，开放式 NAND 闪存接口（ONFI）传输速率提高到 2400MT/s，并且与上一代 176 层 NAND 相比，写入带宽提高 100%，读取带宽提高 75%以上。

（2）三星电子作为全球知名的半导体生产商之一，也在半导体存储器领域取得了显著成就。三星不仅在DRAM和NAND闪存领域有着强大的竞争力，还持续推出创新的存储器产品，满足不同客户群体的需求。近年来，三星在固态硬盘（SSD）领域表现突出，推出了速度更快、容量更大的产品，为用户提供了更优秀的存储解决方案。同时，三星也在研发新技术，如QLC NAND、V-NAND等，以提升存储器产品的性能和稳定性。三星电子的PM9C1a固态硬盘搭载采用三星先进工艺的控制器和第七代V-NAND及主机内存缓冲技术，顺序读取速度高达6000Mb/s，顺序写入速度高达5600Mb/s。顺序读取速度是上一代产品的1.6倍，顺序写入速度是上一代产品的1.8倍。在节能模式下，PM9C1a的功耗比PM9B1减少近10%，达到更佳的能效高度。三星电子的NVMe SSD 990 PRO系列顺序读速度高达7450Mb/s，顺序写速度高达6900Mb/s，采用三星V-NAND 3bit MLC NAND闪存，4Gb低功耗DDR4 SDRAM。

目前，Micron和三星都在不断推动半导体存储器技术的发展，提高存储容量、速度和稳定性。在DRAM领域，两家公司都在研发更先进的技术，如DDR4、DDR5等，并不断提高内存条的速度和密度。在闪存领域，两家公司也在开发新一代的NAND闪存和3D NAND技术，以提高存储密度和性能。总体来说，Micron和三星作为半导体存储器行业的佼佼者，不断推出创新产品并进行技术升级，以满足不断增长的市场需求和客户期望。

2. 国内发展状况

国内半导体存储器产业近年来蓬勃发展，取得了显著成就。

长江存储（Yangtze Memory Technology Corp，YMTC）是中国领先的半导体存储器制造商之一，专注于研发和生产各类存储器产品。公司致力于发展3D NAND闪存技术，推出了一系列高性能、高密度的存储器产品，如eMMC、UFS等，满足不同应用场景下的存储需求。长江存储PC411是首款采用其第四代3D闪存芯片的消费级固态硬盘，得益于长江存储器第四代3D闪存芯片高达2400MT/s的I/O速率，PC411能以4通道方案设计达到PCIe Gen4x4接口上限，实现总线饱和。PC411以7000Mb/s的最大顺序读取速度和6000Mb/s的最大写入速度，采用4通道设计，相较于传统8通道方案产品，PC411减少了一半通道数量，显著降低25%的功耗并减少发热。EC230是基于长江存储晶栈Xtacking 3.0 3D闪存架构打造的新一代eMMC 5.1嵌入式存储产品。EC230最大顺序读取速度达到330Mb/s，最大顺序写入速度达到270Mb/s，支持动态单层式储存（Single-Level Cell，SLC）缓存。长江存储UC033是基于晶栈Xtacking 3.0技术的三层储存（Triple-Level Cell，TLC）3D闪存芯片打造的UFS3.1嵌入式存储器产品，支持JEDEC UFS 3.1标准。UC033顺序读取速度超过2100Mb/s，顺序写入速度超过1600Mb/s。UC033缓外写入速度达

700Mb/s，在连续读写操作中，始终保持稳定高性能。

除了长江存储外，中国还涌现了一批优秀的半导体存储器企业，如华力微电子、紫光国芯等，它们在DRAM、NAND闪存、固态硬盘等领域展现出强大的竞争力。西安紫光国芯堆叠嵌入式DRAM技术（SeDRAM）可为算力芯片提供每秒数十太字节的内存访问带宽，同时容量最高可达数十吉字节。SeDRAM技术利用异质集成（Hybrid Bonding）工艺将DRAM存储阵列晶圆和逻辑晶圆做3D堆叠，实现金属层直接互联，相比传统的高带宽存储器（High Bandwidth Memory，HBM）或双倍数据速率（Double Data Rate，DDR）内存方案去掉了PHY-PHY互连结构，从而实现两者之间的超大带宽、超低功耗和低延迟的数据互连。目前最新的第三代SeDRAM技术可提供每秒数十太字节的访存带宽和数十吉字节的内存容量。

3.1.2 半导体存储器的分类

1. 按制造工艺分类

半导体存储器可以分为双极型和金属氧化物半导体型两类。

1）双极型

双极（Bipolar）型由TTL（Transistor-Transistor Logic）晶体管逻辑电路构成。该类存储器件的工作速度快，与处理器处在同一量级，但集成度低、功耗大、价格偏高，在数字信号处理系统中常用作高速缓存器。

2）金属氧化物半导体型

金属氧化物半导体（Metal-Oxide-Semiconductor）型简称MOS型。该类型有多种制作工艺，如NMOS、HMOS、CMOS和CHMOS等，可用来制作多种半导体存储器件，如静态RAM、动态RAM、EPROM等。该类存储器的集成度高、功耗低、价格便宜，但速度较双极型器件慢。微机的内存主要由MOS型半导体构成。

2. 按存取方式分类

半导体存储器可以分为随机存取存储器（Random Access Memory，RAM）和只读存储器（Read Only Memory，ROM）两大类。

1）随机存取存储器

随机存取存储器（RAM）中的内容可以读出，也可以写入，所以也称为读/写存储器。它里面存放的信息会因断电而消失，因此又称为易失性存储器或挥发性存储器。为此，在微型计算机中，常用它暂时性地存放输入输出数据、中间计算结果、用户程序等，以及用它来同外存储器交换信息和用于堆栈。通常所说的微机内存容量就是指RAM存储器的容量。

按照RAM存储器存储信息电路原理的不同，RAM可分为静态RAM（Static RAM，SRAM）和动态RAM（Dynamic RAM，DRAM）两种。

（1）SRAM。SRAM的存储元由双稳态触发器构成。双稳态触发器有两个稳定状态，可用来存储一位二进制信息。只要不断电，其存储的信息可以始终稳定地存在，故称其为静态RAM。SRAM的主要特点是工作速度快，稳定可靠，不需要外加刷新电路，使用方便。但它的基本存储电路所需的晶体管多（最多需要6个），功耗也较大，因而集成度不高。一般SRAM常用作微型机系统的高速缓冲存储器。

（2）DRAM。DRAM的存储元以电容存储信息，电路简单。但电容总有漏电存在，时间长了存放的信息就会丢失或出现错误。因此，需要对这些电容定时充电，这个过程称为“刷新”，即定时地将存储单元中的内容读出再写入。由于需要刷新，所以这种RAM称为“动态”RAM。DRAM的存取速度比SRAM的存取速度稍慢。其最大特点是集成度可以非常高。目前DRAM芯片的容量已达吉字节量级，而且功耗低、价格便宜。因此，现代微型计算机中的内存主要由MOS型DRAM组成。

2）只读存储器（ROM）

ROM是一种一旦写入信息之后，就只能读出而不能改写的固定存储器。断电后，ROM中存储的信息仍保留不变，所以，ROM是非易失性存储器。因此，微型计算机系统中常用ROM存放固定的程序和数据，如监控程序、操作系统中的BIOS（基本输入输出系统）或用户需要固化的程序。

按照构成ROM的集成电路内部结构的不同，ROM可分为以下几种。

（1）掩膜ROM。掩膜ROM利用掩膜工艺制造，由存储器生产厂家根据用户要求进行编程，一经制作完成就不能更改内容。因此，它只适合于存储成熟的固定程序和数据，大批量生产时成本较低。

（2）可编程ROM（PROM）。PROM出厂时存储器中没有任何信息，是空白存储器。用户根据需要，利用专门的设备如编程器（写入器）可在其内写入程序和数据。但只能写入一次，写入后不能更改。它类似于掩膜ROM，适合于小批量生产。

（3）紫外线可擦除PROM（Erasable Programmable Read Only Memory，EPROM）。这是可以进行多次擦除和重写的PROM。为了重写，就应先擦除原来写入的信息。擦除时应把器件从应用系统上拆卸下来（称为脱线），放在紫外线下照射约20min，然后用编程器（写入器）进行写入。EPROM的写入速度较慢，但由于它可以多次改写，特别适合科研工作的需要。

（4）电可擦除PROM（Electrically Erasable Programmable Read Only Memory，

E^2PROM）。这是一种可用特定电信号进行擦除的PROM。擦除时不必将器件从应用系统上拆卸下来，而是直接进行（称为在线）擦除和写入。一次可以擦去一字，也可以全部擦去，然后以新数据的电信号重新写入。E^2PROM在线擦除和写入的特点，比EPROM使用起来更为灵活，因而得到人们的重视。E^2PROM也可作为RAM用，但由于它的写入时间（含擦除）较RAM慢，而且总的写入次数也是有限的，所以将E^2PROM作为RAM使用不是十分适合。无论哪一种形式的ROM，在使用时都只能读出，不能写入；断电时，存放在ROM中的信息都不会丢失，所以它是一种非易失性存储器。

（5）闪烁存储器（Flash Memory）。Flash Memory是一种新型半导体存储器。与E^2PROM相比，Flask Memory可实现大规模快速电擦除，编程速度快，断电后具有可靠的非易失性等特点，因此，一经问世就得到广泛应用。Flash Memory存储器可重复使用，可以被擦除和重新编程几十万次而不会失效。在数据需要经常更新的可重复编程应用中，这一性能非常重要。

图3.2所示为微型计算机中半导体存储器的分类。

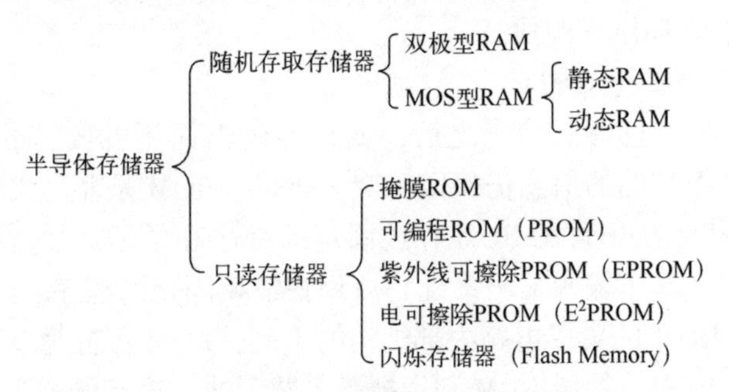

图3.2　微型计算机中半导体存储器的分类

3.1.3　半导体存储器的组成

如图3.3所示，半导体存储器由存储体、地址寄存器、译码驱动电路、读/写电路、数据寄存器、控制逻辑6个部分组成。

1. 存储体

存储体是存储单元的集合体。它由若干个存储单元组成，每个存储单元又由若干个基本存储电路（或称存储元）组成，每个存储单元可存放一位二进制信息。通常，一个存储单元为一个字节，存放8位二进制信息，即以字节来组织。为了区分不同存储单元和便于读/写操作，每个存储单元有一个地址（称为存储单元地址），数字信号处理系统访问时按地址访问。为了减少存储器芯片的封装引线数和简化译码器结构，存储体总是按照二维矩阵的形式来排

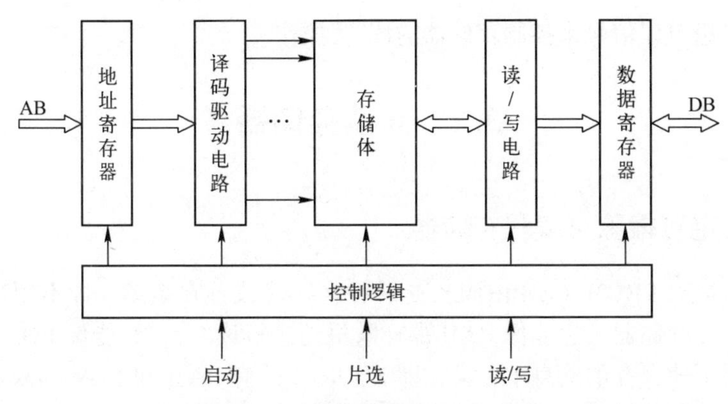

图 3.3　半导体存储器的基本组成

列存储元电路。存储体内基本存储元的排列结构通常有两种方式：一种是"多字一位"结构（简称位结构），即将多个存储单元的同一位排在一起，其容量表示成 N 字×1 位，如 1K×1 位、4K×1 位；另一种是"多字多位"结构（简称字结构），即将一个单元的若干位（如 4 位、8 位）连在一起，其容量表示为：N 字×4 位/字或 N 字×8 位/字，如静态 RAM 的 6116 为 2K×8、6264 为 8K×8 等。

2. 地址寄存器

地址寄存器用于存放数字信号处理系统访问存储单元的地址，经译码驱动后指向相应的存储单元。

3. 译码驱动电路

该电路实际上包含译码器和驱动器两部分。译码器将地址总线输入的地址对应的译码输出为高电平或低电平，以表示选中了某一单元，并由驱动器驱动相应的读/写电路，完成对被选中单元的读/写操作。

4. 读/写电路

读/写电路包括读出放大器、写入电路和读/写控制电路，用于完成对被选中存储单元的读出或写入操作。存储器的读/写操作是在处理芯片的控制下进行的，只有接收读/写命令后，才能实现正确的读/写操作。

5. 数据寄存器

数据寄存器用于暂时存放从存储单元读出的数据，或从处理芯片或 I/O 端口送存储器的数据。暂存的目的是为了协调处理芯片和存储器之间在速度上的差异，故又称为数据缓冲器。

6. 控制逻辑

控制逻辑接收来自处理芯片的启动、片选、读/写及清除命令，经控制电路产生一组时序信号来控制存储器的读/写操作。

3.2 只读存储器

3.2.1 电可擦除可编程存储器

电可擦除 PROM（E^2PROM）是一种在线（或称在系统，即不用拔下来）可编程只读存储器。它能像 RAM 那样随机地进行读/写，又能像 ROM 那样在断电情况下使保存的信息不丢失，即 E^2PROM 兼有 RAM 和 ROM 的双重特点。

下面以深圳国微 SM9969 为例，说明 E^2PROM 的基本特点和工作方式。SM9969 容量为 8K×8，器件采用 0.6μm CMOS 工艺，CDIP28 封装，使用单一的+5V 电源。

A_{12} ~ A_0：地址线，输入。

I/O_7 ~ I/O_0：数据输入输出线，双向，读出时为输出，写入/擦除时为输入。

$\overline{CE}$：片选控制端，输入。

$\overline{WE}$：写入允许控制端，输入。

$\overline{OE}$：数据输出允许端，输入。

SM9969 的读写操作与静态 RAM 一样，不需要外加任何元器件，它包含一个 64bit 页寄存器，可同时进行 64bit 页写操作。在一个写周期中，地址及 1~64bit 的数据被内部锁存，同时释放地址和数据总线用于其他操作。写操作初始化后，芯片将自动利用内部控制定时器写入被锁存的数据。写周期的结束可通过查询 I/O_7确定。一旦确定写周期已经结束，就可以进行新的读写操作。SM9969 电路无擦除功能，可以通过往器件内写入全 F 达到擦除目的。

1. 读方式

SM9969 的读写操作和静态 RAM 类似。当 $\overline{CE}$和 $\overline{OE}$为低电平且 $\overline{WE}$为高电平时，由地址管脚确定的存储单元中存储的数据就被读出。当 $\overline{CE}$和 $\overline{OE}$为高电平时，输出则置为高阻态。这种双线控制为设计者防止系统中总线冲突提供了很大的灵活性。

2. 字节写

当 $\overline{CE}$和 $\overline{WE}$都为低电平、$\overline{OE}$为高电平时，相对应的 $\overline{WE}$或 $\overline{CE}$信号线上进来一个低脉冲，就对写周期进行初始化。$\overline{CE}$和 $\overline{WE}$两者中哪一个下降沿后发生，地址就在哪个时刻被锁存。同样 $\overline{CE}$和 $\overline{WE}$两者中哪一个上升沿后发生，数据就在哪个时刻被锁存。如果字节写操作开始，芯片就会启动内部自定时完成。编程操作被初始化后，在 t_{WC} 期间读操作将作为一个查询操作被执行。

3. 页写操作

SM9969的页写操作允许在一个内部编程周期写入1~64bit数据。页写操作的初始化与字节写操作初始化方式一样，在第一个字节被写入后，其余的1~63bit也可紧跟着被写入。每个连续的字节都必须在它前一个字节载入周期 t_{BLC} 内完成。如果超过 t_{BLC} 的极限，SM9969将会终止接收数据并开始内部编程操作。一个页写操作中的所有字节都必须放在同一页，即由 $A_6 \sim A_{12}$ 输入决定的区域。在页写操作期间，$\overline{WE}$ 每一次从高到低转换的时候，$A_6 \sim A_{12}$ 对应的页地址必须一样。$A_0 \sim A_5$ 输入是用于指定页内具体的哪些字节被写入。这些字节可能按任意方式载入，也可能在同一个加载周期内被改变。只有指定要写的字节才被写入。

4. $\overline{DATA}$ 查询

SM9969的 $\overline{DATA}$ 查询功能用来检测写周期是否结束。在一个字节或页写周期期间，如果要读出最后写入的字节，那么最后写入字节的最高位 I/O_7 总是呈反向状态。只有当写周期完成时，数据才会正确显示，下一个写周期也可以开始。

5. 翻转位

除了 $\overline{DATA}$ 查询外，SM9969还提供另一方法来判断一个写周期的结束。在写操作期间，连续读数据将导致 I/O_6 在1~0之间翻转。当写操作完成时，I/O_6 才会停止翻转，并且会读出正确的数据。注意：SM9969在保护状态和非法写操作状态时，不能读取翻转位，但经过 t_{WC} 后可以正常读取数据。

3.2.2 闪烁存储器

E^2PROM 能够在线编程，可以自由写入，在使用方便性及写入速度两个方面都较EPROM进了一步。但是，其编程时间相对RAM而言还是较长，特别是对大容量的芯片更显突出。所以人们希望有一种写入速度类似于RAM，断电后内容又不丢失的存储器。一种称为闪烁存储器（Flash Memory）的新型 E^2PROM 由此被研制出来。

Flash Memory是一种新型的半导体存储器。与 E^2PROM 相比，Flash Memory可实现大规模快速电擦除，编程速度快，断电后具有可靠的非易失性等特点，因此，一经问世就得到广泛应用。Flash Memory存储器可重复使用，可以被擦除和重新编程几十万次而不会失效。在数据需要经常更新的可重复编程应用中，这一性能非常重要。

Flash Memory展示出一种全新的PC存储器技术。作为一种高密度、非易失的读/写半导体技术，它特别适合做固态磁盘驱动器；或以低成本和高可靠性替代电池支持的静态RAM，由于便携式系统既要求低功耗、小尺寸和耐久性，又要求保持高性能和功能的完整，因此该技术的固有优势就十分明显。它突破了传统的存储器体系，改善了现有的存储器特性。

1. Flash Memory 的主要特点

1）固有的非易失性

它不同于静态RAM，不需要备用电池来确保数据存留，也不需要磁盘作为动态RAM的后备存储器。

2）可直接执行

由于省去了从磁盘到RAM的加载步骤，查询和等待时间仅决定于闪烁存储器，用户可充分享受程序和文件的高速存取以及系统的迅速启动。

3）经济的高密度

Intel的1M位Flash Memory的成本按每位计要比静态RAM低一半以上(不包括静态RAM电池的额外花费和占用空间)。Flash Memory的成本比容量相同的动态RAM稍高，但却节省了辅助存储器（磁盘）的额外费用和空间。

4）固态性能

Flash Memory是一种低功耗、高密度且没有移动部分的半导体技术。便携式计算机不再需要消耗电池以维持磁盘驱动器运行或由于磁盘组件而额外增加体积和重量。用户不必再担心工作条件变坏时磁盘会发生故障。

总之，Flash Memory是一种低成本、高可靠性的读/写非易失性存储器。从功能上讲，由于随机存取的特点，Flash Memory可以看成一种非易失的ROM，因此它成为能够用于程序代码和数据存储的理想媒体。Flash Memory的存取速度比DRAM略慢，经改进，目前存取速度已突破了30ns或更小。

由于Flash Memory所具有的独特优点，Pentium II以后的主板都采用了这种存储器存放BIOS程序。Flash Memory的可擦可写特性，使BIOS程序可以及时升级。Flash Memory芯片与同容量的EPROM引脚完全兼容。

长江存储科技公司在2020年研发型号为X2-6070的Flash内存新产品。其拥有业内已知同类产品中最高的单位面积存储密度、最高的I/O传输速度和最高的单颗闪存芯片容量。

在I/O读写性能方面，X2-6070具备出色的性能，该产品可在1.2V电压下实现高达1.6Gb/s的数据传输速率。为了提高性能，该产品采用了独立的制造工艺来制造外围电路和存储单元。此举使CMOS电路采用更先进的制程技术，同时在不增加芯片面积的前提下，采用Xtacking设计架构为闪存芯片带来更佳的可扩展性。

X2-6070还具有大容量、高密度等特点，适合于读取密集型应用。每颗X2-6070 QLC闪存芯片拥有128层三维堆栈，共有超过3665亿个有效的电荷俘获型（Charge-Trap）存储单元，每个存储单元可存储4字节的数据，共提供1.33Tb的存储容量。

X2-6070已率先应用于消费级SSD，并将逐步进入企业级服务器、数据中心等领域，满足用户对高速、高性能存储解决方案的需求，满足未来5G、AI时代多元化数据存储需求。

2. Flash的分类

Flash按照单元排列方式，主要分为NAND闪存和NOR闪存两种。

1）NAND闪存

NAND闪存（NAND Flash Memory）是一种半导体单元串联排列的闪存。由于NAND闪存是垂直排列单元（即存储单位）的结构，因此可以在狭小的面积上制作很多单元，从而实现大容量存储。根据半导体芯片内部电子电路的形态，闪存分为串联连接的NAND闪存和并联连接的NOR闪存。NAND闪存易于增加容量，改写速度快，而NOR闪存读取速度快。此外，NAND闪存由于按顺序读取数据，读取速度比NOR闪存慢，但因为无需记住每个单元的地址，所以改写速度会快得多。因为NAND闪存可以实现小型化和大容量化；NAND闪存广泛应用在各种存储卡、U盘、SSD、eMMC等大容量设备中。它的颗粒根据每个存储单元内存储比特个数的不同，可以分为SLC（Single-Level Cell）、MLC（Multi-Level Cell）和TLC（Triple-Level Cell）3类。其中，在一个存储单元中，SLC可以存储1bit，MLC可以存储2bit，TLC则可以存储3bit。美光2400 NVMe™ SSD是全球首款也是最先进的基于176层QLC NAND的PCIe Gen4 NVMe SSD，可提供比上一代产品高达两倍的性能；2400采用行业领先的存储密度，是全球首款采用22mm×30mm外形尺寸的2TB SSD。

2）NOR闪存

NOR闪存（NOR Flash Memory）是一种单元被水平排列的闪存。闪存可根据半导体芯片内的电路排列方式进行分类。垂直排列的闪存称为NAND闪存，水平排列的闪存称为NOR闪存。NOR闪存的存储单元是水平排列的，因此它具有比NAND闪存读取速度更快的结构，能够更快地确定数据的位置。NOR Flash电路比较复杂，由于数据存储空间有限，很难将其扩展为大容量存储。此外，所有数据必须在找到特定单元的位置后才可写入，因此其写入速度比NAND闪存慢。NOR Flash和普通内存相似的是都可以支持随机访问，具有支持XIP（eXecute In Place）的特性，可以像普通ROM一样执行程序。NOR Flash根据与主机端接口的不同，可以分为Parallel NOR闪存和Serial NOR闪存两类。Parallel NOR闪存可以接入到主机的控制器上，所存储的内容可以直接映射到CPU地址空间，不需要复制到RAM中即可被CPU访问。Serial NOR闪存的成本比Parallel NOR闪存低，主要通过SPI接口与主机（也就是PCH）相连。

3.3 随机存取存储器

3.3.1 静态随机存取存储器

1. 基本存储单元

图3.4所示为6管SRAM基本存储电路。在这个电路中，VT_1、VT_2为工作管，VT_3、VT_4分别为VT_1、VT_2的负载电阻。VT_1 ~ VT_4构成一个双稳态触发器，可以存储一位二进制信息0或1。当VT_1截止时，是一个稳定状态；反之，当VT_1导通VT_2截止时，A点为高，它使VT_2导通，B点为低，又保证了VT_1可靠截止，这也是一个稳定状态。也就是说，该电路具有两个稳定状态，即VT_1截止VT_2导通的状态（称为“1”状态）和VT_1导通VT_2截止的状态（称为“0”状态）。VT_5和VT_6为两个控制门，起两个开关的作用。

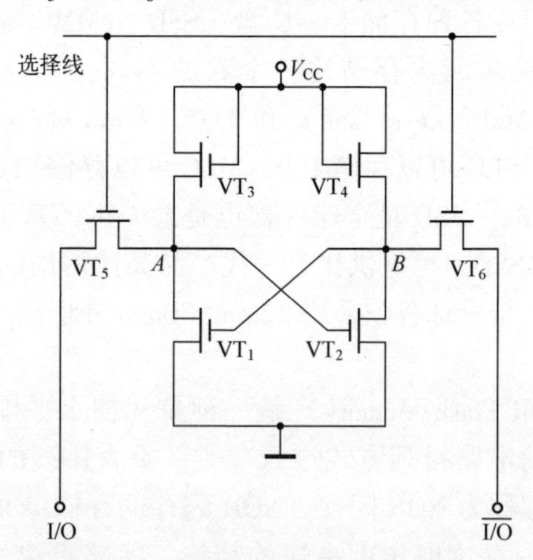

图3.4　6管SRAM基本存储电路

该基本存储电路的工作过程如下。

(1) 当该存储元被选中时，选择线为高电平，门控管VT_5、VT_6导通，触发器与I/O线（位线）接通，即A点与I/O线接通，B点与$\overline{I/O}$线接通。

(2) 写入时，写入数据信号从I/O线和$\overline{I/O}$线进入。若要写入“1”，则使

I/O 线为 1（高电平），$\overline{I/O}$线为 0（低电平），它们通过 VT_5、VT_6 管与 A、B 点相连，即 $A=1$，$B=0$，从而使 VT_1 截止，VT_2 导通。而当写入信号和地址译码信号消失后，VT_5、VT_6 截止，该状态仍能保持。若要写入“0”，使 I/O 线为 0，$\overline{I/O}$线为 1，这时 VT_1 导通，VT_2 截止，只要不断电，这个状态也会一直保持下去，除非重新写入一个新的数据。

（3）对写入内容进行读出时，需要先通过地址选择线为高电平，于是 VT_5，VT_6 导通，A 点的状态被送到 I/O 线上，B 点的状态被送到$\overline{I/O}$线上，这样就读取了原来存储器的信息。读出以后，原来存储器内容不变，所以，这种读出是一种非破坏性读出。由于 SRAM 的基本存储电路中所含晶体管较多，故集成度较低。而且，由 VT_1、VT_2 管组成的双稳态触发器总有一个管子处于导通状态，所以会持续地消耗功率，从而使 SRAM 的功耗较大，这是 SRAM 的两个缺点。SRAM 的主要优点是工作稳定，不需要外加刷新电路，从而简化了外电路设计。

2. SRAM 的结构

SRAM 通常由存储矩阵、地址译码器、读/写控制逻辑与三态数据缓冲器 4 部分组成。图 3.5 所示为 1K×1 的 SRAM 芯片的内部结构。

1）存储矩阵

存储矩阵是存储器芯片的核心部分。一个基本存储电路仅能存放一位二进制信息。在计算机中为了保存大量的信息，需要由许多图 3.4 所示的基本存储元电路组成，通常排列成二维矩阵形式。本例中采用位结构，即将所有单元（1024 个）的同一位制作在同一芯片上，并排成 32×32 方阵。1024 个单元需要 10 条地址线，其中，5 条（$A_4 \sim A_0$）用于行（X）译码，5 条（$A_9 \sim A_5$）用于列（Y）译码，行、列同时选中的单元为所要访问的单元。这种结构的优点是芯片封装时引线较少。例如，本例中 1K×1 的容量，若采用多字多位结构，如排成 128×8 的矩阵结构，即一个芯片上共 128 个单元，每单元 8 位，这样每个芯片封装时的引线数为 7 位地址线和 8 位数据线；而排成多字一位的结构时，每片只需 10 位地址线和 1 位数据线，芯片的封装引线数少，可以提高产品的合格率。如果要求每单元为 8 位，则只需用 8 片相同的芯片并联即可满足要求。

2）地址译码器

每个存储单元都有自己的编号，即存储单元地址。要对一个存储单元进行读/写，必须先给出它的地址，这就是计算机的“存储器按地址访问”的原理。

如前所述，处理芯片在读/写一个存储单元时，总是先将访问地址送到地

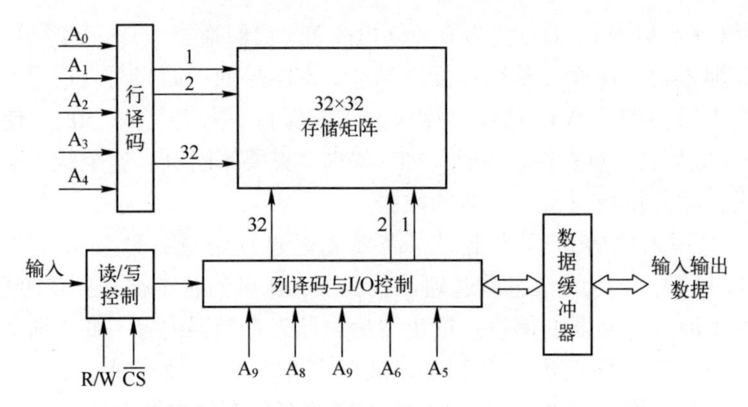

图 3.5　1K×1 的 SRAM 芯片内部结构框图

址总线上，然后将高位地址经译码后产生片选信号（$\overline{CS}$）选中某一芯片，用低位地址送至存储器，经片内地址译码器译码选中所需的存储单元，最后在处理芯片的读/写命令控制下完成对该单元的读出或写入。由此可见，RAM 中的地址译码完成存储单元的选择。通常的译码方法有单译码和双译码两种。不同的译码方法对译码器的结构和输出线的要求是不同的。单译码是把所有地址都输入到一个译码器进行译码。这样，若地址为 n 位，则要求译码器有 2^n 个输出，结构就比较复杂。双译码是将所有地址线分为行、列两个方向进行译码，如图 3.5 所示。1024 个单元共需 10 位地址线，分为行、列两个方向，每个方向 5 条线，经行、列译码，各输出 32 条线到存储矩阵中，只有行、列方向同时选中的单元才是所要访问的单元。因此，双译码可以简化译码器结构。

3）读/写控制逻辑与三态数据缓冲器

存储器的读/写操作由处理芯片控制。处理芯片送出的访问地址中用高位部分经译码后送到读/写控制逻辑的$\overline{CS}$输入端，作为片选信号，表示该芯片被选中，允许对其进行读/写。当读/写命令送入存储器芯片的读/写控制电路的 R/W 端时，被选中存储单元中的数据经三态 I/O 数据缓冲器的 $D_7 \sim D_0$ 端送数据总线（读操作时），或将数据总线上的数据经三态 I/O 数据缓冲器写入被选中的存储单元（即写操作时的存储单元）。

3. 典型的 SRAM 芯片

Intel 2114 存储器芯片的逻辑结构如图 3.6 所示。Intel 2114 是一个 1K×4 的 SRAM，片上共有 4096 个 6 管存储元电路，排成 64×64 的矩阵。因为是 1K 字，故地址线 10 位（$A_0 \sim A_9$），其中 6 根（$A_3 \sim A_8$）用于行译码，产生 64 条行选择线；4 根（A_0、A_1、A_2、A_9）用于列译码，产生 64/4 条列选择线（即 16 条列选择线，每条线同时接至 4 位）。此处只是为了说明结构原理才举例

Intel 2114，更大容量的 SRAM 芯片可以类推。

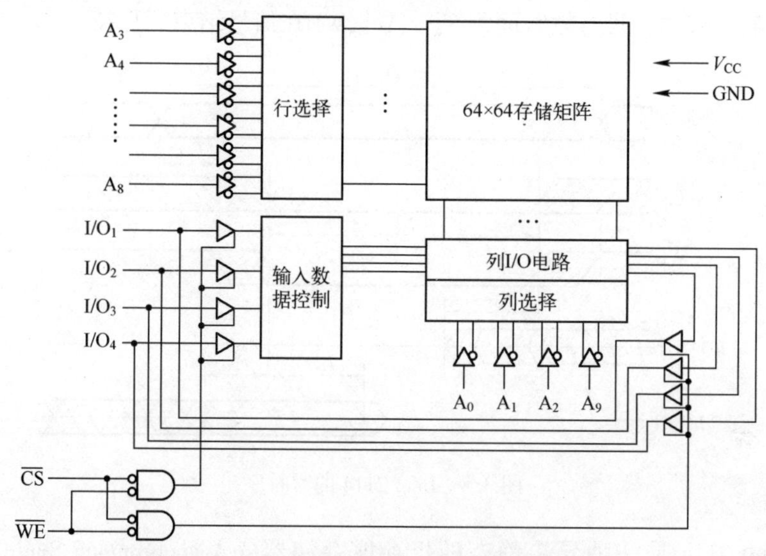

图 3.6　Intel 2114 存储器芯片的逻辑结构框图

存储器的内部数据通过 I/O 电路及输入三态门和输出三态门同数据总线 I/O_1 ~ I/O_4 相连。由片选信号 $\overline{CS}$ 和写允许信号 $\overline{WE}$ 一起控制这些三态门。在片选信号有效（低电平）情况下，如果写命令 $\overline{WE}$ 有效（低电平），则输入三态门打开，数据总线上的数据信号便写入存储器；如果写命令 $\overline{WE}$ 无效（高电平），则意味着从存储器读出数据，此时输出三态门打开，数据从存储器读出，送至数据总线上。注意，读操作与写操作是分时进行的，读时不写，写时不读，因此，输入三态门与输出三态门是互锁的，因而数据总线上的信息不至于造成混乱。

Intel 2114 的读时序如图 3.7 所示，地址有效期为 T_{RC}，片选 $\overline{CS}$ 在地址有效期间有效，数据在片选有效 T_{CO} 后有效。

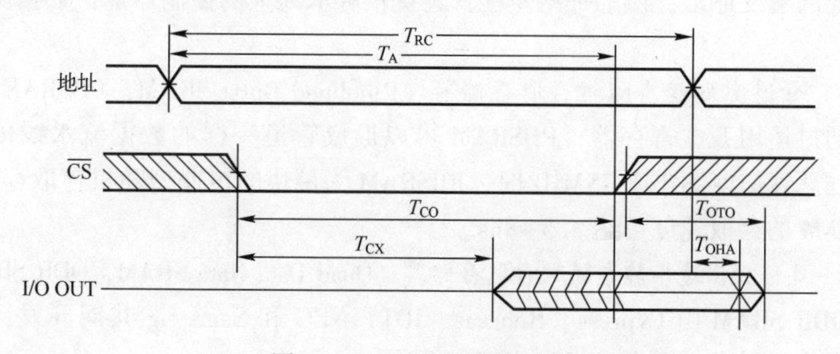

图 3.7　Intel 2114 的读时序

Intel 2114 的写时序如图 3.8 所示，地址有效期为 T_{WC}，片选和写信号在地址有效期内有效，且有效时间为 T_W，数据$\overline{WE}$在信号结束后保持 T_{DH}。

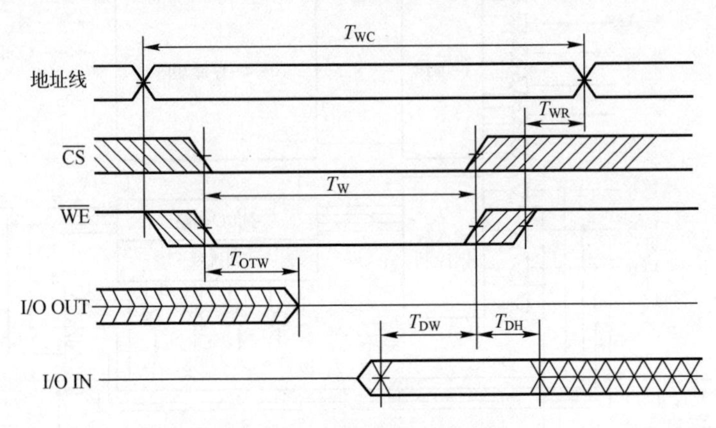

图 3.8 Intel 2114 的写时序

Intel 2114 是一种异步静态随机存取存储器（Asynchromous Static RAM，ASRAM），不依赖处理芯片时钟，其存取速度较 DRAM 快，但在存取数据时仍不能与处理芯片保持同步。

4. 同步的 SRAM 技术

1）同步静态随机存取存储器（Synchronous SRAM，SSRAM）

SSRAM 的所有访问都在时钟的上升/下降沿启动。地址、数据输入和其他控制信号均与时钟信号相关。这一点与异步 SRAM 不同，异步 SRAM 的访问独立于时钟，数据输入和输出都由地址的变化控制。

2）同步突发静态随机存取存储器（Synchronous Burst SRAM，SBSRAM）

SBSRAM 的最大优点是读/写速度快，不需要刷新。在突发模式下，只要外部器件给出首次访问地址，则在同步时钟的上升沿就可以在内部产生访问数据单元的突发地址，协助那些不能快速提供存取地址的控制器加快数据访问的速度。

3）管道突发静态随机存取存储器（Pipelined Burst SRAM，PBSRAM）

通过运用 I/O 寄存器，PBSRAM 可以形成管道一样的数据流水线传输模式。在总线速度不小于 75MHz 时，PBSRAM 为最快的缓冲型随机存取存储器。PBSRAM 的存取速度可达 4.5~8ns。

4）4 倍数据速率静态随机存取存储器（Quad Data Rate SRAM，QDR SRAM）

QDR SRAM 由 Cypress、Renesas、IDT、NEC 和 Samsung 共同开发，这种结构专为应付带宽需求极大的应用而设计。

QDR SRAM 采用两个独立的数据读/写端口用来访问存储阵列，其中读端口专用于读操作中的数据输出，而写端口专用于写操作中的数据输入。这种独立的数据读/写端口结构消除了在共用数据总线结构中读/写转换时需要额外转换周期的缺点。对两个数据端口的访问采用一套共用的地址总线。在双字突发模式下，地址总线的前半个时钟周期提供读操作的地址而后半个时钟周期提供写操作的地址。因此，在这种结构下，除了 QDR SRAM 输入数据总线和输出数据总线外，它的地址总线也要采用 DDR 的传输方式。QDR SRAM 还有一种四字突发的结构，在这种结构下，每次读/写请求均执行 4 个字的传输。与双字突发结构不同，这种结构的地址总线采用的是单数据速率，读操作和写操作必须在交替的时钟周期发出请求，如图 3.9 所示。

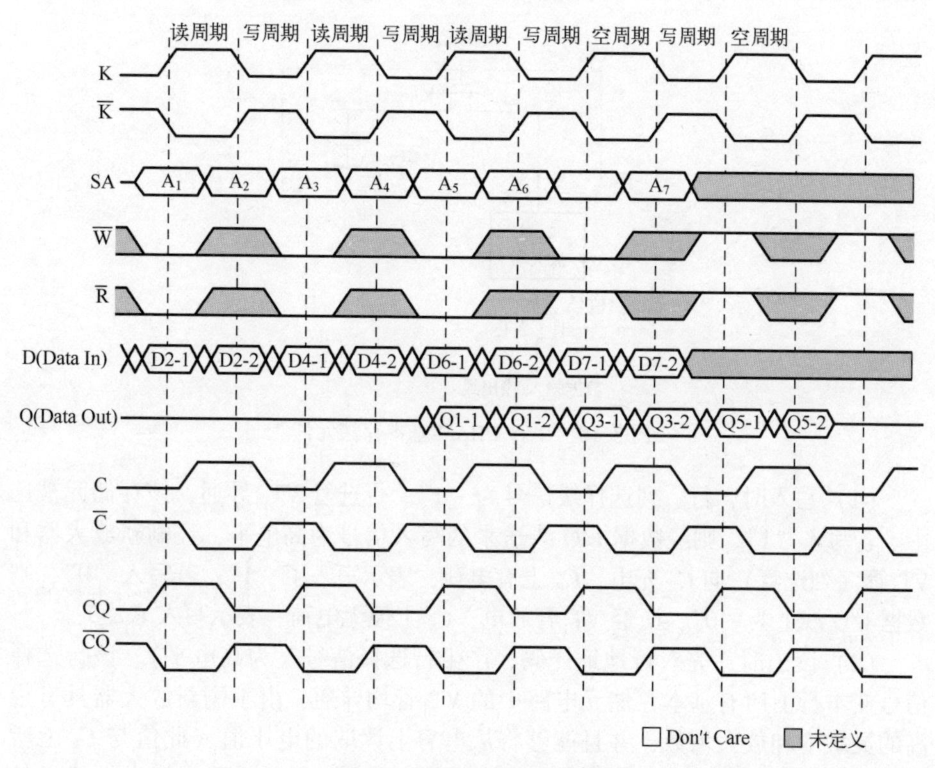

图 3.9　QDR 读/写时序图

目前，QDR2 SRAM 已经面世，QDR2 SRAM 架构是在最初的 QDR 规范的基础上发展而来的，可以在非常高的工作频率下提供更高的带宽，并简化数据传送。

QDR2 SRAM 与 QDR SRAM 架构的主要差异在于增加了数字锁相环及额外

的半个周期延迟（最初的 QDR SRAM 为 1 个周期，QDR2 SRAM 为 1.5 个周期）。这些变化的结果是使时钟到数据的有效时间 T_{CO} 在 167MHz 的频率条件下从 3.0ns 缩减至 0.45ns，使数据有效窗口增大，从而提高系统的时序性能。另一个结果是出现一个用于实现数据可靠获取的源同步回送时钟（EchoClock）。

3.3.2 动态随机存取存储器

1. 基本存储单元

最简单的 DRAM 的基本存储电路由一个 MOS 晶体管和一个电容 C_S 组成，如图 3.10 所示。在这个电路中，存储信息依赖于电容 C_S，电容 C_S 上的电荷（信息）是能够维持的。该电路的工作过程如下。

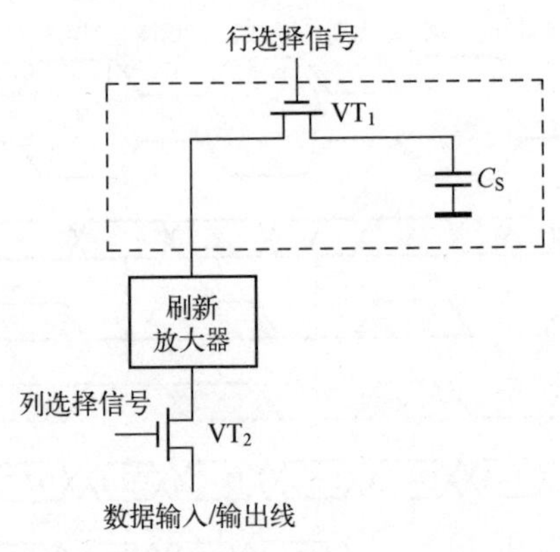

图 3.10 单管 DRAM 基本存储元件

（1）写入时，行、列选择线信号为“1”。行选管 VT_1 导通，该存储元被选中。若写入“1”，则经数据 I/O 线送来的写入信号为高电平，经刷新放大器和 VT_2管（列选管）向 C_S 充电，C_S 上有电荷，表示写入了“1”；若写入“0”，则数据 I/O 线上为“0”，C_S经 VT_1管放电，C_S 上便无电荷，表示写入了“0”。

（2）读出时，先对行地址译码，产生行选择信号（为高电平）。该行选择信号使本行上所有基本存储元电路中的 VT_1管均导通，由于刷新放大器具有很高的灵敏度和放大倍数，并且能够将从电容上读取的电压值（此值与 C_S 上所存“0”或“1”有关）折合为逻辑“0”或逻辑“1”，于是连接在列线上的刷新放大器就能够读取对应于电容 C_S 上的电压值。若此时列地址（较高位地址）产生列选择信号，则行和列均被选通的基本存储元电路被驱动，从而读出数据送入数据 I/O 线。

（3）操作完毕后，电容 C_S 上的电荷被释放完，而且选中行上所有基本存储元电路中的电容 C_S 都受到打扰，故是破坏性读出。为使 C_S 上读出后仍能保持原存信息（电荷），刷新放大器又对这些电容进行重写操作，以补充电荷使之保持原信息不变。所以，读出过程实际上是读、回写过程。回写也称为刷新。这种单管动态存储元电路的优点是结构简单、集成度高且功耗小；缺点是列线对地间的寄生电容大，噪声干扰也大，因此，要求 C_S 值做得比较大，刷新放大器应有较高的灵敏度和放大倍数。

2. 动态 DRAM 的结构

DRAM 芯片的结构特点是设计成位结构形式，即每个存储单元只有一位数据位，如 4K×1 位、8K×1 位、16K×1 位、64K×1 位或 256K×1 位等。存储体的这一结构形式是 DRAM 芯片的结构特点之一。DRAM 存储体的二维矩阵结构也使 DRAM 的地址线总是分成行地址线和列地址线两部分，芯片内部设置行、列地址锁存器。在对 DRAM 进行访问时，总是先由行地址选通信号（处理芯片产生）把行地址存入内置的行地址锁存器，随后再由列地址选通信号把列地址存入内置的列地址锁存器，再由读/写控制信号控制数据读出/写入。所以，访问 DRAM 时访问地址需要分两次给出，这也是 DRAM 芯片的特点之一。行、列地址线分时工作可以使 DRAM 芯片的对外地址线引脚大大减少，仅需与行地址线相同即可。

3. DRAM 的刷新

所有的 DRAM 都是利用电容存储电荷的原理来保存信息的。虽然利用 MOS 管栅-源间的高阻抗可以使电容上的电荷得以维持，但由于电容总存在泄漏现象，时间长了存储的电荷会消失，从而使所存信息自动丢失。所以，必须定时对 DRAM 的所有基本存储元电路补充电荷，即进行刷新操作，以保证存储的信息不变。刷新就是不断地每隔一定时间（一般每隔 2ms）对 DRAM 的所有单元进行读出，经读出放大器放大后再重新写入原电路，以维持电容上的电荷。对 DRAM 必须设置专门的外部控制电路和安排专门的刷新周期来系统地对 DRAM 进行刷新。刷新类似于读操作，但刷新时不发送片选信号，也不发送列地址。对 DRAM 的刷新是按行进行的，每刷新一次的时间称为刷新周期。从上一次对整个存储器刷新结束到下一次对整个存储器全部刷新一遍所用的时间间隔称为最大刷新时间间隔，一般为 2ms。设相继刷新 2 行之间的时间间隔为 T_n，单片存储器的行数为 L_R，则整个存储器刷新一遍的时间为 $T=T_n \cdot L_R$。不论行数多少，均应保证 $T<2ms$。

4. 4164 DRAM 芯片举例

4164 DRAM 芯片的引脚排列和内部结构如图 3. 11 所示。

4164 DRAM 芯片内部有 65536x1 位存储单元，可以存放 64K 位二进制信息，封装在标准的 16 脚双列直插式外壳里。4164 DRAM 传送地址信息的顺序

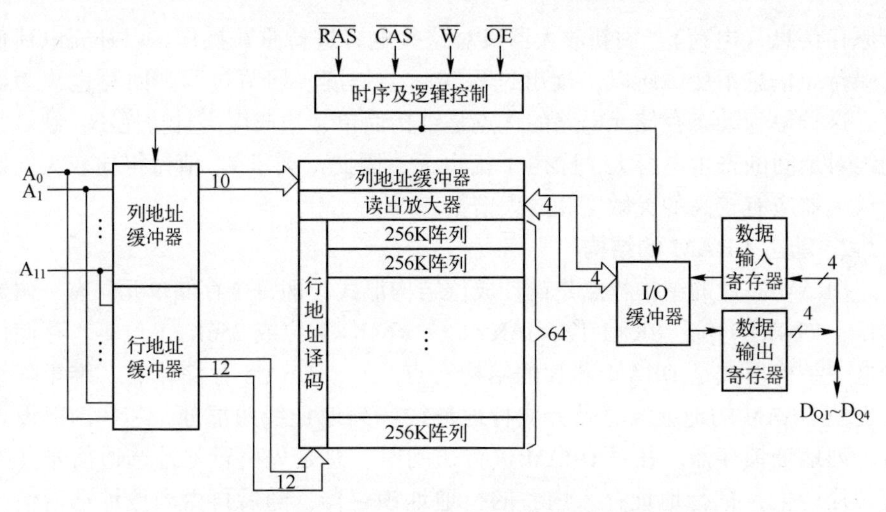

图 3.11　4164 DRAM 芯片引脚排列和内部结构框图

是，首先把行地址送到 4164 DRAM 引脚上，等行地址稳定后送入$\overline{RAS}$信号，把行地址锁存到芯片内。在行地址锁存结束后，再把列地址送到 4164 DRAM 引脚上，等列地址稳定后送入$\overline{CAS}$信号，把列地址锁存到芯片内。$\overline{RAS}$和$\overline{CAS}$控制对动态 RAM 芯片的访问，它们必须有足够长的时间。

写允许信号$\overline{W}$控制进行写操作还是读操作。当$\overline{W}$为有效的低电平时，允许写入数据，数据输入端 D_{in}上的数据被写入到地址译码电路所选中的存储单元中；当$\overline{W}$为高电平时是读数据操作，由地址译码电路选中的存储单元把数据送到数据输出端 D_{out}。

4164 DRAM 内部的 65536 个存储单元按矩阵方式排列。这些存储单元共分成 4 个区。每个区有 128 行和 128 列，设有 128 个读出放大器。当$\overline{RAS}$信号成为低电平时，把行地址锁存到行地址寄存器。接着在$\overline{RAS}$信号控制下，行地址寄存器中的低 7 位送入行地址译码电路，译码后选中存储器阵列 4 个区中 128 行里的一行。在被选中的行里，各个存储单元与读出放大器接通，读出放大器的输出又返回到存储单元中。因此，4164 DRAM 每接收到一次信号，就有 512 个存储单元的信息进行读出放大。行地址锁存结束后，在 4164 DRAM 内部进行读出操作的同时还可以进行列地址锁存操作。在$\overline{CAS}$信号低电平出现时，把列地址锁存到列地址寄存器。列地址的低 7 位送入列地址译码电路，译码后选中存储器阵列 4 个区中 128 个读出放大器里的一个，把它们与输入输出控制电路（I/O 控制）接通。这时在存储器阵列中，共有 4 个单元与 I/O 控制电路连接。行地址和列地址的高位送到 I/O 控制电路，选择 4 位中的 1 位与外界交换数据。当$\overline{W}$为高电平时，16 位地址所指定的存储单元把读出数据通过数据输出缓冲器送到 D_{out} 端；当 $\overline{W}$ 为低电平时，D_{in} 端上的数据通过数据输入缓冲器输入，由于数据输入缓冲器的驱动能力比读出放大器大，因此把输入数据写入 16 位地址所指定的存储单元中。

4164 的读时序如图 3. 12 所示。

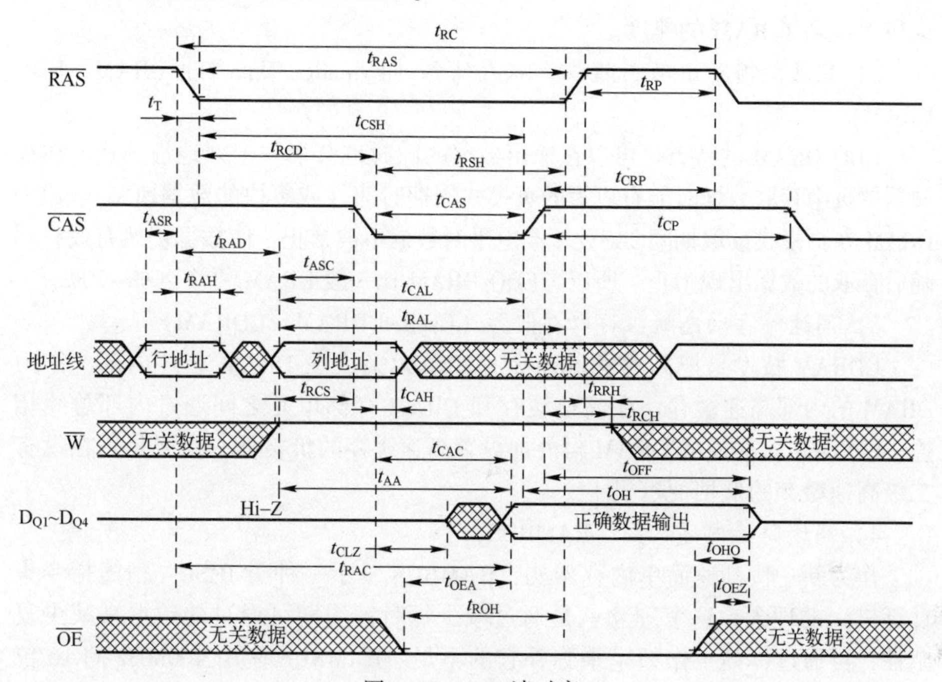

图 3. 12　4164 读时序

4164 DRAM 每 2ms 应对所有的存储单元刷新一遍。刷新操作是通过执行只有 $\overline{RAS}$ 的动态存储器访问周期来实现的。大家知道，在 $\overline{RAS}$ 信号作用期间，4164 DRAM 内部有 512 个存储单元接通到读出放大器，读出放大器的输出又反过来对存储单元充电。对由行地址的低 7 位（$A_0 \sim A_6$）决定的 128 个组合地址逐一施加信号，4164 内部的所有存储单元就都进行了一次刷新。在 2ms 内执行 128 次刷新操作，要求每次操作的时间间隔为 15. 6μs。刷新用的行地址和 $\overline{RAS}$ 信号送到系统内的所有动态 RAM 芯片上。由于刷新时没用 $\overline{CAS}$ 信号，故 DRAM 芯片与外界不发生数据传送。

5. 先进的 DRAM 技术

随着处理芯片速度的不断提高，RAM 的存取速度已成为数字信号处理系统的瓶颈。目前处理芯片的时钟频率可达 200MHz ~ 3. 0GHz，而早期普通的 DRAM 芯片存取速度仅为 60ns，现在虽然 DRAM 的速度提高了很多（1 ~ 2ns），但比起处理芯片主频还有很大差距。近年来半导体厂家努力提高 RAM

的存取速度，并推出多种高速 DRAM 技术，下面介绍几种。

1）同步动态随机存取存储器（Synchronous DRAM，SDRAM）

SDRAM 技术是将处理芯片和 RAM 通过一个相同的时钟锁在一起，使 RAM 和处理芯片能够共享一个时钟周期，它们以相同的速度同步工作，这就更快地提高了 RAM 的速度。

2）扩展数据输出动态随机存取存储器（Extended Data Out DRAM，EDO DRAM）

EDO DRAM 的特点是可以在输出数据的同时进行下一个列地址选通，在存储器单页中存取数据时能有更短的页模式周期时间（或更快的数据速率）。EDO DRAM 在页模式读取期间$\overline{CAS}$处于高电平时数据不被禁止，使数据仍然有效直到随后存取的数据出现为止。所以，EDO DRAM 比一般 DRAM 要快 20%~30%。

3）高速缓存动态随机存取存储器（Cached DRAM，CDRAM）

CDRAM 技术是把高速的 SRAM 存储单元集成在 DRAM 芯片内部，作为 DRAM 的内部高速缓存。在高速缓存和 DRAM 存储单元之间通过内部总线相连，CDRAM 比普通的 DRAM 再外加设置高速缓存的价格低，主要是用在没有二级高速缓存的低档便携机上。

4）高速简单内存架构（RAMBUS）

作为新一代高速简单内存架构，RAMBUS 基于一种类 RISC（精简指令集计算机）的理念，这个理念就是通过减少每时钟周期可通过的数据来减少复杂性，再通过提高工作频率来弥补它的不足。RAMBUS 使用 400MHz 的 16 位总线，一个时钟周期内可以在上升沿和下降沿同时传输数据，实际速度为 400MHz×2＝800MHz，理论带宽为（16 位×2 个传输沿×400 周期/s)/8 位字节＝1.6GB/s，相当于普通 PC 100 SDRAM 内存带宽的 2 倍。另外，RAMBUS 也可以储存 9 位数据，额外的一位是一个保留位，可能以后会作为 FCC（错误检查修正）校验。RAMBUS 的时钟之所以可以高达 400MHz，其关键就在于其仅使用了 30 条铜线连接内存控制器和 DIMM（RAMBUS 内嵌式内存模块），减少铜线的长度和数量就可以降低数据传输中的电磁干扰，提高内存的工作频率。

5）第三代双倍速率同步动态随机存取存储器（Dual Date Rate III SDRAM，DDR3 SDRAM）

它采用内存标准组织 JEDEC 的 DDR3 标准，比 DDR2 和 DDR1 有了极大的改进，包括性能提升和更低的能耗。DDR3 使用了 SSTL 15 的 I/O 接口，其核心工作电压从 DDK2 的 1.8V 降至 1.5V。DDR3 将比 DDR2 节省 30%的功耗，降低了工作时的温度。其采用 CSP、FBGA 封装方式包装，除了延续 DDR2 SDRAM 的 OD、OCD、Posted CAS、AL 控制方式外，还另外新增了更为先进的CWD、异步重置（Reset）、ZQ校准、SRT、RASR功能。CWD作为写入延迟之用；Reset提供了超省电功能的命令，可以让DDR3 SDRAM内存颗粒电路停止运作，进入超省电待命模式；ZQ则是一个新增的终端电阻校准功能，新增这个线路脚位提供了ODCE（On Die Calibration Engine）用来校准ODT（On Die Termination）内部终端电阻；新增了SRT（Self-Reflash Temperature）可编程温度控制内存功能；SRT的加入让内存颗粒在温度、时钟和电源管理上进行优化，可以说在内存内嵌入了电源管理的功能，同时让内存颗粒的稳定度也大为提升，确保内存颗粒不至于出现工作时钟过高导致烧毁的情况。同时，DDR3 SDRAM还加入了RASR（Partial Array Self-Refresh）局部Bank刷新的功能。

6）第四代双倍速率同步动态随机存取存储器（Dual Date Rate Ⅳ SDRAM，DDR4 SDRAM）

DDR4 SDRAM是第四代双倍速率同步动态随机存储器。相较于上一代DDR3内存芯片，DDR4提供比DDR3、DDR2更低的供电电压（1.2V）以及更高的带宽，DDR4的传输速率目前可达3200MT/s。

DDR4新增了4个Bank Group数据组的设计，各个Bank Group具备独立启动操作读、写等动作特性。另外，DDR4还增加了DBI（Data Bus Inversion）、CRC（Cyclic Redundancy Check）、CA Parity等功能，让DDR4内存在更快速、省电的同时，能够增强信号的完整性，改善数据传输、储存的可靠性。

DDR4采用先进工艺技术，可以在提高性能、降低成本的同时减少能耗；采用低电压供电和伪开漏接口，可以降低功耗。相较于上一代DDR3内存芯片，POD作为DDR4新的驱动标准，接收端的终端电压等于VDDQ；而DDR3所采用的SSTL接收端的终端电压为VDDQ/2。DDR4的I/O缓冲已经从DDR3的推挽（push-pull）改成了伪开漏（pseudo open drain）模式。

DDR4与DDR3比较如表3.1所列。内存规格如表3.2所列。

表3.1　DDR4 SDRAM与DDR3 SDRAM对比

参　数	DDR4	DDR3
时钟频率/MHz	1066~1600	533~800
传输速率/(Mb/s)	17064~25600	8528~12800 ·
输入时钟	差分时钟	差分时钟
数据选通	差分数据选通	差分数据选通
电源电压/V	1.2	1.5
接口	POD	SSTL_15
组件程序包	FBGA	FBGA

表3.2 内存规格表

内　存	额定时钟/MHz	实际时钟/MHz	最大传输速率/(Mb/s)
DDR3-1066	1066	533	8528
DDR3-1333	1333	666	10664
DDR3-1600	1600	800	12800
DDR4-2133	2133	1066	17064
DDR4-2400	2400	1200	19200
DDR4-2666	2666	1333	21328
DDR4-3200	3200	1600	25600

7）虚拟通道存储器（Virtual Channel Memory，VCM）

VCM是由NEC公司开发的一种“缓冲式DRAM”，该技术在大容量SDRAM中曾被部分采用，集成了所谓的“缓冲通道”，由高速寄存器进行配置和控制。在实现高速数据传输的同时，VCM还维持着与传统SDRAM的高度兼容性，所以通常也把VCM内存称为VCM SDRAM。2001年以后，在Intel的815E、VIA的694X等芯片组中都可以见到对VCM SDRAM的支持，这也是2001年以后绝大多数新型主板芯片组都支持的内存标准。

8）其他DRAM

除了上述几款新型内存外，还有接口动态随机存储器（Direct Rambus DRAM，DRDRAM）、快速循环动态存储器（Fast Cycle RAM，FCRAM）、同步链动态随机存储器（Synchnonous Link DRAM，SLDRAM）等，这几种新型的RAM技术及芯片类型，都有各自的特点和用途。

3.4 存储器硬件设计

本节主要对存储器的硬件设计进行简要介绍，包括DDR-Ⅲ DRAM、DDR-Ⅳ DRAM及QDR SRAM存储器的硬件设计要点及设计原则，最后给出设计原理图。

由于目前存储器的存取速度可以达到百兆赫级别，因此，存储器设计部分的PCB设计已属于高速PCB设计范畴，有关PCB设计方面的内容，读者可以参考本书第7章电磁兼容与印制电路板部分的内容。

3.4.1 DDR-Ⅲ DRAM存储器硬件设计

本节介绍DDR-Ⅲ DRAM存储器硬件设计，以SM41J256M16HA型4Gb

DDR-Ⅲ DRAM 设计为例，图 3.13 和图 3.14 所示为 DDR-Ⅲ DRAM 存储器原理。

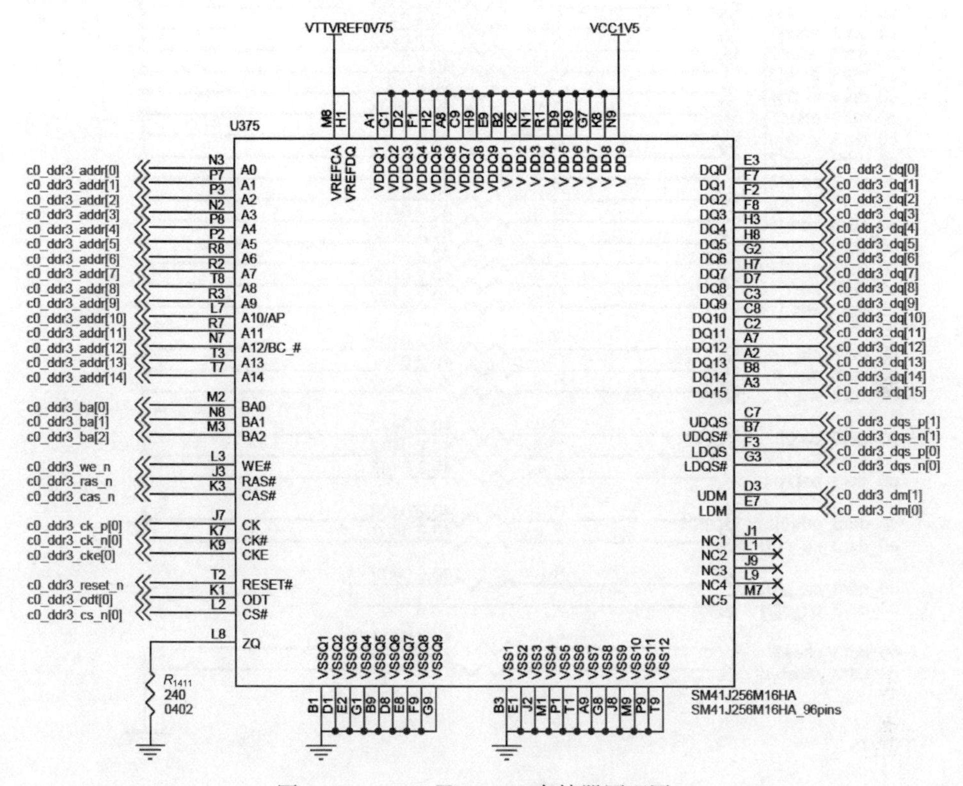

图 3.13　DDR-Ⅲ DRAM 存储器原理图 1

目前的与 DDR-Ⅲ DRAM 存储器进行通信的主要是处理器或 FPGA，前者一般有固定的接口引脚与存储器引脚直接连接，后者则可通过约束文件，约束引脚与处理器进行连接。有关 FPGA 方面的设计内容，读者可以参考本书第 6 章可编程逻辑技术部分的内容。

图 3.13 所示为 DDR-Ⅲ DRAM 存储器原理图。

（1）ADDR<14:0>：地址输入。

（2）BA<2:0>：地址输入。

（3）CK，CK#：差分时钟输入。

（4）CKE：时钟使能输入。

（5）CS#：片选信号。

（6）LDM、UDM：写入数据掩码；在写入操作时，如果 DM 信号为高，则写入数据被屏蔽；如果 DM 信号为低，则写入数据正常锁存。

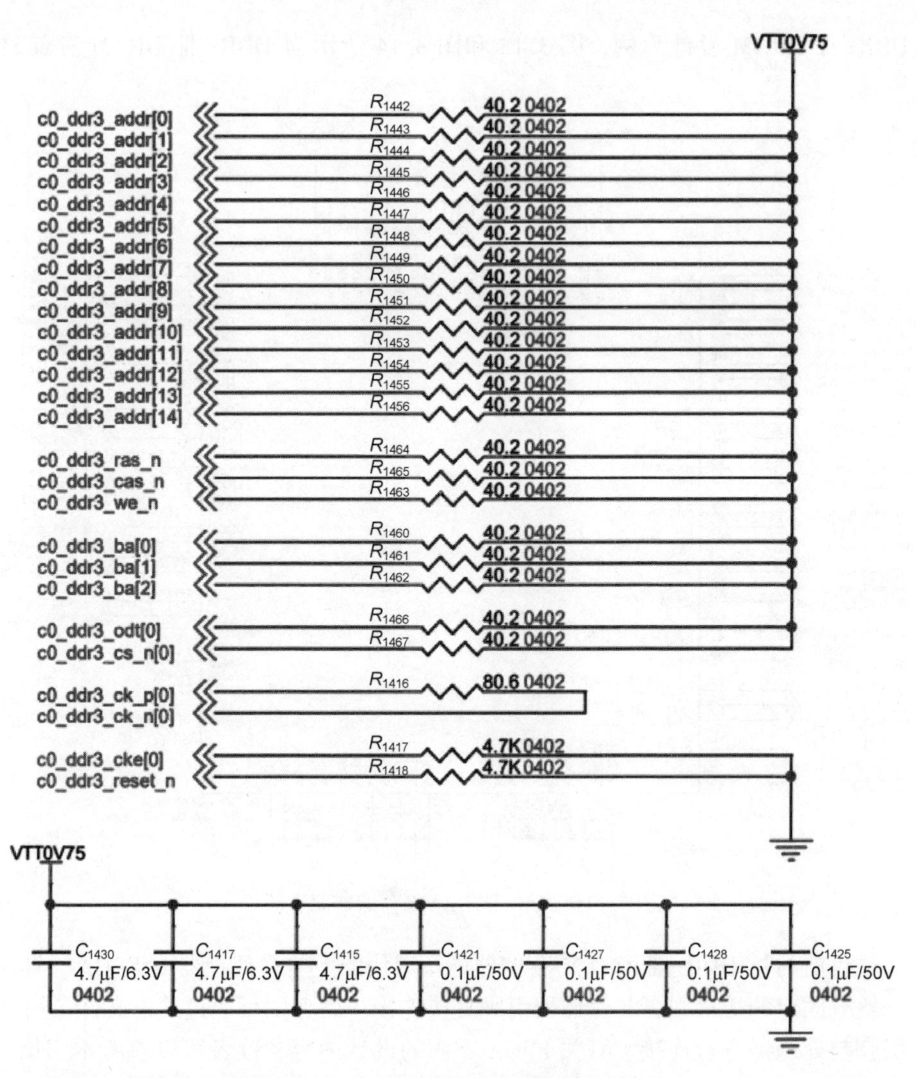

图 3.14 DDR-Ⅲ DRAM 存储器原理图 2

LDM 控制 DQ0～DQ7，UDM 控制 DQ8～DQ15。

（7）ODT：终端阻抗控制信号。

（8）RAS#、CAS#、WE#：命令输入，低电平有效。

（9）RESET#：复位输入。

（10）DQ<15:0>：双向数据总线。

（11）LDQS、LDQS#：低字节数据选通。

（12）UDQS、UDQS#：高字节数据选通。

（13） V_{DD}<9:1>：电源信号，接 1.5V±0.075V。

（14） V_{DDQ}<9:1>：DQ 供电电源，接 1.5V±0.075V。

（15） V_{REFCA}：控制、命令和地址信号的参考电压。

（16） V_{REFDQ}：数据信号的参考电压。

（17） V_{SS}<12:1>：地信号。

（18） V_{SSQ}<9:1>：DQ 地。

（19） ZQ：输出驱动校正的外部参考点。

图 3.14 所示为 DDR-Ⅲ DRAM 存储器原理图。

（1） ADDR<14:0>信号必须上拉至 0.75V 电源，并且对电源和地信号用电容进行滤波。

（2） RAS#、CAS#、WE#必须上拉至 0.75V 电源，并且对电源和地信号用电容进行滤波。

（3） BA<2:0>必须上拉至 0.75V 电源，并且对电源和地信号用电容进行滤波。

（4） ODT 必须上拉至 0.75V 电源，并且对电源和地信号用电容进行滤波。

（5） CS#必须上拉至 0.75V 电源，并且对电源和地信号用电容进行滤波。

（6） CKE 需要接地。

（7） RESET#需要接地。

3.4.2　DDR-Ⅳ DRAM 存储器硬件设计

图 3.15 所示为 DDR-Ⅳ DRAM 存储器原理。

（1） A<16:0>：地址选择信号，其中 A16 还有 RAS_n 功能，A15 有 CAS_n 功能，A14 有 WE_n 功能，A12 有 BC_n 功能，A10 有 AP 功能，共 17 根信号线。

（2） BA<1:0>：Bank 地址选择。

（3） BG<1:0>：Bank Group 地址选择。

（4） CK，CK#：差分时钟输入。

（5） CKE：时钟使能输入。

（6） ALERT_n：报警信号，若命令/地址出现奇偶校验错误或者 CRC 错误，该 PIN 脚被 DDR 拉低，告知 DDR Controller。

（7） RESET_n：DDR 复位信号，低电平有效。正常操作过程中，保持高电平。

（8） PAR：命令/地址信号的奇偶校验使能，可通过寄存器禁用或者使能。

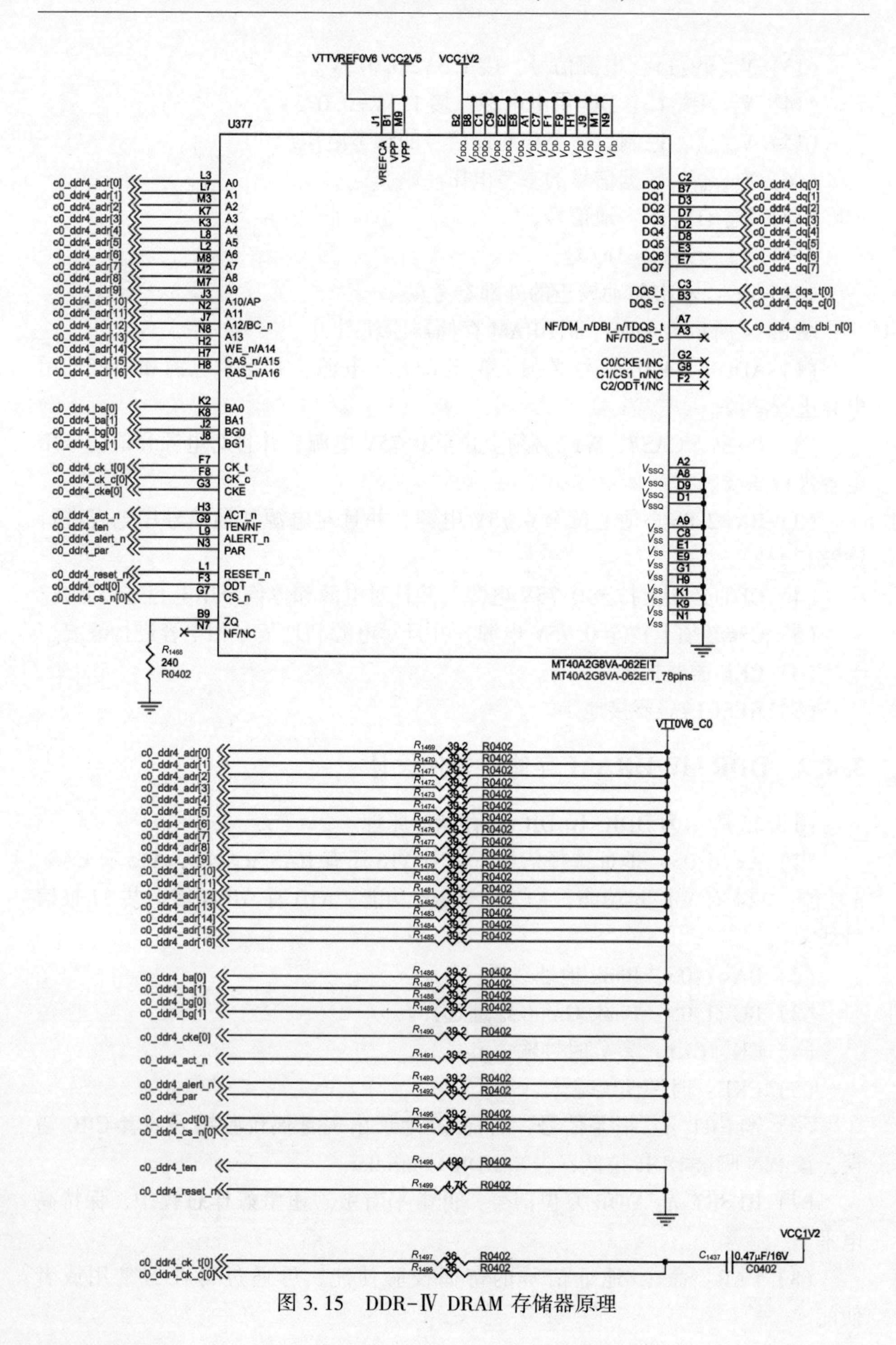

图 3.15　DDR-Ⅳ DRAM 存储器原理

（9）ODT：终端阻抗控制信号。

（10）CKE0：芯片 0 时钟信号使能。通过此电平，可以控制芯片是否进入低功耗模式。

（11）CKE1：芯片 1 时钟信号使能。通过此电平，可以控制芯片是否进入低功耗模式。

（12）ACT_n：命令激活信号，这个信号为低电平时，可以通过 A[14：16]地址信号线选择激活命令的行地址。为高电平时，地址信号线正常使用。

（13）TEN：测试模式使能信号，高电平使能测试模式，正常操作过程中必须拉低。

（14）CS0_n：DDR 芯片 0 使能，用于多个 RANK 时的 RANK 组选择。

（15）CS1_n：DDR 芯片 1 使能，用于多个 RANK 时的 RANK 组选择。

（16）DQS：数据选通差分信号。

（17）DQ<7:0>：双向数据总线。

（18）V_{DD}：芯片主电源输入，接 1.2V。

（19）V_{DDQ}：DQ 信号线电源供电，接 1.2V。

（20）V_{PP}：DRAM 激活电压，接 2.5V。

（21）V_{REFCA}：DRAM 终端匹配电源供电。

（22）V_{SS}：地信号。

（23）V_{SSQ}：地。

（24）ZQ：阻抗匹配（ODT）校正参考点，接 240Ω 到地。

3.4.3　QDR SRAM 存储器硬件设计

本节主要介绍 QDR SRAM 存储器硬件设计，以 CY7C1512V18 设计为例，图 3.16 和图 3.17 所示为 QDR SRAM 存储器硬件原理。

图 3.16 所示为 QDRSRAM 存储器的原理图。

（1）IN_FPGA_QDR_D<17:0>：QDR SRAM 的输入数据总线；其工作主频一般可达几百兆赫，数据线设计必须要求严格等长，且越短越好。

（2）IN_FPGA_QDR_ADDR<21:0>：QDR SRAM 的单向地址总线；其工作频率与数据总线相同，地址总线设计必须要求严格等长，且越短越好，其位数与存储器大小有关。

（3）IN_FPGA_QDR_Q<17:0>：QDR SRAM 的输出数据总线，其工作主频一般可达几百兆赫，数据线设计必须要求严格等长，且越短越好。

（4）IN_FPGA_QDR_R#：QDR SRAM 的读信号，低电平有效。

（5）IN_FPGA_QDR_W#：QDR SRAM 的写信号，低电平有效。

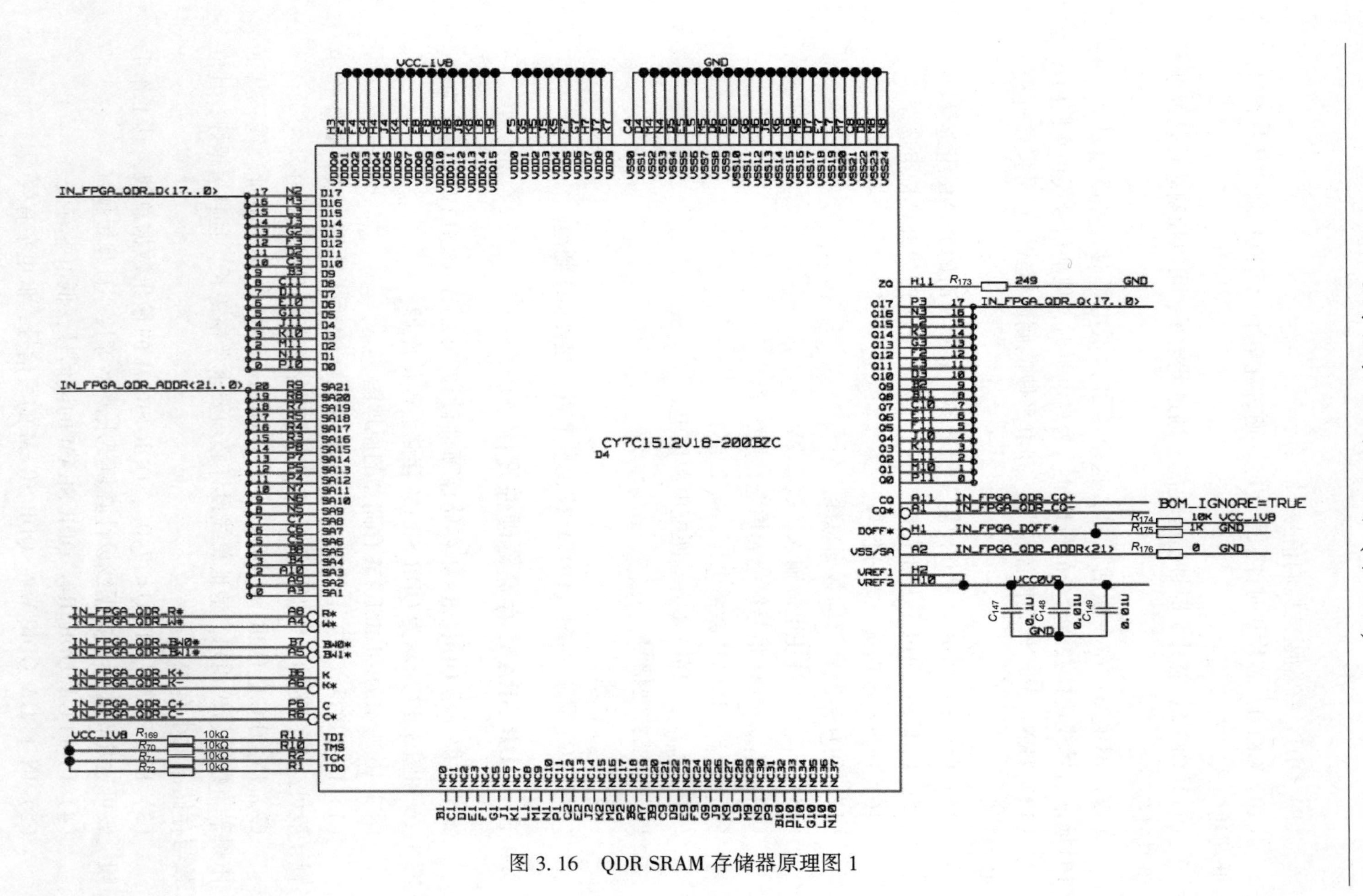

图 3.16 QDR SRAM 存储器原理图 1

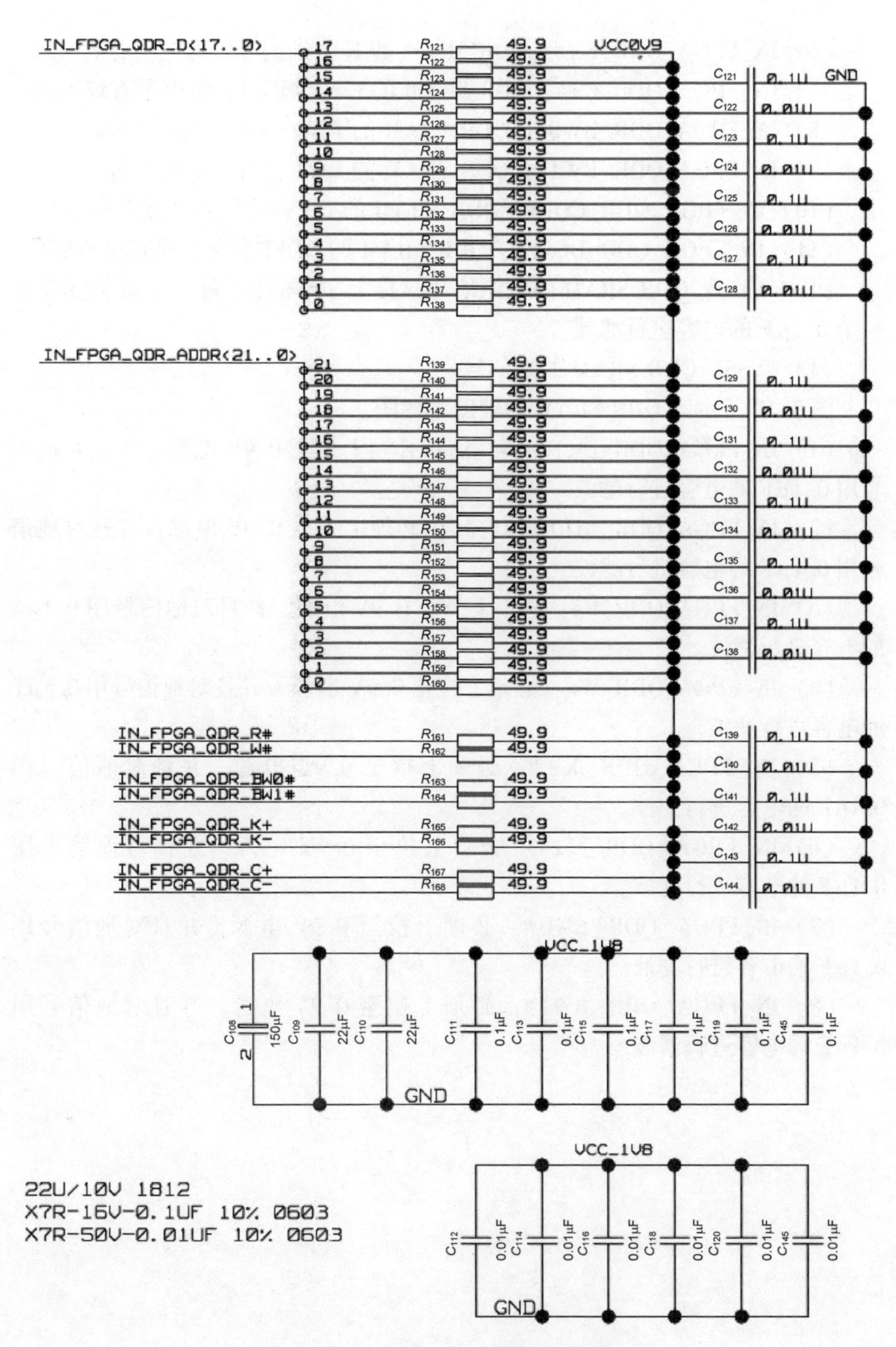

图 3.17　QDR SRAM 存储器原理图 2

（6）IN_FPGA_QDR_K±#：QDR SRAM 的 K 时钟信号，低电平有效。

（7）IN_FPGA_QDR_C±#：QDR SRAM 的 C 时钟信号，低电平有效。

（8）IN_FPGA_QDR_BW0#：QDR SRAM 的 BW0 信号，低电平有效。

（9）IN_FPGA_QDR_BW1#：QDR SRAM 的 BW1 信号，低电平有效。

（10）IN_FPGA_QDR_CQ±#：QDR SRAM 的 CQ 时钟信号，低电平有效。

（11）IN_FPGA_QDR_DOFF#：QDR SRAM 的 DOFF 信号，低电平有效。

（12）VDD：QDR SRAM 的电源信号，接 1.8V 电压，每个电源引脚需要一个 0.1μF 的电容进行滤波。

（13）VSS：QDR SRAM 的地信号。

图 3.17 所示为 QDR SRAM 的辅助原理图。

（1）IN_FPGA_QDR_D<17:0>：信号必须上拉至 0.9V 电源，并且对地信号用 0.1μF 的电容进行滤波。

（2）IN_FPGA_QDR_ADDR<21:0>：必须上拉至 0.9V 电源，并且对地信号用 0.1μF 的电容进行滤波。

（3）IN_FPGA_QDR_R#：必须上拉至 0.9V 电源，并且对地信号用 0.1μF 的电容进行滤波。

（4）IN_FPGA_QDR_W#：必须上拉至 0.9V 电源，并且对地信号用 0.1μF 的电容进行滤波。

（5）IN_FPGA_QDR_K±#：必须上拉至 0.9V 电源，并且对地信号用 0.1μF 的电容进行滤波。

（6）IN_FPGA_QDR_C±#：必须上拉至 0.9V 电源，并且对地信号用 0.1μF 的电容进行滤波。

（7）IN_FPGA_QDR_BW0#：必须上拉至 0.9V 电源，并且对地信号用 0.1μF 的电容进行滤波。

（8）IN_FPGA_QDR_BW1#：必须上拉至 0.9V 电源，并且对地信号用 0.1μF 的电容进行滤波。

第 4 章　高速数据通信技术

随着微电子技术的发展，芯片的处理能力越来越强大，芯片内部的工作主频已经达到吉赫兹级别，芯片的数据处理带宽则达到 100GHz 级别，因此必然需要强大的数据通信技术以支持芯片对处理数据带宽的需求。高速数据通信技术由此而得到广泛的关注，并得到迅猛发展。

4.1　概　　述

4.1.1　数据通信技术分类

1. 按通信结构分类

1）多点对多点通信结构

多点对多点的通信结构是指多台设备全部与系统总线相连，设备之间在通信时以地址进行区分，在任一时刻只允许两台设备进行通信的一种通信技术。多点对多点的通信技术常见于早期低速设备之间的通信，如早期的基于 PCI 总线的 PC 机等。

2）点对多点通信结构

点对多点的通信结构是指一台设备可以与多台设备进行通信，多台设备之间无法通信的一种通信技术。

3）点对点通信结构

点对点的通信结构是指一台设备与另一台设备进行直接通信，而与其他设备没有关联的通信技术。目前的高速通信技术均是点对点的通信结构。

2. 按信息传送形式分类

1）并行通信技术

信息一般都是由多位二进制数码表示的，在传输这些信息时，可以让它们固定地占用多根线，即用多根线同时传送所有二进制位。并行通信技术是指将各根连线之间实行有序排列，并实行统一编号。并行通信技术利用更多的空间实现全部信息一次传输，虽然系统结构比较复杂，但是信息传输速度较快。

2）串行通信技术

串行通信技术是一种与并行通信技术不同的通信技术，它是将多位二进制信息共用一根线进行传输的方式工作。既然是公用，就只能让信息位按一定的顺序排队，按时间先后顺序通过传输线。很显然，如果在相同的传输频率下，所传送的信息有 m 位，串行方法传送所需要的时间是并行传送的 m 倍。这种通信方式具有结构简单的优点，适合当所需连接的部件距离比较远时的情况。

4.1.2 数据通信的主要性能参数

数据通信中的主要性能参数如下。

（1）总线频率：是总线速率的一个重要参数。

（2）总线宽度：指数据总线的位数。

（3）总线的数据传输率：即总线带宽。

$$\text{总线的数据传输率}=\frac{\text{总线宽度}}{8\text{位}}\times\text{总线频率}$$

衡量总线性能的重要指标是总线带宽，它定义为总线本身所能达到的最高传输速率，单位是 Mb/s。

实际带宽会受到总线布线长度、总线驱动器和接收器性能及连接在总线上的模块数等因素的影响。这些因素将造成信号在总线上的畸变和延时，使总线最高传输速率受到限制。

总线带宽、总线宽度、总线工作频率三者之间的关系就像高速公路上的车流量、车道数和车速的关系。车流量取决于车道数和车速，车道数越多、车速越快，则车流量越大；同样，总线带宽取决于总线宽度和工作频率，总线宽度越宽、工作频率越高，则总线带宽越大。总线带宽的计算公式为

$$Q=f\cdot\frac{W}{N} \tag{4.1}$$

式中：f 为总线频率；W 为总线宽度；N 为位宽。

4.1.3 高速数据通信技术及其发展趋势

随着技术的进步，数据通信技术得到了长足的发展，通信带宽已经达到100GHz 级别，总线标准层出不穷，应用层面不断扩展，并正朝着高速、大带宽、串行的方向飞速发展。

1. 高速率

速率是数据通信技术最重要的指标之一，目前高速数据通信技术的传输速率已达到 100GHz 级别。

2. 大带宽

带宽直接影响通信数据率，带宽通常为速率与总线位宽的乘积，在串行通信下，带宽就等于传输速率。随着芯片处理能力的增强，对于带宽的需求也越来越高。

3. 串行通信

通信技术的发展经历了一个由串行到并行再到串行的发展历程，由于在高速通信状态下，并行通信存在串扰严重、传输距离短、传输速率低等问题，使高速串行数据通信技术基本成为高速数据通信技术的事实标准。

本章就目前高速数据通信技术的发展，重点介绍 LVDS 协议标准、PCI-E 数据通信技术以及 SRIO 数据通信技术。

4.2 LVDS 协议标准

4.2.1 LVDS 协议标准

LVDS（Low Voltage Differential Signaling）是一种低摆幅的差分信号技术，它使信号能在差分 PCB 线对或平衡电缆上以几百 Mb/s 的速率传输，其低压摆幅和低电流驱动输出实现了低噪声和低功耗。

1. LVDS 的工作原理

如图 4.1 所示，LVDS 驱动器由一个驱动差分线对的电流源组成（通常电流为 3.5mA），LVDS 接收器具有很高输入阻抗，因此驱动器输出的电流大部分都流过 100Ω 的匹配电阻，并在接收器的输入端产生大约 350mV 的电压。驱动器的输入为两个相反的电平信号，4 个 NMOS 管的尺寸工艺完全相同。当输入为“1”时，标号 IN+的一对管子导通，另一对管子截止，电流方向如图 4.1 所示，并产生大约 350mV 的压降；反之，输入为“0”时，电流反向，同样产生大约 350mV 的压降。这样根据流经电阻的电流方向，就可以把要传输的数字信号（CMOS 信号）转换成电流信号（LVDS 信号）。接收端可以通过判断电流的方向就得到有效的逻辑“1”和逻辑“0”状态。从而实现数字信号的传输过程。由于 MOS 管的开关速度很高，并且 LVDS 的电压摆幅小（350mV），因此可以实现高速传输。

2. LVDS 的国际标准

LVDS 是目前高速数字信号传输的国际通用接口标准，国际上有两个工业标准定义了 LVDS，即 ANSI/TIA/EIA（American National Standards Institute/Telecommunications Industry Association/Electronic Industries Association）和 IEEE

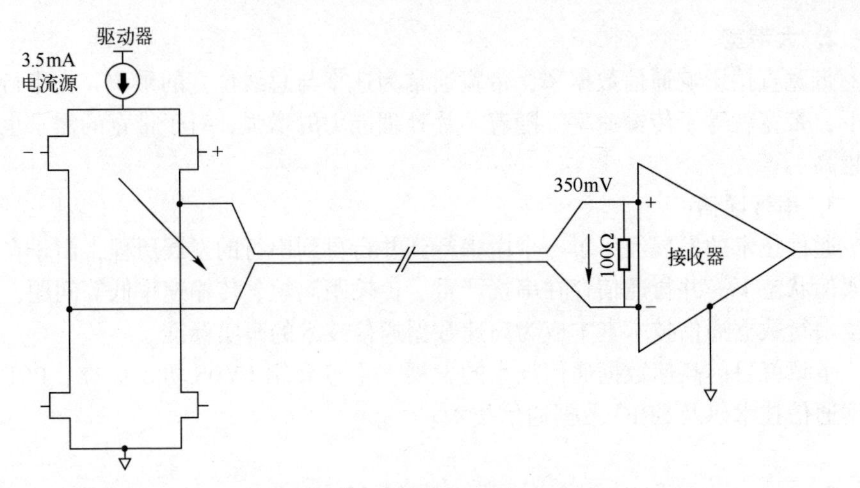

图4.1　LVDS的驱动器和接收器

(Institute for Electrical and Electronics Engineering)。ANSI/TIA/EIA-644（1995年11月通过）标准定义了LVDS的电气规范，包括驱动器输出和接收器输入的电气规范，但它并不包括功能性的规范、传输协议或传输介质特性，这些与具体应用有关，如表4.1所列。

表4.1　ANSI/TIA/EIA-644（LVDS）标准

参　数	描　述	最小值	最大值	单　位
U_{OD}	差分输出电压	247	454	mV
U_{OS}	偏移电压	1.125	1.375	V
U_{OD}	U_{OD}的变化	—	50	|mV|
U_{OS}	U_{OS}的变化	—	50	|mV|
I_{SA}、I_{SB}	短路电流	—	24	|mV|
t_r/t_f	输出上升/下降时间（200Mb/s） 输出上升/下降时间（<200Mb/s）	0.26 0.26	1.5 30%位宽	ns ns
I_{IN}	输入电流	—	20	|μA|
U_{TH}	接收阈值电压	—	+100	mV
U_{IN}	输入电压范围	0	2.4	V

ANSI/TIA/EIA-644标准定义了无失真通道上的理论最大传输率为1.923Gb/s，但其建议的最大速率为655Mb/s；而IEEE P1596.3标准支持的最大传输率为250Mb/s。在两个标准中都指定了与物理通道无关的特性，这意味着，只要介

质在指定的噪声容限内将信号发送到接收器，LVDS 接口都可以正常工作。这样保证了 LVDS 能够成为多用途的接口标准。

IEEE P1596.3（1996 年 3 月）是 SCI（Scalable Coherent Interface）的子集。该标准定义了 SCI 物理层接口的电气规范，它与 ANSI/TIA/EIA-644 相似，但 ANSI/TIA/EIA-644 更为一般性，它主要面向多重应用，而 IEEE 建立 SCI-LVDS 的标准主要是为了 SCI 节点间的通信。

3. LVDS 技术的应用

LVDS 的高传输速率、低功耗、低噪声、低成本等优点让它成为一个引人注目的技术，并被广泛应用。表 4.2 中举出了一些应用实例。

表 4.2　应用实例

PC/计算机	电信/数据通信	消费者/商用
平板显示器	开关	家用/商用视频链接
监控链接	分/插复用器	机顶盒
SCI 处理器互联	集线器	机上娱乐
打印机引擎链接	路由器	游戏显示/控制
数码复印机	门禁系统	
系统集群	宽带集线器	
多媒体外围设备链接	基站	

4.2.2　LVDS 特点

LVDS 的特点是电流驱动模式，低电压摆幅 350mV 可以提供更高的信号传输率，使用差分传输的方式可以使信号的噪声和电磁干扰（EMI）都减少，LVDS 有以下主要特点（表 4.3）。

（1）低的输出电压摆幅（350mV）。

（2）低的信号边缘变化率，$dV/dt \approx 0.300\text{V}/0.3\text{ns} = 1\text{V/ns}$。

（3）差分特征使磁干扰相互抵消，消除共模噪声，减少 EMI。

LVDS 可以用在商业、工业甚至是军用温度范围。LVDS 使用普通铜印制电路板，并使用电缆和连接器作为传输介质。

目前，LVDS 的主要缺点是其点对点的性质和较短的传输距离（10～15m）。

表4.3 LVDS标准与其他标准的优、缺点比较

参　数	LVDS	PECL	OPTICS	RS-422	GTL	TTL
数据速率高达1Gb/s	+	+	+	—	—	—
极低偏移	+	+	+	—	+	—
低动态功率	+	—	+	—	—	—
成本效益	+	—	—	+	+	+
低噪声/EMI	+	+	+	—	—	—
单电源	+	—	+	+	—	+
偏移路径到低电压	+	—	+	—	+	+
简单终端	+	—	—	+	—	+
宽共模范围	—	+	+	+	—	—
过程独立	+	—	+	+	+	+
电缆破损/拼接问题	+	+	—	+	+	+
长距离传输	—	+	+	+	—	—
工业温度/电压范围	+	+	+	+	+	+

1. LVDS的主要技术特点

LVDS物理接口使用1.2V偏置电压提供350mV摆幅的信号，驱动器和接收器不依赖于特定的供电电压，因此它很容易迁移到低压供电的系统中而性能不变。作为比较，ECL（Emitter-Coupled Logic，发射极耦合逻辑）和PECL（Positive Emitter-Coupled Logic，正发射器耦合逻辑）技术依赖于供电电压，ECL要求负的供电电压，PECL参考正的供电电压，而且，两者的功耗都相对较大；而CML（Current Mode Logic，电流型逻辑）的偏置电压及摆幅等限制了其应用；LVPECL（Low Voltage Positive Emitter-Coupled Logic，低电压正发射器耦合逻辑）则具有低偏置电压、小摆幅和适合高速传输等与LVDS类似的特点，同样越来越受到各个芯片厂商的青睐。

不同低压逻辑信号的差分电压摆幅及偏置电压比较示于图4.2中。

LVDS之所以成为目前高速I/O接口的首选信号形式来解决高速数据传输的限制，就是因为它在传输速度、功耗、抗噪声、EMI等方面具有优势。

（1）高速传输能力。

在ANSI/EIA/EIA-644定义中的LVDS标准，理论极限速率为1.923Gb/s，恒流源模式、低摆幅输出的工作模式决定着LVDS具有高速驱动能力。

（2）低功耗特性。

LVDS器件是用CMOS工艺实现的，而CMOS能够提供较低的静态功耗；

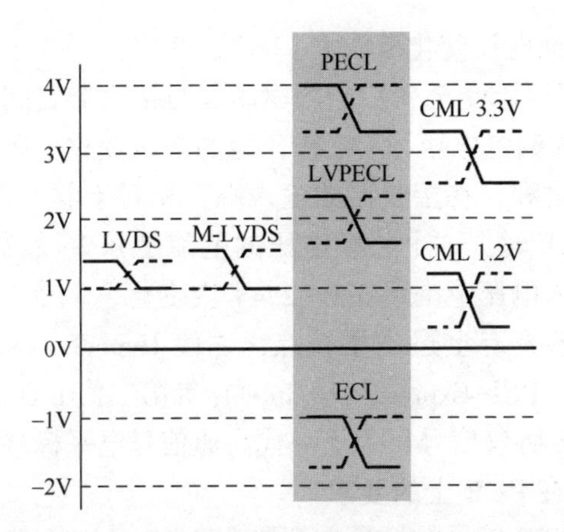

图4.2　几种差分信号的摆幅及偏置电压比较

当恒流源的驱动电流为3.5mA时，负载（100Ω终端匹配）的功耗仅为1.225mW；LVDS的功耗是恒定的，不像CMOS收发器的动态功耗那样相对频率而上升。恒流源模式的驱动设计降低了系统功耗，并极大地降低了频率成分对功耗的影响。虽然当速率较低时，CMOS的功耗比LVDS小，但是随着频率的提高，CMOS的功耗将逐渐增加，最终需要消耗比LVDS更多的功率。通常，当频率等于200MHz时，LVDS和CMOS的功耗大致相同。

（3）供电电压低。

随着集成电路的发展和对更高数据速率的要求，低压供电成为一种重要手段。降低供电电压不仅减少了高密度集成电路的功率消耗，而且减少了芯片内部的散热压力，有助于提高集成度。LVDS的驱动器和接收器不依赖于特定的供电电压特性，因此它很容易应用在低压供电系统中。

（4）较强的抗噪声能力。

差分信号固有的优点就是噪声以共模的方式在一对差分线上耦合出现，并在接收器中相减，从而可消除噪声，所以LVDS具有较强的抗共模噪声能力。

（5）有效地抑制电磁干扰。

由于差分信号的极性相反，它们对外辐射的电磁场可以相互抵消，耦合得越紧密，泄放到外界的电磁能量就越少，即降低了EMI。

（6）时序定位精确。

由于差分信号的开关变化是位于两个信号的交点，而不像普通单端信号依靠高、低两个阈值电压判断，因而受工艺、温度的影响小，能降低时序上的误差，有利于高速数字信号的有效传输。

（7）适应地平面电压变化范围大。

LVDS 接收器可以承受至少±1V 的驱动器与接收器之间的电压变化。由于 LVDS 驱动器典型的偏置电压为+1.2V，地的电压变化、驱动器的偏置电压以及轻度耦合的噪声之和，在接收器的输入端，相对于驱动器的地是共模电压。当摆幅不超过 400mV 时，这个共模电压的范围是 0.2~2.2V，进而，一般情况下，接收器的输入电压范围可在 0~2.4V 内变化。

正是因为 LVDS 具有上述主要特点，才使 HyperTansport（by AMD）、Infiniband（by Intel）、PCI-Express（by Intel）等第三代 I/O 总线标准（3GI/O）不约而同地将 LVDS 协议信号作为下一代高速信号电平标准。

2. LVDS 信号在 PCB 上的要求

（1）只要有 LVDS 信号的板最少都要有 4 层。LVDS 信号布在与地平面相邻的布线层。例如，对于 4 层板而言，通常可以按以下进行层排布，即 LVDS 信号层、地层、电源层、其他信号层。

（2）对于 LVDS 信号，必须进行阻抗控制（通常将差分阻抗控制在 100Ω）。对于不能控制阻抗的 PCB 布线必须小于 500MIL。这样的情况主要表现在连接器上，所以在布局时要注意将 LVDS 器件放在靠近连接器处，让信号从器件出来后就经过连接器到达另一单板。同样，让接收端也靠近连接器，这样就可以保证板上的噪声不会或很少耦合到差分线上。

（3）对 LVDS 信号和其他信号，如 TTL 信号，最好使用不同的走线层，如果因为设计限制必须使用同一层走线，LVDS 和 TTL 的距离应该足够远，至少应该大于 3~5 倍差分线间距。

（4）对收发器的电源和地进行滤波处理，滤波电容的位置应该尽量靠近电源和地引脚，滤波电容的值可以参照器件手册。

（5）对电源和地引脚与参考平面的连接应该使用短和粗的连线连接，同时使用多点连接。

（6）保证信号的回流路径（将在第 7 章进行介绍）最短，同时没有相互间的干扰。

（7）对走线方式的选择没有限制，微带线和带状线均可，但是必须注意有良好的参考平面。对不同差分线之间的间距要求间隔不能太小，至少应该大于 3~5 倍差分线间距。

（8）对于点到点的拓扑，走线的阻抗通常控制在 100Ω，但匹配电阻可以根据实际的情况进行调整。电阻的精度最好为 1%~2%。因为根据经验，10%的阻抗不匹配就会产生 5%的反射。

（9）对接收端的匹配电阻到接收引脚的距离要尽量靠近，一般应小于 7mm，最大不能超过 12mm。

由此可见，在 PCB 设计上，主要关心的是阻抗的控制和线长。阻抗的计算可以通过相关阻抗计算软件算出。在某些大型 PCB 设计工具中也内嵌了阻抗计算模块（如 CADENCE 的 ALLEGRO）。

保持差分线的等长也是设计的重点，特别是经过连接器的 LVDS 信号，我们不仅要考虑互连单板的线长，更要关心连接器的信号排布对线长的影响。SKEW 是和线长成比例的。

4.3　PCIe 总线

4.3.1　PCIe 总线概述

AGP 接口的出现使显示总线通过 AGP 及其数倍频 AGP 与显卡相连，从而有效提升了显卡性能，并将图像数据从 PCI 总线中独立出来，PCI 总线被解放出来用于连接其他 I/O 设备，继而其他 I/O 设备等均通过 PCI 或 PCI-X 总线连接。而系统板上的总线标准多种多样，随着处理器前端总线频率的迅速提高，因此统一总线标准、提高总线带宽是当务之急。于是第三代 I/O 标准件 3GIO 出现了，它将取代 PCI、AGP 和各种不同内部芯片的连接，这就是 PCIe 总线。系统板上所有 I/O 设备都将使用 PCIe 总线。PCIe 总线框架如图 4.3 所示。

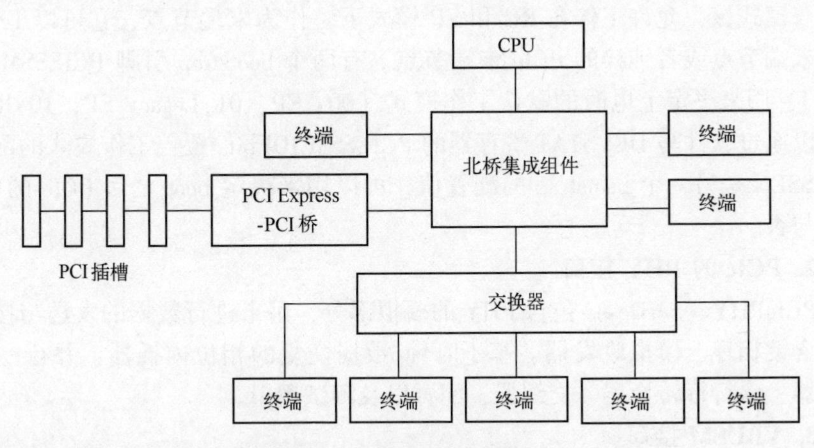

图 4.3　PCIe 总线框架

PCIe 是一个多通道互联 IO 接口，具有低引脚数、高可靠性、高传输速率等特性，在串行背板以及印制电路板上，其单向传输速率达到 5.0Gb/s。PCIe 是继 ISA 以及 PCI 总线之后的第三代 IO 接口技术，可以应用于台式机、移动设备、服务器、存储设备、嵌入式通信设备以及高速数字信号处理系统中。

PCIe 连接块状图如图 4.4 所示。

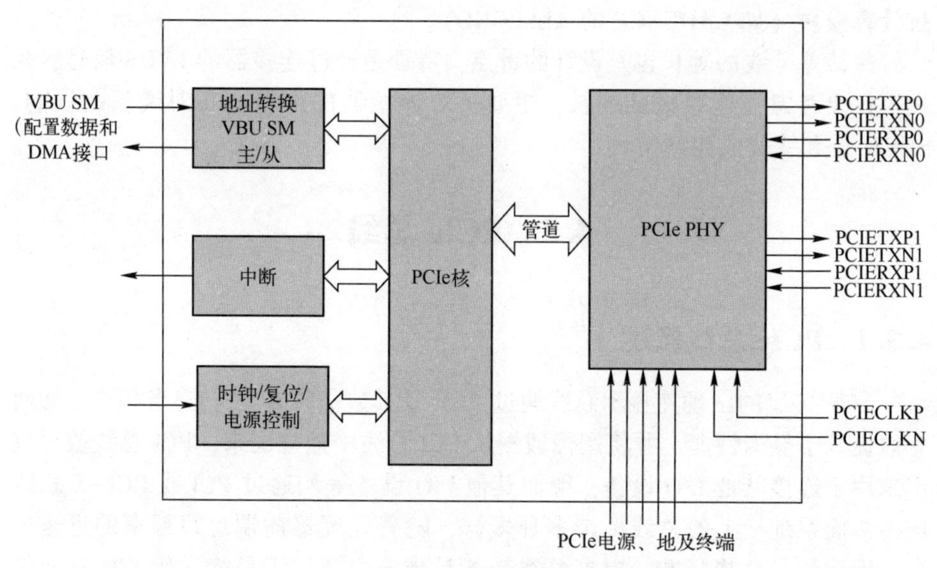

图 4.4　PCIe 连接块状图

1. PCIe 的核心模块

PCIe 核心模块包含传输层、数据链接层以及 PHY 的 MAC 部分。PCIe 的核是双模式核，允许工作在 RC 和 EP 模式下。作为末端节点，它可以工作在遗传末端节点或者纯粹的 PCIe 末端节点。有两个 bootstrap 引脚 PCIESSMODE [1:0]，用来决定上电时的默认工作模式（00：EP，01:Legacy EP，10:RC）。也可以通过软件写 DEVSTAT 寄存器的 PCIESSMODEbits 覆盖工作模式的配置。PCIESSEN 是另一个 bootstrap 的配置值，可以用来决定 boot 之后 PCIe 的电源打开与否。

2. PCIe 的 PHY 接口

PCIePHY（SerDes）包含 PHY 的模拟部分，用来进行数据的发送与接收。它包含锁相环、模拟收发器、基于时钟/数据恢复的相位内插器、并行-串行转换器、串行行转换器、交织器、配置以及测试逻辑。

3. VBUSM 接口

PCIe 有一个 128bit 的 VBUS 主控接口和 128bit VBUSM 从接口，这两个接口连接到 CPU 侧。主控接口用作带内的传输请求，从接口负责带外数据传输以及 PCIe MMR 的访问。

4. 时钟、复位、电源控制逻辑

PCIe 有多个时钟系统。这些时钟是 PCIe 控制器使用的功能时钟以及数据收发时接口上的桥接时钟，用于缓存数据。PHY 的功能时钟是由 PHY 通过输入的差分时钟来产生。

PCIe 支持常规的复位机制。

此外，当没有任务时，通过硬件可以自动切断 PCIe 的电源，以实现省电模式。省电模式的配置可以通过软件来实现。

5. 中断

PCIe 可以产生 14 个中断，可以连接到中断控制器上。用户软件需要通过写 EOR 寄存器相应的向量来确认中断服务。

6. 差分数据传输线

一对差分数据传输线，用来支持每个通道的发送以及接收。

PCIe 是一种基于串行、高带宽、点对点的总线技术。由于是基于串行方式，有别于 PCI 和 PCI-X 的并行技术，PCIe 采用 4 根信号线，两根差分信号线用于接收，另外两根差分信号线用于发送，信号频率 2. 5GHz，采用 8/10 位编码。定义了用于多种通道的连接方式，如×1、×4、×8、×16 及×32 通道的连接器，分别对应于 500Mb/s、2Gb/s、4Gb/s、8Gb/s 和 16Gb/s 的带宽。一个×1 的连接器具有 4 根电线，一个×16 连接在每个方向上具有 16 个差分信号对，或是 64 根双向数据传输电线。在高端部分，一个×32 的连接可以在每个方向上进行 10Gb/s 的传输（2. 5Gb/s×32/8）。不过由于 8/10b 位编码，事实上带宽为 8Gb/s。

在 PCIe 卡规范中定义了大量的接口，从×l 到×16 总线宽度，而×2 模式则被保留用于其他类型的 PCIe 内部互联而不是插槽。较小的 PCIe 卡可以插入较大的插槽中。PCIe 卡可以支持热插拔和热交换，采用的 3 个电压分别是+3. 3V、+3. 3Vaux 和+12V。取代 AGP 插槽的接口是×16 的，带宽为 5Gb/s，有效带宽为 4Gb/s。

4. 3. 2　PCIe 总线的特点

PCIe 将成为今后 10 年内的主要内部总线连接标准，它不但将被用在台式机、笔记本电脑以及服务器平台上，还会继续延伸到网络设备的内部连接设计中，同时，在高速数字信号处理领域，PCIe 也成为主要总线形式之一。

1. PCIe 相较以往技术的优势

（1）在两个设备之间点对点串行互连（两个芯片之间使用接口连线；设备之间使用数据电缆；而 PCIe 接口的扩展卡之间使用连接插槽进行

连接）。

与PCI所有设备共享同一条总线资源不同，PCIe总线采用点对点技术，能够为每一块设备分配独享通道带宽，不需要在设备之间共享资源，这样充分保障了各设备的宽带资源，提高数据传输速率。

（2）双通道，高带宽，传输速度快。

PCIe总线采用了串行方式传输，使其工作频率可以达到2.5GHz，同时采用独特的双通道传输模式，类似于全双工模式，使其传输速度再次提高了1倍。

（3）灵活扩展性。

与PCI不同，PCIe总线能够延伸到系统之外，采用专用线缆可将各种外设直接与系统内的PCIe总线连接在一起。这样可以允许开发商生产出能够与主系统脱离的高性能存储控制器，不必再担心由于改用FireWire或USB等其他接口技术而使存储系统的性能受到影响。

（4）低电源消耗并有电源管理功能。

这得益于PCIe总线采用比PCI总线更精简的物理结构，减少了数据传输芯线数量，所以它的电源消耗也就大大降低了。

（5）支持设备热拔插和热交换。

PCIe总线接口插槽中含有“热拔插检测信号”，所以可以像USB、IEEE 1394总线那样进行热拔插和热交换。

（6）支持QoS链接配置和公证策略。

（7）支持同步数据传输。

PCIe总线设备可以通过主机桥接器芯片进行基于主机的传输，也可以通过交换器进行点对点传输。

（8）具有数据包和层协议架构。

它采用类似于网络通信中的OSI分层模式，各层使用专门的协议架构，所以可以很方便地在其他领域得到广泛应用。

（9）每个物理链接含有多点虚拟通道。

类似于InfiniBand，PCIe总线技术在每一个物理通道中也支持多点虚拟通道，理论上来讲每一个单物理通道中可以允许有8条虚拟通道进行独立通信控制，而且每个通信的数据包都定义不同的QoS。正因为如此，它与外设之间的连接就可以得到非常高的数据传输速率。

（10）可保持端对端和链接级数据完整性。

这是得益于PCIe总线的分层架构。

（11）具有错误处理和先进的错误报告功能。

这也是得益于 PCIe 总线的分层架构，它具有软件层，软件层的主要功能就是进行错误处理和提供错误报告。

(12) 使用小型连接，节约空间，减少串扰。

PCIe 技术不需要像 PCI 总线那样在主板上布大量的数据线（PCI 使用 32 条或 64 条平行线传输数据），与 PCI 相比，PCIe 总线的导线数量减少了将近 75%（PCIe 总线也会有好几种版本），速度会加快而且数据不需要同步。同时因为主板上走线少了，从而可以通过增加走线数量提升总线宽度的方法就更容易实现，同时各走线之间的间隔就可以更宽，减少了相互之间的串扰。

(13) 在软件层保持与 PCI 以及 PCI-X 总线兼容。

跨平台兼容是 PCIe 总线非常重要的一个特点。目前被广泛采用的 PCI 2.2 设备可以在这一新标准提供的低带宽模式下运行，不会出现类似 PCI 插卡无法在 ISA 或者 VLB 插槽上使用的问题，从而为广大用户提供了一个平滑的升级平台。同时由 IBM 创导的 PCI-X 接口标准在 PCIe 标准中也得到了兼容，但要注意的是，它不兼容目前的 AGP 接口。

2. PCIe 在 KeyStone 架构设备中的特点

1) 双操作模式

KeyStone 设备下的 PCIe 模块支持 RC（Root Complex）和 EP（EndPoint）操作模式。在 EP 模式下，PCIe 模块也同时支持遗传 EP 模式和自我 PCIe EP 模式。此 3 种模式的选择可通过引脚选择，也可通过软件程序选择。只有 RC 或 EP 的模式需要在链接前选择。这就意味着，当想要转换模式时，必须要重启 PCIe 模块。

2) 连接速率和通道数量

KeyStone 架构下的 PCIe 模块支持 Genl（2.5Gb/s）和 Gen2（5.0Gb/s）连接速率。此模块拥有一个 x2 双通道的单端口链接，可使用其中一条通道 Lane0，或者同时使用两条通道 Lane0 和 Lane1（即可使总流量加倍）。当同时使用双通道时，每条通道的连接速率必须相同，同时设置为 2.5Gb/s 或 5.0Gb/s。

3) 向外/向内负载量

KeyStone 架构下的 PCIe 模块支持向外负载量为 128b，向内负载量为 256b。负载量越大，意味着数据包越少，并且总流量越大，只要外部设备也有 256b 或更大的向外负载量，256b 的向内负载量就可完全使用。

4.3.3 PCIe 总线数据传输过程

PCIe 包含 4 个协议层，即物理层（Physical）、数据链接层（Data Link）、处理层（Transaction）和软件层（Software）。

（1）物理层是最低层，它负责接口或者设备之间的链接，是物理接口之间的连接，可对应于网络中 OSI 七层模型中的物理层来理解。物理层负责组装和分节处理层数据，同时掌握连接结构及信号的控制，保证数据能实现点对点的通信，使合法的数据从发送端传输到整个 PCIe 架构，顺利到达接收端。

（2）数据链路层的主要职责是确保数据包可靠、正确传输。它的任务是确保数据包的完整性，并在数据包中添加序列号和发送冗余校验码到处理层。数据链路层保证数据完整无缺地从一端传输到另一端，采用了 Ack/Nack 协议技术，能检测错误并进行修正。

（3）处理层的作用主要是接收从软件层送来的读、写请求，并且建立一个请求包传输到链接层。所有请求都是分离执行，有些请求包将需要一个响应包。处理层同时接受从数据链路层传来的响应包，并与原始的软件请求关联。处理层还整合或者拆分处理级数据包来发送请求，如数据读、写请求，并且操纵链接配置和信号控制，以确保端到端连接通信正确，没有无效数据通过整个组织（包括源设备和目标设备，甚至包括可能通过的多个桥接器和交换器）。

（4）软件层被称为最重要的部分，因为它是保持与 PCI 总线兼容的关键。其目的在于使系统在使用 PCIe 启动时，像在 PCI 下的初始化和运行那样，无论是在系统中发现的硬件设备，还是在系统中的资源，如内存、I/O 空间和中断等，可以创建非常优化的系统环境，而不需要进行任何改动。在 PCIe 体系结构中保持这些配置空间和 I/O 设备连接的规范稳定是非常关键的。事实上，在 PCIe 平台中所有操作系统在引导时都不需要进行任何编辑，也就是说，在软件方面完全可以实现从 PCI 总线平稳过渡。

当数据在设备之间传输时，每个设备都会被看成一个协议栈（Protocol Stack）。在发送端，数据先从处理层被分成一块块的数据包，然后到下一层数据链路层和物理层，每一层都将在原有的数据上加入新的信息，最后通过物理层连接传输到接收端设备的协议栈。在接收端，接收过来的信息通过物理层→数据链路层→处理层还原成原来的数据。

PCIe 数据包处理包含 4 种基本的处理类型，即内存处理、I/O 处理、配置处理和信息处理。

表 4.4 列出了不同地址空间的传输类型。

表 4.4　不同地址空间的传输类型

地址空间	处 理 类 型	基 本 用 途
内存	读/写	处理来自或发送到内存中的数据
I/O	读/写	处理来自或发送到 I/O 节点中的数据
配置	读/写	设备配置或者设置
信息	基线/供应商定义/先进交换	处理从事件信号机制到通用目的信息的所有信息

PCIe 带宽的算法与其他总线算法是一样的，只不过由于 PCIe 的串行方式传输，因此位宽等于 1。转换成字节数时，由于采用了 8B/10B 编码，因此取 10 位作为一个字符的传输。

单通道的单向传输的 PCIe 带宽 = 1×2.5GHz = 2.5Gb/s = (2500Mb/10)/s = 250Mb/s。

单通道的双向传输的 PCIe 带宽 = 1/10×2.5Gb×2 = 500Mb/s。

4.4　SRIO 总线

4.4.1　SRIO 总线概述

Serial RapidIO 简称 SRIO。RapidIO 是针对嵌入式系统芯片间和板间互连而设计的一种开放式的基于包交换的高速串行标准，主要应用于多处理器、存储器、网络设备上的存储器映射 I/O 器件、存储子系统和通用平台等的连接。Rapid IO 分为并行 RapidIO 标准和串行 RapidIO 标准，串行 RapidIO 是指物理层采用串行差分模拟信号传输的 RapidIO 标准。串行 RapidIO（SRIO）支持 DirectIO 传输和 Message Passing 传输两种方式。

DirectIO 和 Message Passing 传输协议都允许通过其各自内核进行控制。DSP 启动的 DirectIO 传输使用装载存储单元（Load Store Unit，LSU）。LSU 个数很多，且各自独立，并且每个都能向物理链接提交申请。LSU 可能会根据不同内核进行分配，内核随即可使用其访问，另外，LSU 可按需分配给任意内核。Message Passing 传输类似于以太网外设，允许个体控制多重传输通道。

目前 SRIO 1.x 标准支持的信号速率为 1.25GHz、2.5GHz、3.125GHz；SRIO2.x 标准在兼容 SRIO 1.x 标准基础上，增加了支持 5GHz 和 6.25GHz 的传输速率。

RapidIO 支持的编程模型包括基本存储器映射 I/O 事物、基于端口的消息传递和基于硬件一致性的全局共享分布式存储器。

在LSU模式下，主设备事先知道被访问端的存储器映射，从而可以直接读写从设备的存储器。采用的I/O操作可以通过使用请求和响应事物对来完成。在RapidIO体系中定义了6种基本的I/O操作，以及相应使用的事务。

（1）读操作，事务：NREAD，RESPONSE。

（2）写操作，事务：NWRIT。

（3）有响应写操作，事务：NWRITE_R、RESPONSE。

（4）流写操作，事务：SWRITE。

（5）ATOMIC操作，事务：ATOMC、RESPONSE。

（6）维护操作，事务：MAINTENANCE。

4.4.2 SRIO总线的特点

RapidIO是一个非专用的、高带宽的系统层面的总线，具有分组交换技术，主要作用于片对片、板对板之间的系统内接口，其通信速度可达到Gb/s。

其主要特点有以下几个。

（1）灵活的系统结构，支持对等通信。

（2）稳定的通信，有纠错功能。

（3）频率和端口宽度可定制。

（4）不仅局限于软件操控。

（5）高带宽且功耗低。

（6）低引脚数。

（7）低功耗。

（8）低延时。

随着高性能嵌入式系统的不断发展，芯片间及板间互连对带宽、成本、灵活性及可靠性的要求越来越高，传统的互联方式，如PCI总线和以太网，都难以满足新的需求。

针对嵌入式系统的需求以及传统互连方式的局限性，RapidIO标准按以下目标制定。

（1）针对嵌入式系统机框内高速互连应用而设计。

（2）简化协议及流控机制，限制软件复杂度，使纠错重传机制乃至整个协议栈易于用硬件实现。

（3）提高打包效率，减小传输时延。

（4）减少引脚，降低成本。

（5）简化交换芯片的实现，避免交换芯片中的包类型解析。

（6）分层协议结构，支持多种传输模式，支持多种物理层技术，灵活且易于扩展。

表4.5总结比较了3种带宽能达到10Gb/s的互联技术，包括以太网、PCIe和SRIO，从中可以看出SRIO是最适合高性能嵌入式系统互联的技术。

表4.5　10Gb/s级互联技术比较

协　议	软件实现TCP/IP协议栈的以太网	4x PCIe	4x SRIO	备　注
软件开销	高	中	低	SRIO协议栈简单，一般都由硬件实现，软件开销很小
硬件纠错重传	不支持	支持	支持	
传输模式	消息	DMA	DMA，消息	
拓扑结构	任意	PCI树	任意	SRIO支持直接点对点或通过交换器件实现的各种拓扑结构
直接点对点对等互连	支持	不支持	支持	SRIO互连双方可对等地发起传输
传输距离	长	中	中	SRIO针对嵌入式设备内部互连，传输距离一般小于1m
数据包最大有效载荷长度/B	1500	4096	256	嵌入式通信系统对实时性要求高，SRIO小包传输可减少传输时延
打包效率（以传输256B数据为例）/%	79（TCP包）	82	92~94	打包效率是有效载荷长度与总包长的比率。SRIO支持多种高效包格式

SRIO的特点如下。

（1）兼容RapidIO链接规范REV2.1.1。

（2）集成TI SerDes的时钟恢复。

（3）不同端口可使用不同的速率。

（4）差分CML信号，同时支持直流和交流耦合。

（5）支持1.25Gb/s、2.5Gb/s、3.125Gb/s和5Gb/s速率。

（6）对不使用的端口可关闭电源以降低功耗。

（7）支持8位和16位的设备ID。

（8）支持接收34位地址。

（9）支持产生34位、50位、66位的地址。

（10）定义为大端。

（11）单一信息最大产生16个包。

（12）Short Run和Long Run兼容。

（13）支持拥堵控制扩展。

（14）支持多路传输的ID。

（15）支持IDLE1和IDLE2。

（16）在协议单元中有严格的优先级交叉。

4.4.3 SRIO总线数据传输过程

RapidIO协议分为3层，即逻辑层、传输层和物理层，如图4.5所示。最高层为逻辑层，定义了操作协议和消息包的格式，为端点器件发起和完成事物提供必要的信息；传输层居于中间，定义了包交换、寻址机制、RapidIO地址空间和在端点器件间传输所需的路由信息；物理层在整个分层结构的底层，包括诸如传输机制、电气特性、流量控制和低级错误管理等器件级接口的信息。

在RapidIO结构中，传输层的规范与逻辑层和物理层不同的规范相兼容。

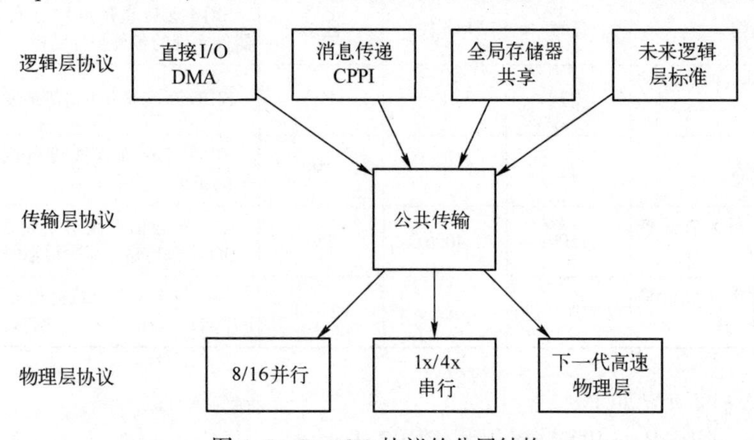

图4.5 RapidIO协议的分层结构

RapidIO数据传输是基于请求和响应事务的。包是系统中端点器件间的基本通信单元。发起器件或主控器件产生一个请求，该事务被发送到目标器件。目标器件产生一个响应事务返回到发起器件以完成该次操作，RapidIO通信架构如图4.6所示。

RapidIO的操作机制如图4.7所示，SRIO数据交流基于数据包的请求和响应。数据包是其在终端和系统间通信的基本单元。主机或信号发出者产生一个包请求给目标者，目标者随后产生一个响应包反馈给信号发出者，这样一次交换就完成了。

SRIO的终端并没有相互直连，而是通过结构设备连接。在其物理连接中，控制信号被用于管理交换流，其被用于识别数据包，流控制信号和保存函数。

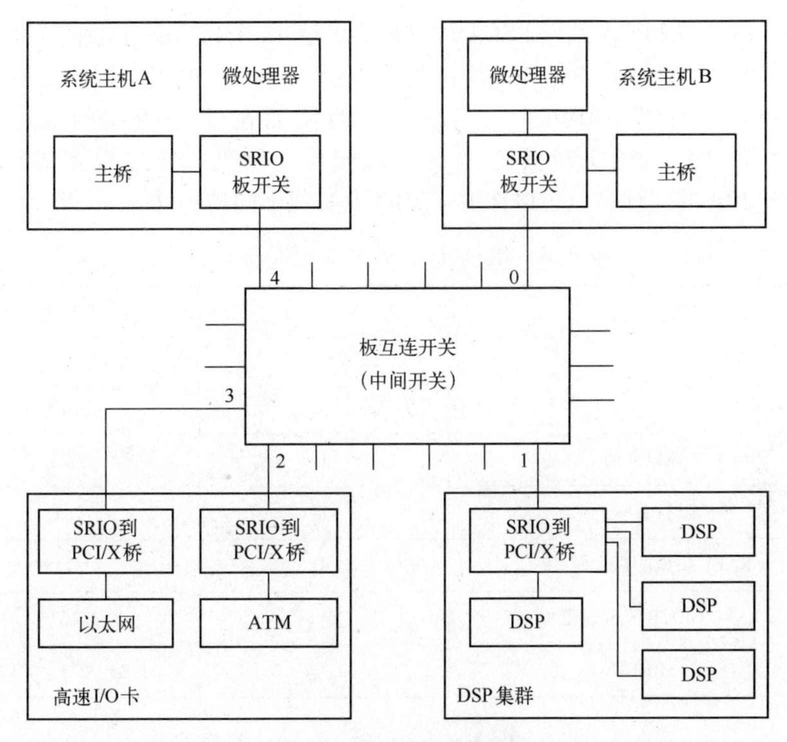

图4.6　RapidIO通信架构

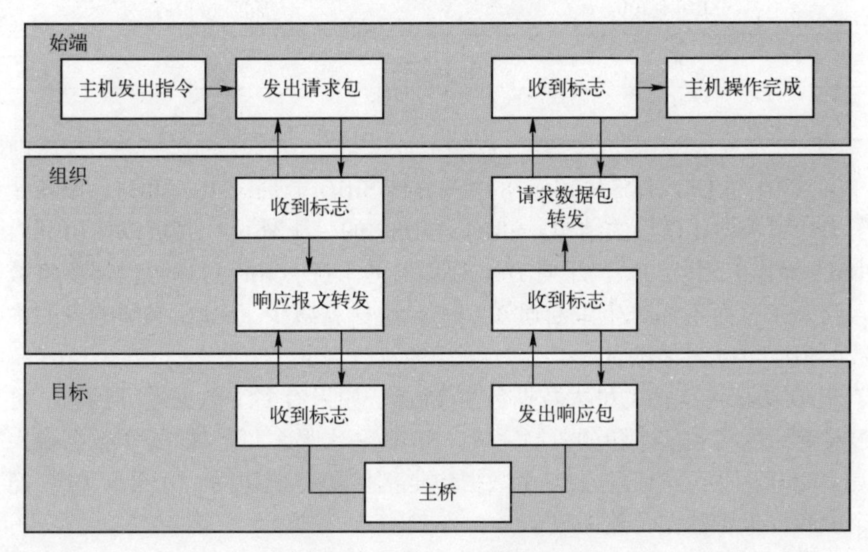

图4.7　RapidIO的操作机制

在 Virtex-7 FPGA 系列 FPGA 内有最多可达 48 个高速串行通信接口 RocketIO，它可以被认作是 RapidIO 协议的物理层，可以实现数据包的传输功能。RocketIO 可以支持 600Mb/s ~ 3.125Gb/s 的传输速度，RocketIO 除了支持 RapidIO 协议外，还支持其他协议，如表 4.6 所列。通过设定表 4.7 中 SERDES_10B 的属性，就可以在 RocketIO 上实现不同的协议。

表 4.6　RocketIO 所支持的通信协议

<table>
<tr><th>协　议</th><th>通　道</th><th>速度/(Gb/s)</th></tr>
<tr><td rowspan="2">光纤通道</td><td rowspan="2">1</td><td>1.06</td></tr>
<tr><td>2.12</td></tr>
<tr><td>千兆以太网</td><td>1</td><td>1.25</td></tr>
<tr><td>串行总线</td><td>1</td><td>2.5</td></tr>
<tr><td>XAUI（10Gb 以太网）</td><td>4</td><td>3.125</td></tr>
<tr><td>XAUI（10Gb 光纤通道）</td><td>4</td><td>3.1875</td></tr>
<tr><td>SRIO</td><td>1、4</td><td>1.25、2.5、3.125</td></tr>
</table>

表 4.7　RocketIO 的 SERDES_10B 属性设置

SERDES_10B	速度/(Gb/s)
假	1.0~3.125
真	0.6~1.0

RapidIO 在 DSP TMS320C6678 中被称作 SRIO（Serial RapidIO），图 4.8 显示了 DSP 中 SRIO 模块的结构，SRIO 是 DSP 的一个外设，并可以使用其内部的 DMA 操作。因此，减少了对 DSP 处理器的干扰，外设可以根据需要将数据传入到 DSP，而不用产生中断通知 CPU，这样就减少了 CPU 必须响应的中断个数，相应也减少了延时。

SRIO 协议可支持的最大数据包为 256B，如果有多个数据进行传输，可以通过设定一次传输多个包的机制完成。SRIO 一次最多可传输 16 个数据包，也就是 4096B，而且只有当这 16 个数据包全部传输完成之后，才会向 CPU 产生一个中断，报告数据传输完成。

SRIO 支持的数据包类型有读（NREAD）、写（NWRITE）、响应写（NWRITE_R）、流写（SWRITE）、门铃（Doorbell）和消息（Message）等。

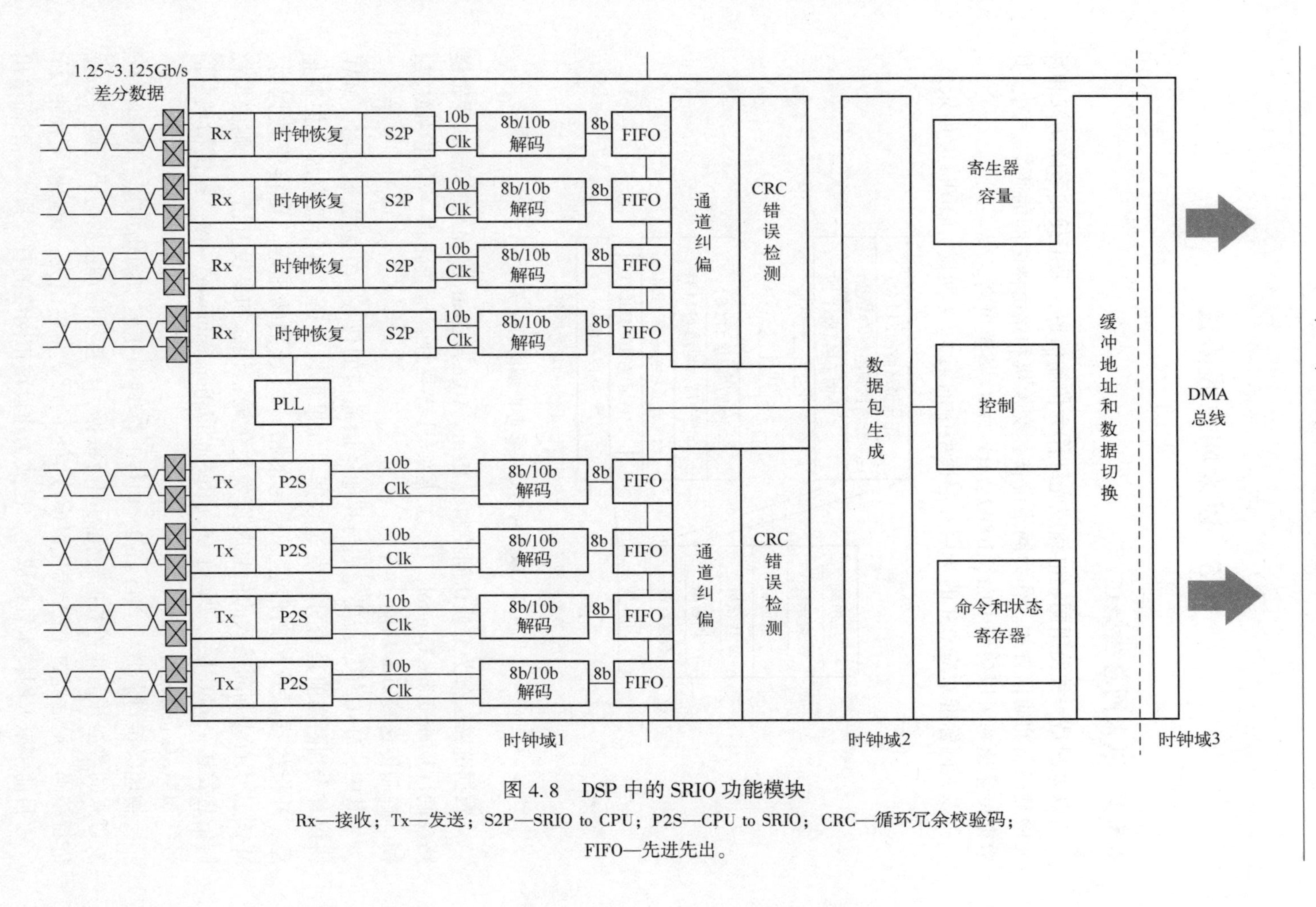

图 4.8　DSP 中的 SRIO 功能模块

Rx—接收；Tx—发送；S2P—SRIO to CPU；P2S—CPU to SRIO；CRC—循环冗余校验码；FIFO—先进先出。

4.5 以太网总线协议

4.5.1 以太网总线概述

以太网是一种使用同轴电缆或光纤作为传输信道，采用载波多路访问和冲突检测机制的通信方式。作为网络设备、交换机和路由器之间的通信方式，其数据传输速率可以达到10M、100M、1G、10G甚至更高。

以太网标准对应OSI的7层参照模型中的第1、2两层，如图4.9所示。

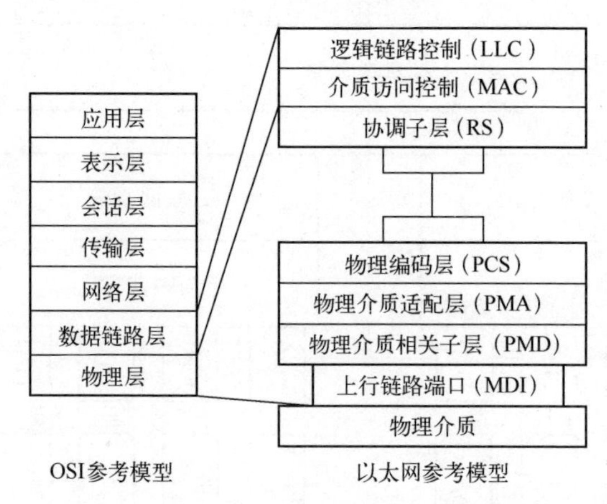

图4.9 以太网与OSI参考模型的对应关系

数据链路层分为介质访问控制（Media Access Control，MAC）层和逻辑链路控制（Logic Link Control，LLC）层，具有寻址、检查错误、构建MAC层帧、控制传送接口等功能。

其中，MAC子层需要完成与其他子层通信的任务，在发送数据时，MAC协议首先判断当前是否可以发送数据，如果可以发送，将给数据加上控制信息，并将数据以及控制信息以规定的格式发送到物理层。在接收数据时，MAC协议首先判断输入的信息是否发生传输错误，如果没有错误，则去掉控制信息发送至LLC层。协调子层（Reconciliation Sublayer，RS）提供物理层信号到MAC层的映射。

物理层接口芯片（PHYsical，PHY）实现OSI模型的物理层，收到MAC发过来的数据并把并行数据转化为串行数据，再按照物理层的编码规则将数据进行编码，最后经过D/A转化以模拟信号的形式传输出去，接收时流程相反。

目前，以太网技术日趋成熟，已成为建设城市网络的首选技术。下面给出一个基于千兆以太网的应用实例，该网络系统如图 4.10 所示。该系统由主干交换机到边缘交换机构成的主干网、边缘交换机到桌面或连接各部门的局域网组成。

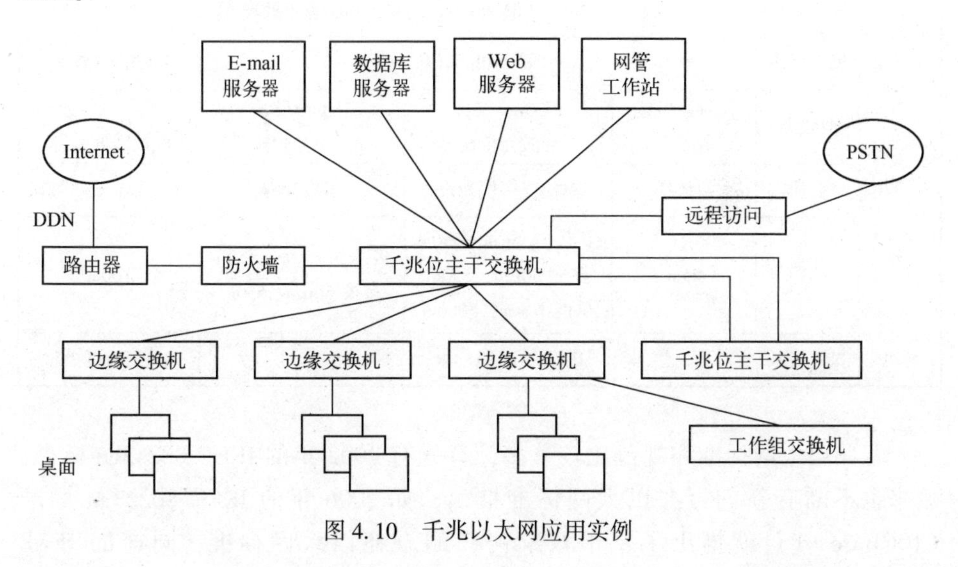

图 4.10　千兆以太网应用实例

目前，以太网被广泛用于医疗保健、金融、制造业、教育机构、游戏娱乐等领域，以满足不同行业对高速、高性能网络的需求。随着科技不断进步和网络需求的增长，以太网的应用场景将继续扩展。

4.5.2　千兆以太网与万兆以太网

提供千兆位数据速率的千兆以太网是在电气和电子工程师协会（Institute of Electrical and Electronics Engineers，IEEE）802.3 标准中定义的，目前被用作许多企业网络的骨干网，其规范有以下几个。

（1）支持全双工/半双工操作的 1000Mb/s 以太网通信。

（2）使用 802.3 以太网帧格式、CSMA/CD 技术。

（3）在一个冲突域中支持一个中继器。

（4）向下兼容 10Base-T 和 100Base-T 等标准。

针对不同的物理介质，IEEE 定义了不同的千兆以太网接口标准，包括 1000Base-CX 标准、1000Base-SX 标准、1000Base-LX 标准、1000Base-LH 标准和 1000Base-T 标准，分别对应同轴电缆、850nm 光纤、1310nm 光纤、1550nm 光纤和五类线，具体细节如表 4.8 所列。

表4.8　千兆以太网物理介质标准

<table>
<tr><td colspan="2" rowspan="2">MAC</td><td>1000Base-CX</td><td>1000Base-LX</td><td>1000Base-SX</td><td>1000Base-T</td></tr>
<tr><td colspan="4">CSMZ/CD，半双工和全双工处理</td></tr>
<tr><td rowspan="4">物理层</td><td>编、译码</td><td colspan="3">8b/10b 编码</td><td>PAM5X5 编码</td></tr>
<tr><td>收发器</td><td>短屏蔽电缆
收发器</td><td>1300nm 波长
光纤激光传输器</td><td>780nm 波长
光纤激光传输器</td><td>五类无屏蔽
双绞线收发器</td></tr>
<tr><td>介质</td><td>双绞线</td><td>单模或多模光纤</td><td>多模光纤</td><td>五类无屏蔽双绞线</td></tr>
<tr><td>跨距</td><td>25m</td><td>多模 62.5μm：550m
多模 50μm：550m
单模 10μm：5000m</td><td>多模 62.5μm：550m
多模 50μm：550m</td><td>100m</td></tr>
<tr><td>标准</td><td colspan="4">IEEE 802.3z</td><td>IEEE 802.3ab</td></tr>
</table>

万兆以太网标准和规范比较繁多，首先有2002年的IEEE 802.3ae标准，后来也不断有新的万兆以太网标准推出，如2006年的IEEE 802.3an标准（10GBase-T）就推出了基于双绞铜线的万兆以太网标准，同样的IEEE 802.3aq标准推出了基于光纤的10GBase-LRM标准；2007年的IEEE 802.3ap标准推出了基于铜线的10GBase-KX4标准和10GBase-KR标准。

万兆以太网并非简单地将千兆以太网的速率提升了10倍，以2002年6月IEEE 802.3ae标准为例，该标准主要包括以下内容。

（1）兼容802.3标准中定义的最小和最大以太网帧长度。

（2）仅支持全双工方式。

（3）使用点对点链路和结构化布线组建星形局域网。

（4）在MAC/PLS服务接口上实现10Gb/s的速度。

（5）定义两种物理层规范，即局域网PHY和广域网PHY。

（6）定义将MAC/PLS的数据传输速率对应到广域网PHY数据传输速率的适配机制。

（7）定义支持特定物理介质相关接口的物理层规范，包括多模光纤和单模光纤以及相应传输距离；支持ISO/C11801第二版中定义的光纤介质类型等。

（8）通过WAN界面子层，10Gb/s也能被调整为较低的传输速率。

常见的万兆以太网物理介质标准如表4.9所列。

表4.9　万兆以太网物理介质标准

万兆以太网标准	使用的传输介质	有效距离	应用领域
10GBase-SR	850nm 多模光纤	300m	局域网
10GBase-LR	1310nm 单模光纤	10km	
10GBase-ER	1550nm 单模光纤	40km	
10GBase-ZR	1550nm 单模光纤	80km	
10GBase-LRM	1310nm 多模光纤	260m	
10GBase-LX4	1300nm 单模 或多模光纤	多模 300m 单模 10km	
10GBase-CX4	屏蔽双绞线	15m	
10GBase-T	6类或 6a类双绞线	6类线 55m 6a类线 100m	
10GBase-KX4	铜线（并行接口）	1m	背板以太网
10GBase-KR	铜线（串行接口）	1m	
10GBase-SW	850nm 多模光纤	300m	SDH/SONET 广域网
10GBase-LW	1310nm 单模光纤	10km	
10GBase-EW	1550nm 单模光纤	40km	
10GBase-ZW	1550nm 单模光纤	80km	

4.5.3　以太网的特点

（1）高效性。以太网由于其较高的吞吐带宽和广泛的兼容性，且支持全双工通信模式，所以具备出色的性能。这种网络技术能够支持大规模数据交换，并且具有较低的传输延迟，这意味着以太网可以同时处理更多的网络请求和数据传输任务，降低网络壅塞的可能性同时提高整体网络性能，使文件传输、数据共享和多媒体流媒体等任务实现更加高效和快速。

（2）可扩展性。由于千兆以太网与万兆以太网采用了以太网、快速以太网的基本技术，因此用户可以通过简单的升级将以太网、快速以太网等现有网络基础设施逐步升级至更高级以太网设备，如可以通过更换网络交换机、路由器或网络适配器等设备的方式，来实现更高的带宽和速度。此外，还可以添加新的网络设备或升级现有设备的接口，以满足网络扩展和升级需求。

（3）可靠性。以太网提供固件或操作系统的升级，以实现修复漏洞、改进性能、增加新功能或支持新的网络协议等功能。随着网络攻击和威胁的增加，确保网络安全至关重要，用户可以采取适当的防火墙策略、访问控制和身份验证机制、定期更新安全补丁、进行入侵检测和预防的手段来保护网络免受潜在威胁。

（4）经济性。以太网与其他宽带网络技术相比，其价格优势非常明显。此外，随着云计算、物联网和大数据等技术的发展，对高速、高性能网络的需求将继续增加。

（5）可管理维护性。以千兆以太网为例，其采用基于简单网络管理协议（Simple Network Management Protocol，SNMP）和远程网络监视（Remote Network Monitoring，RMON）等网络管理技术，使网络的集中管理和维护非常简便。同时网络管理员可以使用专业的管理工具和技术来监视和分析网络性能，并根据需要进行调整和优化，保障网络信息传递的安全性，提高网络运行的服务性能，实现网络系统的自动化、智能化运行。

4.5.4 以太网数据传输过程

1. 万兆以太网结构

数据帧是用于以太网站点之间传输信息的载体，万兆以太网数据帧结构如图4.11所示。

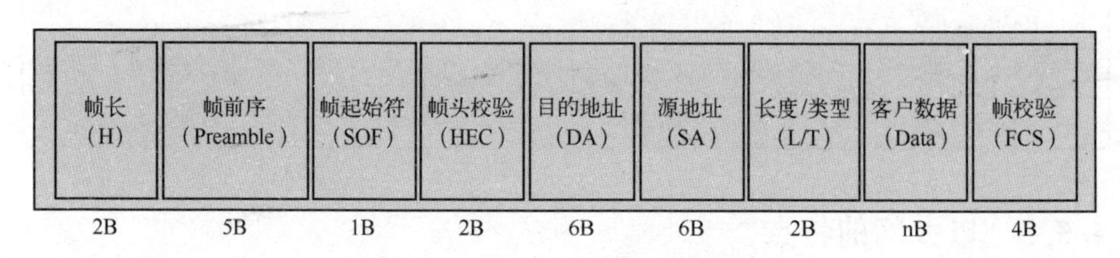

图4.11　万兆以太网数据帧结构

各区域说明如下。

（1）帧长：表示整个帧结构的长度。由于最大的帧长度为1518B，所以帧长占用2B。

（2）帧前序：这个区域是“1”与“0”交替的56bit数据，通知接收节点即将有帧信号到达，使接收端能够准备好接收并开始解析数据。

（3）帧起始符：表示一帧的开始。

（4）帧头校验：用于帧头部分的差错校验。在帧的发送端，对前8B的帧头进行循环冗余校验编码运算。在帧的接收端，重新计算校验结果，并将新的计算结果与接收到的帧校验结果相比较。如果两者一致，则表示在传送过程中没有发生误码，否则表示帧中存在误码。

（5）目的地址与源地址：源地址总是唯一的单播地址，即只允许由一个节点发出信息。而目的地址可以是单播地址、多播地址、广播地址。

（6）长度/类型：用于表示MAC帧内不包括任何填充的数据字段长度或

MAC 帧内数据字段的数据类型。如果该字段的值不大于 1500B，则表示 MAC 帧内数据字段长度（客户数据区域字节数）。若该字段的值大于 1500B，则表示客户数据要到达的上层协议类型（客户数据类型区域）。

（7）客户数据：这个区域被称为数据段区域，其功能是荷载用户要传输的数据，而占用的字节数随数据量而定，一般在 46~1500B 之间。

（8）帧校验：其功能是用于整个帧的差错校验。从 MAC 的目的地址到客户数据段执行循环冗余校验计算。

2. 万兆以太网接口对外部光纤链路的数据处理

万兆以太网线路接口对外部光纤链路发送来的数据处理流程如图 4.12 所示。

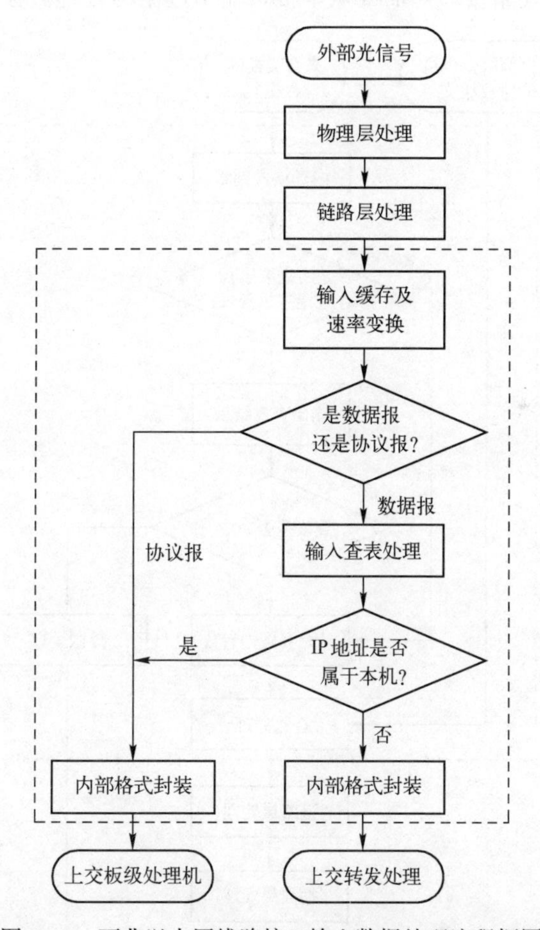

图 4.12　万兆以太网线路接口输入数据处理流程框图

需要完成以下功能。

（1）物理层处理：将光信号转换为电信号，将高速串行数据转换为低速率并行数据，以便于后续处理。

（2）链路层处理：对数据进行物理码字同步解码和介质访问控制处理，生成完整的MAC帧。

（3）MAC帧格式判断：对MAC帧格式，以识别其中封装的上层数据是协议报文还是数据报文。

（4）数据报文处理：将需要上交到转发进行深层次IP层处理的数据报文进行封装并上交至对应处理单元。

3. 万兆以太网接口对从本接口输出数据的处理

万兆以太网线路接口对需要从本接口输出数据的处理流程如图4.13所示。

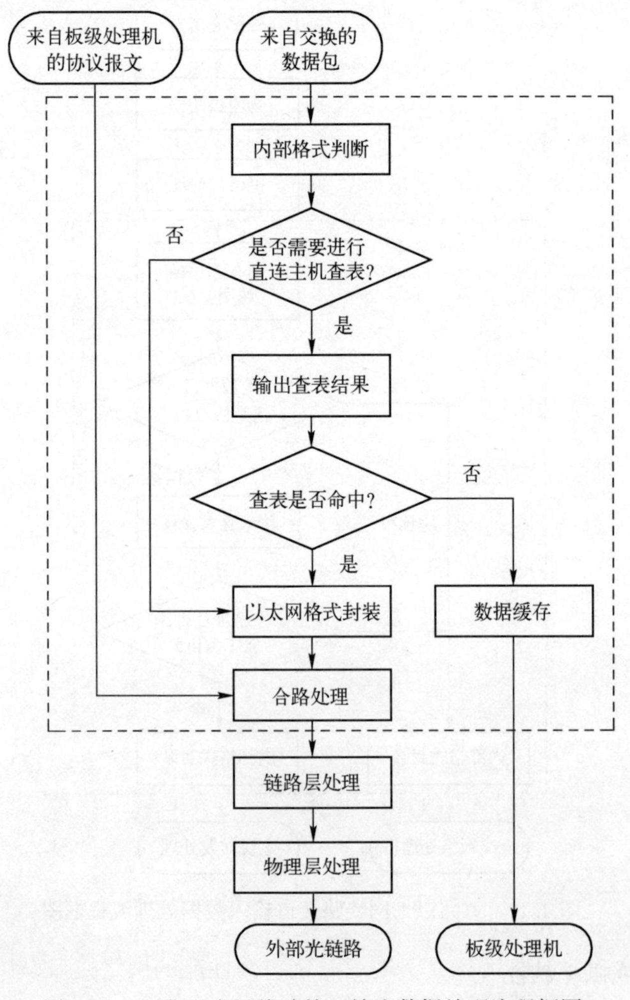

图4.13 万兆以太网线路接口输出数据处理流程框图

需要完成以下功能。

(1) 格式判断与以太网格式封装。

(2) 将协议报文和以太网帧进行合路处理。

(3) 链路层处理：进行 MAC 控制链路层处理和物理码字同步编码。

(4) 物理层处理：包括并/串转换和电/光转换。

4. 基于 FPGA 的万兆以太网的数据处理

FPGA 对高速并行数据有着较强的处理能力，所以利用 FPGA 实现万兆以太网的线路接口设计是一种常见且有效的做法，其结构如图 4.14 所示。

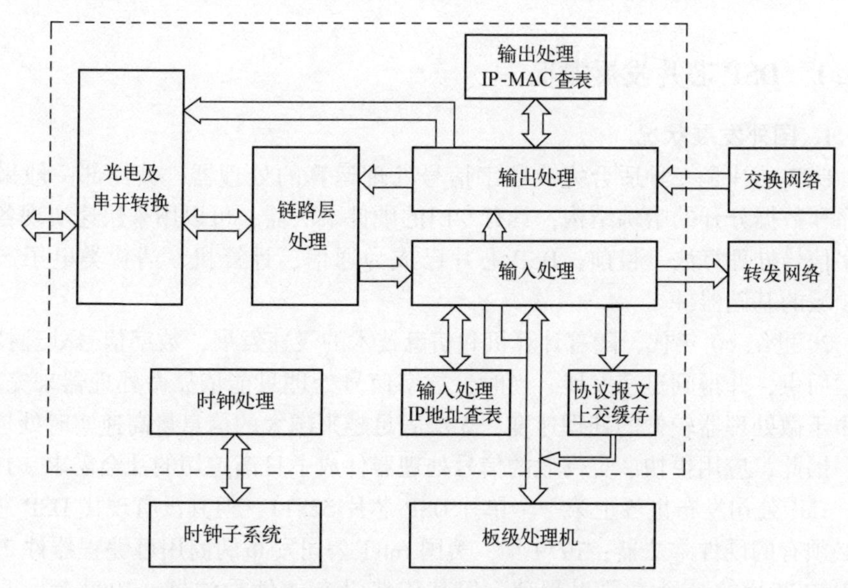

图 4.14　基于 FPGA 的万兆以太网线路接口设计结构

在设计中需要考虑线路接口所要求的性能指标如下。

(1) 具有 10Gb/s 线速度处理 40B 长 IP 包的能力。

(2) 支持 100Ms/s 的查表速度。

(3) 支持 64K 条本机地址表项。

以上 3 点中，通过选择高性能 FPGA 即可满足第（1）点要求，第（2）点第（3）点可以结合可设地址的容量储存（Content Addressable Memory, CAM）来实现输入查表和输出查表功能。

利用 FPGA 实现万兆以太网的线路接口设计可以充分发挥 FPGA 在高速数据处理和灵活性方面的优势，实现定制化、高性能的网络接口设计，以满足不同应用场景下对高速数据传输的需求。

第5章 DSP技术

5.1 概　　述

5.1.1 DSP芯片发展概况

1. 国外发展状况

DSP芯片是一种适合完成数字信号处理运算的处理器，其内部一般采用程序和数据分开的哈佛结构，具有专门的硬件乘法器，可以用来快速实现各种数字信号处理算法。目前，DSP芯片已成为通信、计算机、消费类电子产品等领域的基础器件。

20世纪60年代，随着计算机和信息技术的飞速发展，数字信号处理技术应运而生，并得到迅速发展。当时，数字信号处理只能依靠微处理器来完成。但由于微处理器较低的处理速度，无法满足越来越大的信息量高速实时处理要求。因此，应用更快、更高效的信号处理器件成了日渐迫切的社会需求。1978年，AMI公司发布世界上第一个单片DSP芯片S2811，但其没有现代DSP芯片所必须有的硬件乘法器；1979年，美国Intel公司发布的商用可编程器件2920是DSP芯片的一个主要里程碑，但其依然没有硬件乘法器；1980年，日本NEC公司推出的MPD7720是第一个具有硬件乘法器的商用DSP芯片，从而被认为是第一块DSP器件。

目前，国际上DSP芯片制造商主要有德州仪器（Texas Instruments，TI）、模拟器件（Analog Devices Inc.，ADI）、摩托罗拉（Motorola）。其中TI公司独占鳌头，占据绝大部分的国际市场份额。TI公司在1982年成功推出了其第一代DSP芯片TMS32010，由于TMS320系列DSP芯片具有价格低廉、简单易用、功能强大等特点，所以逐渐成为目前最有影响、最为成功的DSP系列处理器。目前，TI的三大主力DSP产品系列为：C2000系列，主要用于数字控制系统；C5000（C54x、C55x）系列，主要用于低功耗、便携的无线通信终端产品；C6000系列，主要用于高性能复杂的通信系统。美国ADI公司在DSP芯片市场上也占有较大的份额，该公司相继推出了一系列具有显著特点的DSP

芯片。目前，ADI 公司有 Blackfin、SHARC、Sigma、TigerSHARC 和 21xx 等 5 个系列的 DSP 芯片，可供选择的 DSP 芯片有百余种。

2. 国内发展状况

国内对 DSP 方面的研究起步较晚，但是发展较快。2006 年，国务院颁布了《国家中长期科学和技术发展规划纲要（2006—2020 年）》，核心电子器件、高端通用芯片及基础软件产品（简称“核高基”重大专项）位列 16 个科技重大专项首位。“核高基”重大专项从国家层面大力推动了国产高端芯片的研发。在“十一五”规划期间，通过“核高基”重大专项部署了多个国产高性能 DSP 的研制任务。

2004 年 12 月，由国防科技大学计算机学院自主研制的“银河飞腾”高性能 32 位浮点 DSP（YHFT-DSP/700）通过国家鉴定，打破了我国高端通用数字信号处理器市场长期由国外产品垄断的局面，标志着我国在 DSP 芯片设计技术方面达到了世界先进水平。2012 年，中国电子科技集团 14 所与龙芯公司、清华大学合作开发国产 DSP 芯片“华睿”1 号通过“核高基”专项组验收，成功应用于 14 所十多型雷达产品中。“华睿”1 号在处理系统设计方面采用了 DSP 和 CPU 多核架构设计技术，实测表明，其处理能力和能耗具有明显优势，运行多任务实时操作系统稳定，整体技术指标达到或优于国际同类产品水平。“魂芯”1 号是由中国电子科技集团第 38 所吴曼青院士团队研制成功的，2012 年完成测试。“魂芯”1 号是一款 32 位静态超标量处理器，属于 DSP 第二发展阶段的产品。该芯片基于 55nm 制作工艺实现，具有完全自主知识产权，达到国际主流 DSP 芯片水平，与美国 ADI 公司的 TS201 芯片性能相近。2018 年 4 月 23 日，中国电科 38 所发布了“魂芯”2 号 A，该芯片采用全自主体系架构，相对于“魂芯”1 号，“魂芯”2 号 A 性能提升了 6 倍，通过单核变多核、扩展运算部件、升级指令系统等手段，使器件性能达到千亿次浮点运算同时，具有相对良好的应用环境和调试手段；单核实现 1024 浮点 FFT 运算仅需 1.6μs，运算效能比德州仪器公司 TMS320C6678 高 3 倍，实际性能为其 1.7 倍，器件数据吞吐率达 240Gb/s。

5.1.2 DSP 系统

1. DSP 系统的特点

DSP 芯片是一种特别适合于进行数字信号处理的微处理器，主要应用是实时快速地实现各种数字信号处理算法。DSP 芯片有以下主要特点。

（1）DSP 具有多总线结构，程序空间与数据存储空间分开，有各自独立的地址总线和数据总线，取指令和读数据可以同时进行。

（2）DSP具有独立的硬件乘法器，乘法指令可在单周期内完成，使卷积、数字滤波、FFT、相关运算、矩阵运算等算法中的大量乘法运算速度加快。

（3）采用流水作业，每条指令的执行划分为取指令、译码、取数、执行等若干步骤，由片内多个功能单元完成，相当于多条指令并行执行，大大提高了运算速度。

（4）DSP包含有专门的地址产生器，它能产生信号处理算法需要的特殊寻址，如循环寻址和位翻转寻址，循环寻址对应于流水FIR滤波算法，位翻转寻址对应于FFT算法。

（5）DSP片内具有快速RAM，通常可通过独立的数据总线在数据、地址两块中同时访问。

（6）快速中断处理和硬件I/O支持。

2. DSP系统的设计过程

对于DSP应用系统，其设计过程如图5.1所示。依据设计过程，其设计步骤可以分为以下几个阶段。

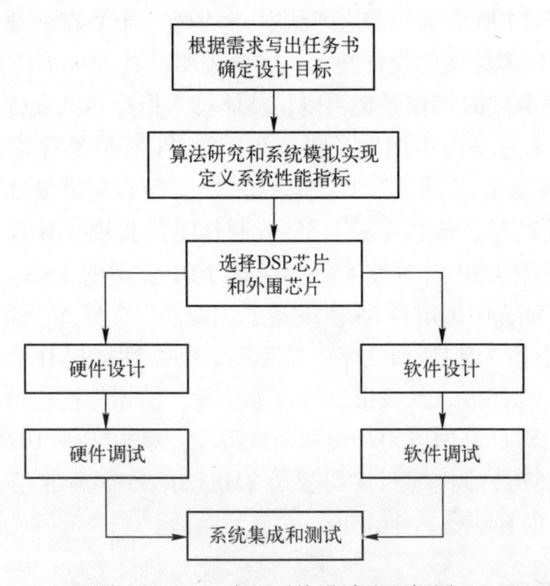

图5.1　DSP应用系统设计流程框图

1）明确设计任务、确定设计目标

在进行DSP应用系统设计之前，首先要明确设计任务，写出设计任务书。在设计任务书中，应根据设计题目和要求，准确、清楚地描述系统的功能和完成的任务，描述方式可以用人工语言描述，也可以是流程图或算法描述。然后根据任务书来选择设计方案，确定设计目标。

2）算法模拟、确定性能指标

此阶段主要是根据设计任务和设计目标，确定系统的性能指标。应先根据系统的要求进行算法仿真和高级语言（如 MATLAB）模拟实现，以确定最佳算法。然后根据算法初步确定相应的参数。

3）选择 DSP 芯片和外围芯片

根据算法的要求（如运算速度、运算精度和存储器需求等）来选择 DSP 芯片和外围芯片。

4）设计实时的 DSP 应用系统

这个阶段主要完成系统的硬件设计和软件设计。首先，应根据选定的算法和 DSP 芯片，对系统的各项功能是用软件实现还是硬件实现进行初步分工。然后根据系统要求进行硬件和软件设计。硬件设计主要根据设计要求，完成 DSP 芯片外围电路和其他电路（如转换、控制、存储、输出、输入等电路）的设计。而软件设计主要根据系统的要求和所设计的硬件电路编写相应的 DSP 汇编程序，也可以采用 C 语言编程或 C 语言与汇编语言混合编程。

5）硬件和软件调试

硬件和软件调试可借助开发工具完成。硬件调试一般采用硬件仿真器进行，而软件调试一般借助 DSP 开发工具进行，如软件模拟器、DSP 开发系统或仿真器等。软件调试时，可在 DSP 上执行实时程序和模拟程序，通过比较运行的结果来判断软件设计是否正确。

6）系统集成和测试

当完成系统的软、硬件设计和调试后，将进入系统的集成和调试阶段。所谓系统的集成是将软、硬件结合组装成一台样机，并在实际系统中运行，以评估样机是否达到所要求的性能指标。若系统测试结果符合指标，则样机的设计完成。在实际测试过程中，由于软、硬件调试阶段的环境是模拟的，所以在系统测试中往往会出现一些精度不够、稳定性不好等问题。对于这种情况，一般通过修改软件的方法来解决。如果仍无法解决，则必须调整硬件，此时的问题就比较严重了。

3. DSP 芯片的选择

在进行 DSP 系统设计时，选择合适的 DSP 芯片是非常重要的一个环节。通常依据系统的运算速度、运算精度和存储器需求等来选择 DSP 芯片。只有选定了 DSP 芯片，才能进一步设计其外围电路及系统的其他电路。总体来说，DSP 芯片的选择应根据实际应用系统的需要而定。不同的 DSP 应用系统由于应用场合、应用目的等不尽相同，对 DSP 芯片的选择也不同。一般来说，选择 DSP 芯片时应考虑以下因素。

1）DSP芯片的运算速度

DSP芯片的运算速度是一个最重要的性能指标，也是选择DSP芯片时所要考虑的一个主要因素。DSP芯片的运算速度可以用以下几种性能指标来衡量。

（1）指令周期：即执行一条指令所需的时间，通常以ns为单位。如果DSP芯片平均在一个周期内可以完成一条指令，则该周期等于DSP主频的倒数。如TMS320VC5402-100芯片在主频为100MHz时的指令周期为10ns。

（2）MAC时间：即完成一次乘法-累加运算所需要的时间。大部分DSP芯片可在一个指令周期内完成一次乘法和一次加法操作，如TMS320VC5402-100的MAC时间为10ns。

（3）FFT执行时间：即运行一个N点FFT程序所需的时间。由于FFT运算在数字信号处理中非常有代表性，因此FFT运算时间常用来作为综合衡量DSP芯片运算能力的一个指标。

（4）MIPS：即每秒执行百万条指令，如TMS320VC5402-100的处理能力为100MIPS，即每秒可执行1亿条指令。

（5）MOPS：即每秒执行百万次操作，如TMS320C40的运算能力为275 MOPS。

（6）MFLOPS：即每秒执行百万次浮点操作，如TMS320C31在主频为40MHz时的处理能力为40 MFLOPS。

（7）BOPS：即每秒执行10亿次操作，如TMS320C80的处理能力为2BOPS。

2）DSP芯片的价格

DSP芯片的价格也是选择DSP芯片所需考虑的一个重要因素。若采用价格昂贵的DSP芯片，即使性能再高，其应用范围也会受到一定的限制。因此，芯片的价格是DSP应用产品能否规模化、民用化的重要决定因素。在系统的设计过程中，应根据实际系统的应用情况来选择一个价格适中的DSP芯片。当然，由于DSP芯片发展迅速，DSP芯片的价格往往下降较快，因此，在系统的开发阶段，可选用某种价格稍贵的DSP芯片，等到系统开发完毕后，其价格可能已经下降一半甚至更多。

3）DSP芯片的运算精度

定点DSP芯片的字长通常为16位，如TMS320系列。但有些公司的定点芯片为24位，如Motorola公司的MC56001等。浮点芯片的字长一般为32位，累加器为40位。虽然合理地设计系统算法可以提高和保证运算精度，但需要相应地增加程序的复杂性和运算量。

4）DSP芯片的硬件资源

不同的DSP芯片所提供的硬件资源是不同的。例如，片内RAM、ROM的数量，外部可扩展的程序和数据空间，总线接口，I/O接口等。即使是同一系列的DSP芯片，不同型号的芯片其内部硬件资源也有所不同。

5）DSP芯片的开发工具

快捷、方便的开发工具和完善的软件支持是开发大型、复杂DSP应用系统的必备条件。如果没有开发工具的支持，要想开发一个复杂的DSP系统几乎是不可能的。所以，在选择DSP芯片的同时必须注意其开发工具的支持情况，包括软件和硬件的开发工具等。近几年来，各大DSP供应厂商已经重视并努力解决这一问题。如TI公司推出的Code Composer Studio集成开发环境为用户快速开发实时、高效的应用系统提供了帮助；中电38所的“魂芯”系列DSP采用ECS（Efficient Coding Studio）集成开发环境，采用图形界面接口，提供环境配置、源文件编辑、程序调试、跟踪和分析等，可以帮助用户在软件环境下完成编辑、编译、链接、调试和数据分析等工作。

6）DSP芯片的功耗

在某些DSP应用场合，功耗也是一个需要特别注意的问题，如便携式的DSP设备、手持设备、野外应用的DSP设备等都对功耗有特殊的要求。目前，3.3V供电的低功耗高速DSP已大量使用。

7）其他因素

选择DSP芯片还应考虑封装形式、质量标准、供货情况、生命周期等。

通常情况下，定点DSP芯片的价格较便宜、功耗较低，但运算精度稍低。而浮点DSP芯片的优点是运算精度高，且C语言编程调试方便，但价格稍贵，功耗也较大。例如，TI的TMS320C2/C54系列属于定点DSP芯片，低功耗和低成本是其主要特点。而TMS320C3x/C4x/C67x属于浮点DSP芯片，运算精度高，用C语言编程方便，开发周期短，但同时其价格和功耗也相对较高。

5.2　TMS320C66x DSP

5.2.1　概述

TMS320C6678（C6678）多核DSP是业内首款10GHz DSP，其特性主要如下。

（1）8个TMS320C66x™ DSP核心子系统（C66x CorePacs）。

① 每个子系统包含：1.0GHz或者1.25GHz的C66x定/浮点CPU核，其

中包含40GMAC/定点处理核@1.25GHz、20GFLOP/浮点处理核@1.25GHz。

② 储存器包括，32Kb的L1P存储器/核、32Kb的L1D存储器/核、512Kb的二级存储器/核。

(2) 多核共享存储控制器（Multicore shared Memory Controller，MSMC）。

① 4096Kb的MSM SRAM，这块内存由8个DSP的C66x Corepacs共享。

② 为MSM SRAM和DDR3_EMIF设置的存储器保护单元。

(3) 多核导航器Keystone架构。

① 8192个多用途硬件队列，并且带有队列管理器。

② 基于包传输的DMA（Packet DMA），可以实现零系统开销（zero-Overhead）传输。

(4) 网络协处理器。

① 包加速器支持以下传输。

a. 传输面（Transport Plane）的IPSec、GTP-U、SCTP和PDCP。

b. L2用户面（User Plane）PDCP（RoHC，Air Ciphering）。

c. 1Gb/s的有线连接数据吞吐量速度，以及1.5G包/s。

② 安全加速器引擎支持下述功能。

① IPSec、SRTP、3GPP、WiMAX无线接口以及SSL/TLS安全协议。

② ECB、CBC、CTR、F8、A5/3、CCM、GCM、HMAC、CMAC、GMAC、AES、DES、3DES、Kasumi、SNOW3G、SHA-1、SHA-2（256bit Hash）和MD5。

③ 高达2.8Gb/s加密速度。

(5) 外部设备。

① 通道SRIO 2.1，每个通道支持1.24/2.5/3.125/5Gb/s的操作，支持直接的IO以及消息传递；支持4个1×、2个2×、1个4×以及2个1×加上1个2×的链接配置。

② 第二代PCIe，单个端口支持1或者2个通道，支持高达5Gb/s每个通道。

③ HyperLink，支持与其他KeyStone设备的连接，提供资源的可测量性；支持高达50Gb/s的波特率。

④ Gigabit以太网（GbE）交换子系统；两个SGMII端口，支持10/100/1000Mb/s操作

⑤ 64bit DDR3接口，达到8Gb可用的内存空间。

⑥ 16bit外部存储器扩展接口（EMIF）；支持高达256Mb的NAND Flash以及16Mb的NOR Flash；支持异步的SRAM，容量可达1Mb。

⑦ 两个TSIP（Telecom Serial Ports）接口。

⑧ UART接口。

⑨ I^2C 接口。

⑩ 16个GPIO引脚。

⑪ SPI接口。

⑫ 信号量模块。

⑬ 3个片上PLLs。

⑭ 16个64位定时器。

（6）商业级别产品的工作温度范围为0~85℃。

（7）扩展级别产品的工作温度范围为-40~100℃。

表5.1所列为C6678与TI公司其他C66x系列之间的性能比较，从表中可以看出C6678有着远超同类型DSP的性能配置。

表5.1 TMS320C66X系列参数

参数	型号				
	TMS320C6670	TMS320C6670	TMS320C6672	TMS320C6674	TMS320C6678
C66x内核	4	1	2	4	8
峰值MMACS	153 000	40 000	80 000	160 000	320 000
频率/MHz	1000/1200	1000/1250	1000/1250/1500	1000/1250	1000/1250
片内一级缓存	256Kb（32Kb数据存储器，32Kb程序存储器/每核）	64Kb（32Kb数据存储器，32Kb程序存储器）	128Kb（32Kb数据存储器，32Kb程序存储器/每核）	256Kb（32Kb数据存储器，32Kb程序存储器/每核）	512Kb（32Kb数据存储器，32Kb程序存储器/每核）
片内二级缓存	6144Kb（共享2048Kb）	4608Kb（共享4096Kb）	5120Kb（共享4096Kb）	6144Kb（共享4096Kb）	8192Kb（共享4096Kb）
定时器	8个64b	9个64b	10个64b	12个64b	16个64b
参数	型号				
	TMS320C6670	TMS320C6671	TMS320C6672	TMS320C6674	TMS320C6678
硬件加速器	TCP3d/TCP3e/FFT/PA	PA	PA	PA	PA
工作温度范围/℃	-40~100 0~85	—	-40~100 0~85	-40~100 0~85	-40~100 0~85
EMIF	1 64bit DDR3 EMIF				
外部存取空间支持类型	DDR3 1600 SDRAM				

续表

参　数	型　号				
	TMS320C6670	TMS320C6671	TMS320C6672	TMS320C6674	TMS320C6678
直接存储器存取（通道数）	64-Ch EDMA				
高速串行口	1（4线模式）				
EMAC	10/100/1000				
I^2C 总线	1				
核电压/V	0.9~1.1				
IO 电压/V	1.0/1.5/1.8				
引脚/封装	841FCBGA				

5.2.2 中央处理器

1. C66x DSP

TMS320C66x DSP 具有 8 个 C66x 内核。C66x 后向兼容 C64x+、C67x+和 C674x 系列 DSP，最高主频到 1.25GHz，采用 RSA 指令集扩展。每个核有 32Kb 的 L1P 和 32Kb 的 L1D，512Kb 到 1 MBL2 存储区，2~4Mb 的多核共享存储区 MSM，多核共享存储控制器 MSMC 能有效地管理核间内存和数据一致性（图 5.2）。

2. C66x DSP 核中 CPU 的数据通路

如图 5.3 所示，C66x DSP 核中 CPU 的数据通路包含以下几个部分。

（1）两组通用的寄存器文件组（A 和 B）。

（2）8 个功能单元，包括 . Ll、. L2、. Sl、. S2、. Ml、. M2、. D1 和 . D2。

（3）两个从存取空间装载数据的数据通路（LD1 和 LD2）。

（4）两个写入存取空间的数据通路（ST1 和 ST2）。

（5）两个数据地址通路（DA1 和 DA2）。

（6）两个寄存器文件组的交叉通道（1X 和 2X）。

C66x CPU 包含两组通用寄存器文件组（A 和 B）。每组包含 32 个 32bit 的寄存器（A 组为 A0~A31、B 组为 B0~B31）。它支持的数据范围从打包的 8bit 数据到 128bit 的定点数据。当数据值超过 32bit 时（如 40bit 或者 64bit），通过一对寄存器来存储。当数据值超过 64bit（如达到 128bit 时），可以通过两个寄存器对（4 个寄存器）来存储。

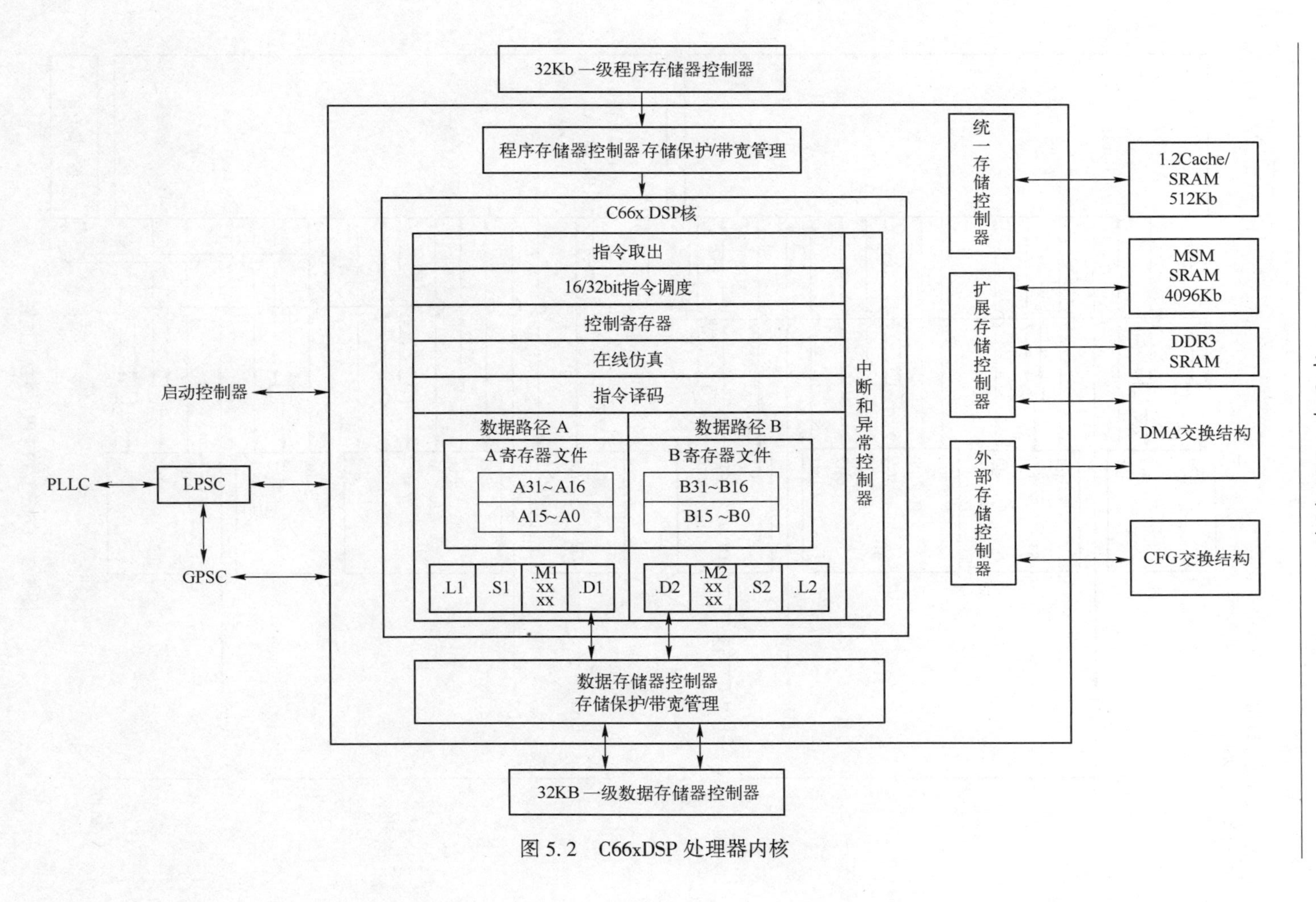

图5.2　C66xDSP处理器内核

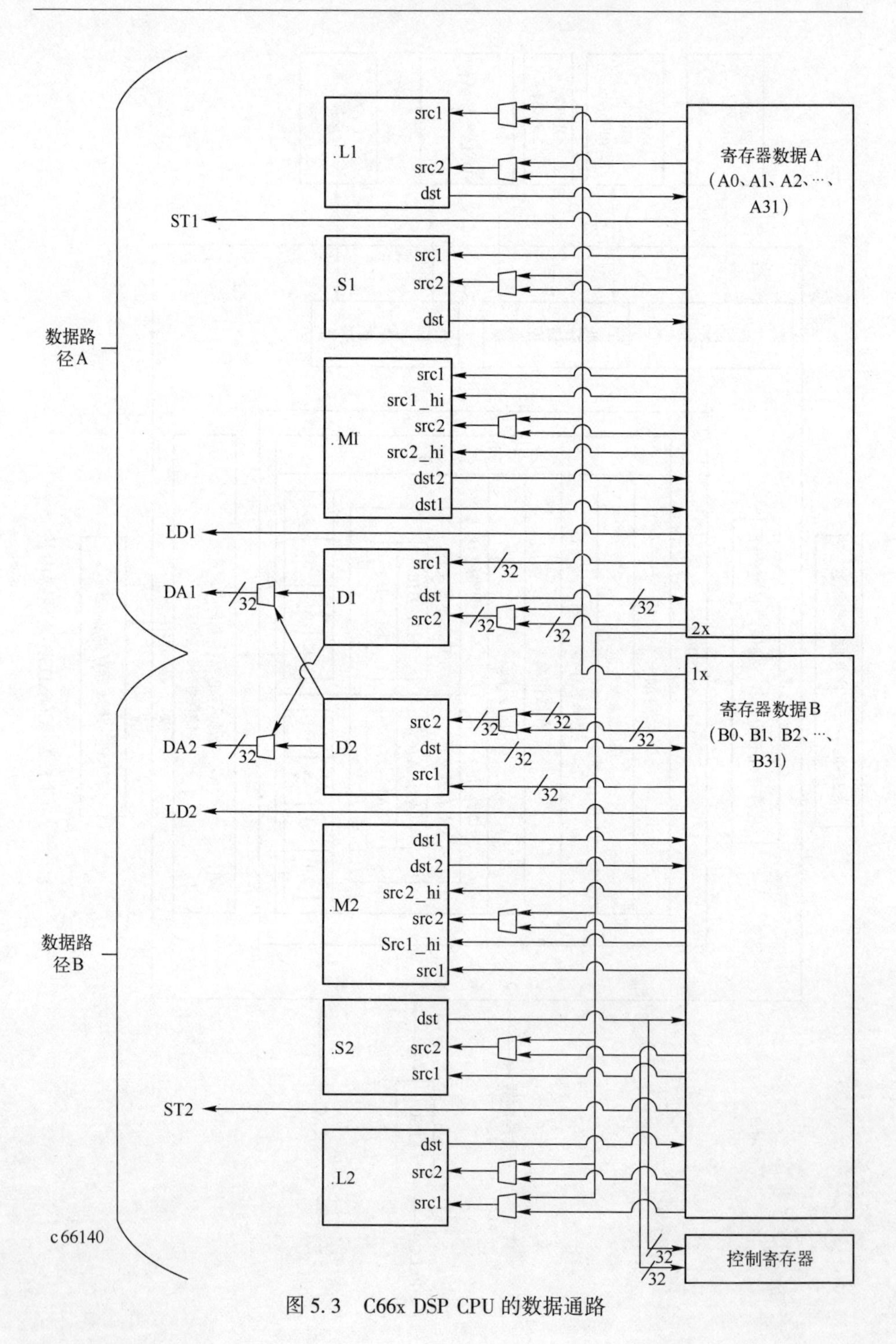

图 5.3　C66x DSP CPU 的数据通路

压缩数据类型的存储方式是：一个 32bit 的寄存器可以存储 4 个 8bit 数据或者 2 个 16bit 的数据；一个寄存器对（64bit）可以存储 8 个 8bit 的数据或者 4 个 16bit 的数据；4 个寄存器的组合可以存储 8 个 16bit 的数据或者 4 个 32bit 的数据。

3. 处理器之间的通信

TI 公司生产的新的 KeyStone 架构多核处理器 TCI66x 和 C66x 以及以前的 TCI64x 和 C64x 系列多核处理器，都提供了几种支持处理器之间的通信机制。所有的核都能够访问内存映射设备，这就意味着任何一个核都能够读/写任何一块内存，并且有核与核之间事件通知支持，如 DMA。最后，这两个系列中还有硬件支持核与核之间的仲裁决策，可以在资源共享的过程中决定拥有权。

核与核之间的通信交流主要由两部分组成，即数据移动和通知（包括同步）。

1）数据移动

数据的物理移动可由以下几种技术完成。

（1）使用共享的信息缓冲区：发送方和接收方访问相同的物理内存。

（2）使用专用的内存：在专属的发送和接收缓冲区中有转换器。

（3）过渡内存缓冲区：内存缓冲区的拥有权从发送方转给接收方，但里面的内容不传送。

对于每种技术，有两种方法读/写内存内容：CPU 装载/存储和 DMA 传递。

2）多核导航器的数据移动

多核导航器对消息进行封装，然后在硬件队列中移动传递。队列管理子系统（QMSS）是多核导航器控制硬件队列行为的核心部分，它控制着硬件队列的行为并使能描述符的传递。PKTDMA 负责描述符在硬件队列与外设之间的传递。其中 QMSS 中有一个基础 PKTDMA，它可以搬移属于不同内核的线程的数据。当一个核需要把数据搬运到另一个核时，这个核将数据放入一个缓存区中，该数据缓存区与描述符相关联，然后将描述符压入队列。之后所有的操作，全部由 QMSS 负责。描述符被压入属于接收核的队列。有不同的通知机制，通知接收核所需要的数据已经准备完毕。

使用多核导航器队列进行处理核之间的数据搬移，可以使发送核以“激发和遗忘”的方式搬移数据，同时使内核从复制数据的负担中解放出来。这使处理核间以一种宽松的方式相连接成为可能，从而使发送核不会被接收核阻塞。

3）通知和同步

多核工作模式需要具备同步处理核以及在核之间发送通知的能力。一种代表性的同步方式是由一单核完成所有的系统初始化，其他核必须等待直到初始化结束才能继续执行。并行处理中的叉合点（Fork and Joint Points）需要内核之间具备同步的能力。

同步和通知可以利用多核导航器完成，也可以由CPU来执行。核间的数据传输需要进行通知。如前所述，多核导航器提供了多种方法来通知接收核数据已经准备好。对于没有导航器的数据传输，发送方使用共享、专用或者暂存存取空间，将通信消息数据准备好发送给接收方时，通知接收方的机制是必需的。这个过程可以通过直接或间接发信号，或者通过原子仲裁来完成。

4）多核导航器通知方法

多核导航器封装消息就是前面提到的描述符，它包含了要传输的数据；然后在硬件队列中移动传递。每一个目的地拥有一个或多个专用的接收队列。

5.2.3 存储空间

在多核处理器的编程中，考虑处理模型是十分重要的。在C6xx中，每个核都有本地的L1/L2存储空间，并且可平等地访问任何共享的内部、外部存储器等。通常，我们希望程序使用部分或者全部的共享存取空间来执行镜像代码，而数据则使用局部存取空间。

当每个核都有自己独立的代码和数据空间时，L1/L2的别名地址不能被使用。只有全局地址才能被使用，这使程序员可以从整体上审视整个系统的存储情况。这也就意味着软件开发过程中，每个核应该有自己的工程，构建的过程也是相对独立于其他核的。共享区域应该在每个核的镜像中被统一定义，访问时主机使用相同的地址直接访问。

当有共享的代码段时，通常用别名地址存放数据结构，而用暂时存储器存储公共的函数。这就允许内核在无须检查自己内核编号的情况下，使用同一块地址。暂时存储器和数据结构需要在别名地址区域定义一个运行地址，以便可以被未知编号内核的函数访问。加载地址应该使用全局地址，且使用同样的偏移量。在运行状态下，别名地址对于CPU的直接装载以及存储，内部DMA的访问是有用的；但对于EDMA、PKTDMA以及其他主处理设备是没用的，这些处理必须使用全局地址。

通常，软件可以知道自己运行在哪个核上，所以别名地址在公共代码中是不需要的。CPU的寄存器DNUM中保留了DSP的内核编号，可以在运行时根据条件选择要运行的代码，同时更新指针。

共享的数据资源都需要仲裁，以保证资源的掌控权没有发生冲突。片内的其余外设支持运行在不同 CPU 上的线程通过仲裁并获得共享资源的控制权。这将保证对于共享资源的读-修改-写更新操作是原子操作。

为了加速从外部的 DDR3 以及共享 L2 存取空间中读取代码和数据，每个核有一套专用的预存取寄存器。这些预存取寄存器可以预先从外部存取空间（或者共享的 L2 存取空间）中读取一块连续的内存数据，给处理核备用（类似于 Cache 的功能）。预读取机制会评估从外部存取空间中读取那块数据和程序的方向，提前读取将来可能用到的数据或者代码。该操作的好处是，如果预读取的数据是有用的，则可以获取更高的访问带宽。每个核可以独立地控制预读取，同时也可以控制每个内存段的缓存操作。

1. CPU 的硬件结构

每个 CPU 都有相同的设备结构，如图 5.4 所示。在每个核上，除了 L2 存储器之外，还有一个 SCR 切换通道，将核、外部存储接口和片上的外围设备联系起来。

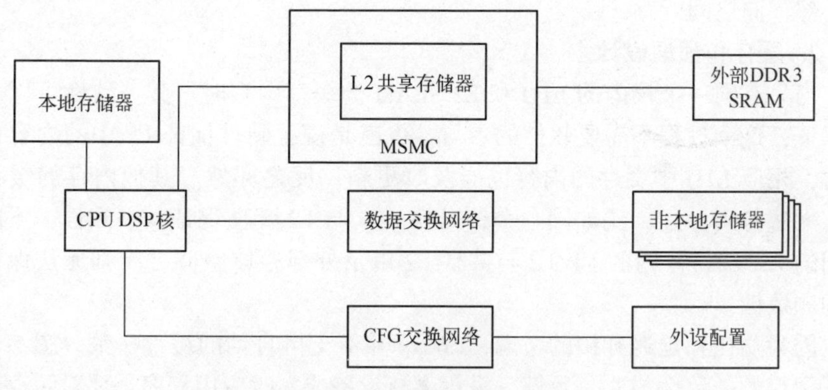

图 5.4　CPU 硬件设备视图

每一个核对于配置（可读写外设控制寄存器）和 DMA（内部、外部数据存储器）交换架构都是主设备。此外，每个核都有一个从接口，连接到 DMA 交换架构，允许读/写它自己的 L1 和 L2 SRAM。

系统中每个从属设备（如定时器、DDR3 SDRAM、每个核的 L1/L2 SRAM）在设备内存映射中都有唯一的地址，能够被任意一个主控制器读、写。在每个核中都有 L1 程序和数据存储器直接连到 CPU 和 L2 统一的存取空间。

如前所述，局部 L1/L2 在内存映射中有两个入口。处理器中的所有存取空间都有全局地址，可以被设备中的主机设备访问。例如，0x10800000 是核 0

的 L2 存取空间的全局基地址，核 0 可以使用 0x10800000 或者 0x00800000 访问本核的 L2 空间。这个设备上的其他主设备都必须使用 0x10800000。相对应，0x00800000 可以被任何一个核当作自己 L2 的基地址来访问。对于核 0，这个地址相当于 0x10800000；对于核 1，这个地址相当于 0x11800000；对于核 2，这个地址相当于 0x12800000；对于其他核，以此类推。局部地址只能被用于共享的代码或者数据，允许内存中包含一个单一的镜像。针对特定处理器或者特定内存区域（由特定内核在运行状态下分配的内存区域）的代码或者数据，只能使用全局地址。

每个核都能够通过 MSMC 读、写 L2 共享存储或外部 DDR3 存储器。每个核都有一个直接的主控端口通向 MSMC。MSMC 仲裁和优化来自所有主控器对共享存取空间的访问，这些主控器包括 DSP 内核、EDMA 或者其他主控设备，同时执行错误检测与纠正。对于每个核，外部存储控制器（XMC）寄存器和增强存储控制器（EMC）寄存器独立地管理 MSMC 接口，并且提供存储保护和从 32bit 到 36bit 的地址翻译，以保证变地址操作的可行性，如访问高达 8GB 的外部存储空间。

2. 缓存和预取设计

当只有同一个核内的 L1D 和 L2 SRAM 的缓存内容时，其一致性可以由硬件保证，这个过程不需要软件的参与。也就是说，硬件保证 L2 中的内容被更新时，相应 L1D 中缓存的内容也能及时更新；反之亦然。其他内存的缓存一致性无法得到保证，比如同一个核内的 L1P 与 L2 无法保证其一致性，不同核之间的 L1/L2，片内的 L1/L2 与共享 L2 以及外部存取空间之间都无法保证内容的一致性。

因为功耗和延迟开销的考虑，C66xx 并不支持自动的缓存一致。图 5.5 描述了缓存的一致性与非一致性。采用多核设备的实时应用程序需要对缓存一致性做出预判和决策。由于开发人员管理存储器的一致性，它们可以控制什么时候、是否需要把局部数据复制到不同的存取空间，这样程序员就可以开发出低功耗且运算速度快的软件。

对于 L2 缓存，预取的一致性在核与核之间并不保证。需要应用程序管理其一致性，既可以通过对某段存储段禁止预取，也可以根据需要通过设置预读取数据无效来实现。

TI 公司提供了一套 API 函数，以支持缓存的一致性等操作，包括缓存行无效、缓存行回写到存储存取空间以及回写无效操作等。

此外，如果 L1 的一部分空间被配置为内存映射的 SRAM，可以用 IDMA 实现 L2 和 L1 之间的数据传输，这个操作是后台操作，不占用 CPU 的时间。

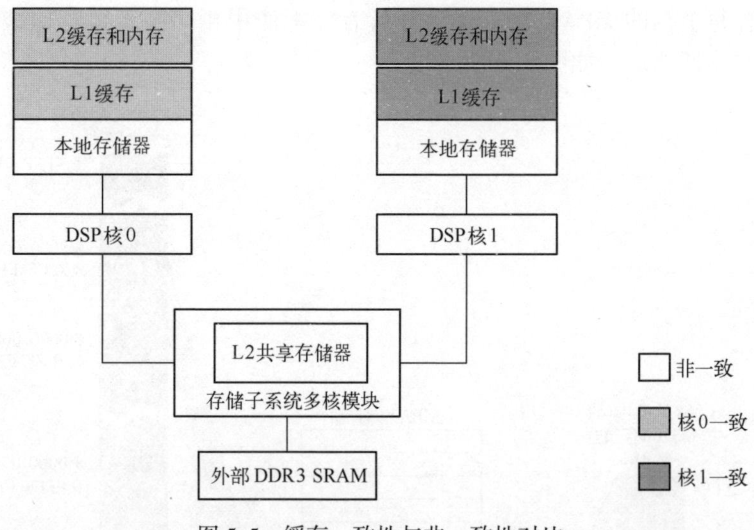

图 5.5 缓存一致性与非一致性对比

在系统中，对于 IDMA 传输，用户可以配置相对于其他主设备的优先级别。IDMA 也可以用来访问外部设备大批量配置寄存器。

3. 共享代码程序的存储位置

当多个 CPU 从共享的代码镜像执行时，需要注意管理本地的数据缓冲区。用于堆栈或本地数据表的存储器可使用别名地址，当然，所有核的地位都是相同的。此外，任何用作碎片数据的 L1D SRAM，当用 IDMA 从 L2 SRAM 中询页时，也可以使用别名地址。

如前所述，DMA 主机对任何存储器的访问必须使用全局地址。所以，当对任何外围设备中 DMA 的上下文进行编程时，代码必须在地址处插入核编号 DNUM。

在 KeyStone 系列设备中，应用程序可以使用 MPAX 模块，实现在核与核之间划分外部存储区域。通过使用 MPAX，内部拥有 32 位地址线的 KeyStoneSoc 可以访问容量为 64GB 的存储空间。在 KeyStoneSoc 架构中，有多个 MPAX 单元为主机实现地址的转换，以便 Soc 可以方便共享 MSMSRAM 以及 DDR 等存取空间。C66x 的 CorePac 使用自己的 MPAX 模块，地址线在传入 MSMC 模块前，将其从 32bit 的地址扩展成为 36bit 的地址。MPAX 模块使用 MPAXH 和 MPAXL 寄存器实现每个核地址的转换。

1）在共享存储中不同代码使用相同的地址

如前所述，在 KeyStone 系列设备中，每个核的 XMC 都有 16 个 MPAX 寄存器，将 32bit 的逻辑地址转换成 36bit 的物理地址。这一特色让应用程序能够通过配置每个核的 MPAX 寄存器，在所有核中使用相同的逻辑存储地址，指向不同的物理地址，如图 5.6 所示。

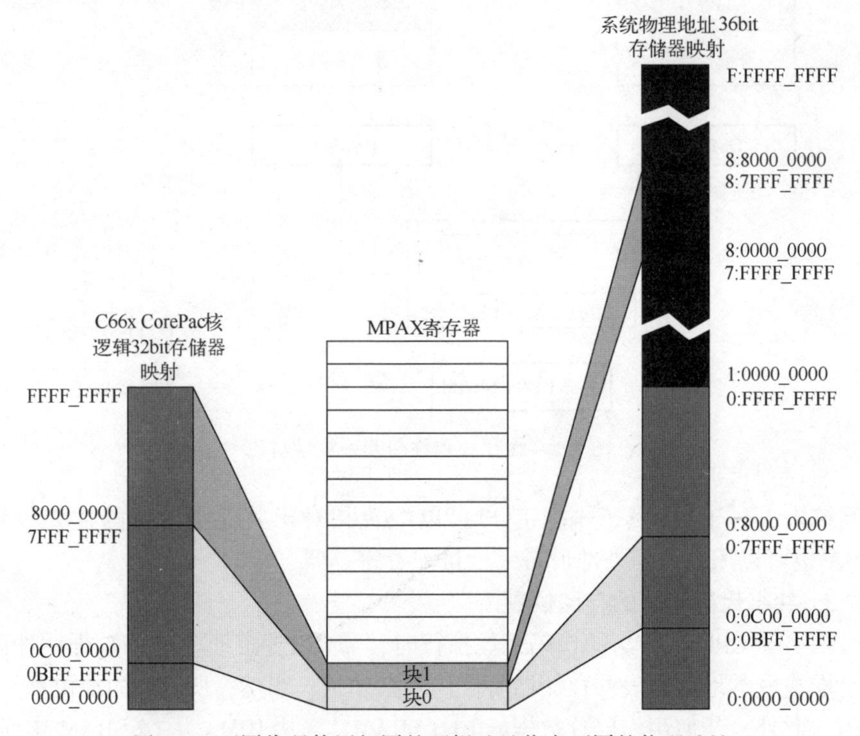

图 5.6　不同代码使用相同的逻辑地址指向不同的物理地址

2）在共享存储中相同代码使用不同地址

如果应用程序对于每个内核使用不同的地址，那么每个核的地址必须在初始时刻确定下来，并且存储在一个指针中（或者每次用到时计算）。

程序员可以使用以下公式计算地址，即

$$\langle \text{base address} \rangle + \langle \text{per-core-area size} \rangle \times \text{DNUM}$$

计算地址这个过程是在 boot 时或者线程创建时完成的，并存储在 L2 中。通过使用这一指针，使其余的操作相对于核是相互独立的。因此，当需要时正确的且唯一的指针总能从本地 L2 恢复。

这样，使用本地 L2 存储，能够创建共享的应用程序，无须对多核系统有过多了解（多核系统的知识只在初始化代码时用到）即可在每个核上运行相同的应用程序。线程中运行的组件并没有意识到它们运行在一个多核的系统中。在 KeyStone 系列设备中，每个 CorePac 中的 MPAX 模块，可以将共享存储器中的同一块程序代码配置成不同的地址。

4. 外围驱动设备

所有外围设备都是共享的，任意一个核能够在任意时间读、写任意外围设备。初始化发生在启动过程中，或者由外部的主机直接完成，或者由存储在 I^2C 总线的 E^2PROM 中的参数表完成，抑或由应用程序本身的初始化序列完成。在运行状态下，由软件决定指定核对外设进行初始化。

总体来说，外围设备使用通用的 DMA 资源，完成从存储单元读、写，该 DMA 资源可以是集成到外围设备的，也可以由 EDMA 控制器或者其他控制器（取决于硬件设备）提供。含有内部 PKTDMA 的外围设备使用多核导航器实现基于路由策略的数据读、写操作。

因此，当使用 SRIO 或者 NetCP 以太网协处理器等路由外设时，可执行程序必须初始化外设硬件、与硬件相关的 PKTDMA 以及被外设和路由机制使用的队列。

每个路由外设都有专用的传输队列，该传输队列以硬件的方式与 PKTDMA 连接。当一个描述符被压入 TX 队列时，PKTDMA 看到一个挂起信号，提示 PKTDMA 去弹出描述符，并且去读取与描述符链接在一起的数据缓存，将数据转换成 bit 流，发送数据，回收描述符到自由描述符队列。请注意，所有的核使用同样的队列发送数据到外设。通常每个 TX 队列链接一个通道。例如，SRIO 有 16 个专用队列和 16 个专用通道，每个通道与队列硬件相连。

当外设的发送队列是固定的，接收队列可以从通用队列集合中选择，或者根据通知方式从一个特殊队列集中选择。对于牵引模式，任何通用队列都能用。为了得到最快的响应，特殊的中断队列可以使用。累计队列常用来为延迟通知方式减少上下文的切换。

应用程序必须配置路由机制。例如，对于 NetCP，用户可以根据 L2、L3、L4 或者它们的组合路由数据包。用户必须配置 NetCP 引擎路由任何数据包。路由一个数据包给指定的内核描述符必须压到与核相关的队列中。对于 SRIO 也是同样的道理：路由信息、ID 必须由用户来配置。

直接使用存储单元的外围设备拥有内嵌的 DMA 引擎，以完成对存储设备数据的读、写操作。当数据在存储单元中时，应用程序负责分配一个或者多个核读、写数据。

对于设备上的每个 DMA 资源，需要由软件架构决定以下操作：给定外设的所有资源是由一个内核来控制，还是每个内核只控制自己的外设。上面提到的 C66x 设备，所有的外设有多个 DMA 通道的上下文，这就使得可以在没有仲裁申请的情况下实现同等控制。每个 DMA 上下文切换是自发的，同时也没有考虑原子访问，这些情况在编程时需要考虑进去。

由于一个内核的子集可以在程序运行状态下被复位，应用程序软件必须拥有再初始化被复位内核的能力，以避免打断那些没有被复位的内核。这个过程可以通过让每个核检查它所配置的外设状态来实现。如果外设没有上电，也没有被使能收发操作，内核可以执行上电操作，并进行全局配置。当两个内核处在下电，且正在重新启动时读取外设的状态，这时存在一致性竞争的可能；这个问题可以通过使用共享内存控制器中的原子操作监视器或者其他同步机制（旗语或者其他）来管理解决。

主控制方法允许将设备是否需要初始化的决定权，移交给 DSP 之外的更高层去完成。当一个核需要读、写外部设备时，由更高层决定是执行全局还是局部初始化。

5. 数据存储位置和访问

数据存储的方式主要取决于两点：一是数据如何被转运接收的；二是 CPU 读、写数据的模式或时序。理想情况下，所有数据都是存放在 L2 SRAM 上，但是内部 DSP 的存储空间是有限的，因此一些数据和代码常常存放在片外的 DDR3 SDRAM 上。

通常，对时间实时性要求比较高的函数执行的数据存放在 L2RAM，对时间要求不高的数据存放在片外，并通过 Cache 来访问。如果运行的数据一定要放在片外存取空间，一般建议用 EDMA 和乒乓结构的缓冲器来实现外部存取空间与 L2SRAM 的数据交互，而不建议通过 Cache 来实现。通过 DMA 在外部存取空间传输数据，其一致性必须通过软件来保证。

5.2.4 外部通信接口

1. SPI 接口

C6678 具有 SPI 接口，为 DSP 提供了一个和其他 SPI 设备兼容的接口，该接口的主要功能是连接 SPI ROM 用于 DSP 的 boot，也可以连接其他具有 SPI 接口的芯片，该 SPI 接口只支持主模式。

2. 串口

C6678 的串口模块为基于工业标准 TL16C550 的异步通信单元，可被配置为可选的 FIFO 模式，接收器和发射器 FIFO 最多存储 16B。C6678 的串口包括控制功能和一个处理器中断系统，可以根据连接通信要求进行设置。

3. HyperLink

HyperLink 是一个高速、低延时并且低引脚数的通信接口，它拓展了 C66x 系列设备内部的基于通用总线结构（CBA）的协议，使其能够仿真现今所有外设的接口运行机制，其包括数据信号和边际控制信号。数据信号是基于串/

并行转换器，边际信号是基于低电压 CMOS。如今的 HyperLink 为设备之间提供了点对点的连接。HyperLink 作为 TMS320C6678 的外设接口，其工作频率可达到 12.5 Gb，并且是一个 4 通道的 SerDes 接口。其支持的数据速率包括 1.25 Gbaud、3.125Gbaud、6.25 Gbaud、10 Gbaud 和 12.5 Gbaud。HyperLink 模块（图 5.7）提供两个 256bit 的 VBUSM 接口。从模式接口用来传输以及控制寄存器访问，主模式接口用来接收。发送和接收状态机模块完成从 256bit CBA 到外部串行接口的格式转变。

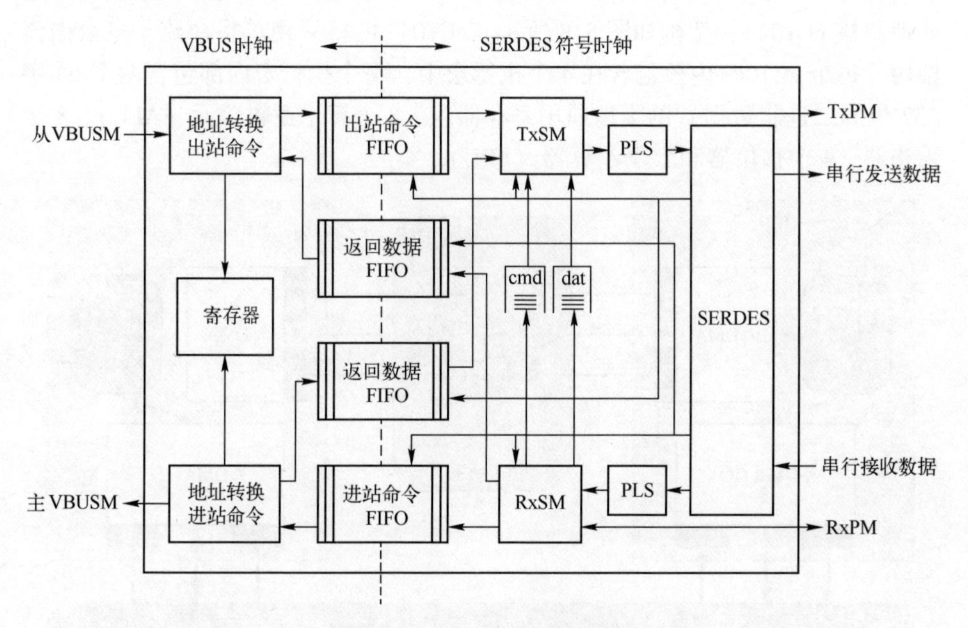

图 5.7　HyperLink 的内部模块

4. PCIe 接口

PCIe 是一种高速串行计算机扩展总线标准。属于高速串行点对点双通道高带宽传输，所连接的设备分配独享通道带宽，不共享总线带宽。C6678 的 PCIe 接口为 DSP 提供了一个和其他 PCIe 总线设备之间的数据连接接口，其可靠性高、占用引脚数少、最高传输速率可以达到 5Gb/s 每通道。

5. Serial RapidIO 接口

Serial RapidIO 简称 SRIO。SRIO 的基本结构及特点在第 4 章中已进行过详细介绍，作为新一代高速总线的杰出代表，SRIO 基本被所有的高性能 DSP 视为标配总线。

5.3 “魂芯”2号ADSP

5.3.1 概述

“魂芯”2号A（HXDSP1042）是中国电子科技集团公司第三十八研究所继“魂芯”1号后，研制成功的第二款32bit静态超标量处理器，集成了两个处理器核eC104+，架构如图5.8所示。eC104+内核采用单指令流、多数据流架构。每个eC104+内核包含在4个执行宏中，每个执行宏内部包含两个64字（32位的二进制数据）的本地通用寄存器组、8个算术逻辑单元（ALU）、8个乘法器、4个移位器和1个超算器（SPU）。

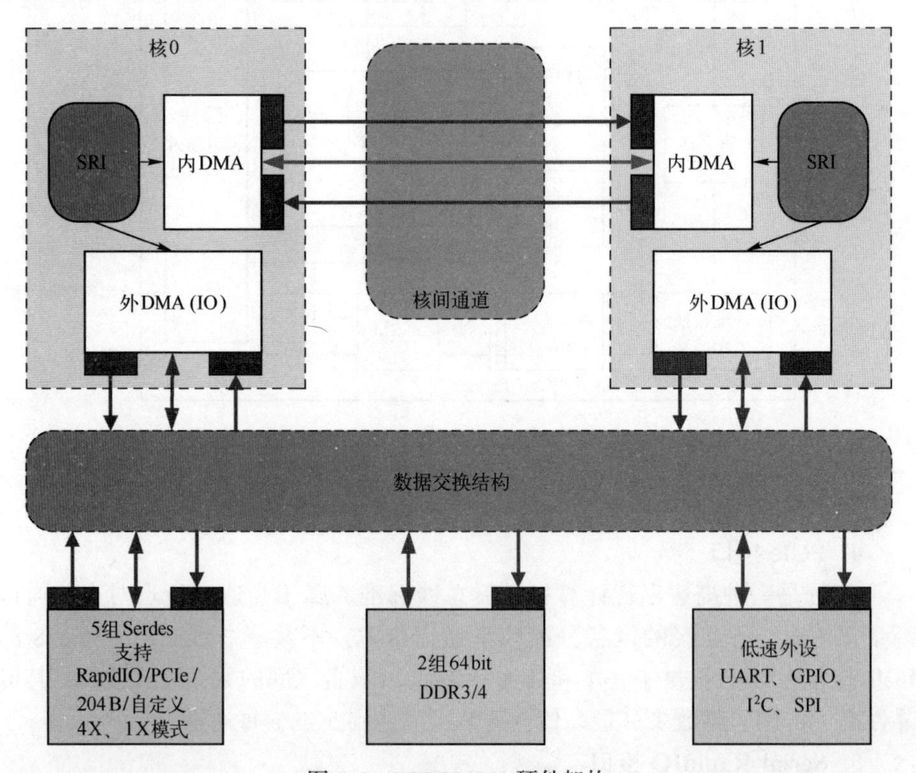

图5.8　HXDSP1042硬件架构

在存储空间划分上，程序空间和数据空间在物理上分离，eC104+内核含1Mb指令Cache、2Mb指令存储器（SRAM）以及48Mb数据存储器（SRAM），数据存储器划分为6个block，每个block大小为8Mb。此外，在两个eC104+

内核之间还有一个共享的2Mb指令存储器，大大提高了“魂芯”2号DSP的多任务调度效率。

HXDSP1042集成5组Serdes接口，工作在4×、2×及1×模式，支持协议包括RapidIO（最多2组）、PCIe（最多1组）、JESD204B（最多1组）及HX-Link等协议，还集成有UART、GPIO、I^2C、SPI等常用外设。HXDSP1042处理器可广泛应用于雷达、电子对抗、通信及视频图像处理等领域。

5.3.2 性能指标

1. HXDSP1042性能

（1）2个eC104+内核。

（2）5组Serdes接口，其中2组支持RapidIO协议、1组支持PCIe协议、1组支持JESD204B/HX-Link、1组支持HX-Link。

（3）2个DDR3/4控制器。

（4）1个1000M以太网控制器。

（5）并口、SPI、I^2C、UART等慢速外设。

（6）eC104+单核性能：

① 工作主频600MHz；

② 峰值运算能力为100.8GFLOPs；

③ 每个宏包含8个AUL、8个乘法器、4个移位器、1个超算器；

④ 48Mb数据存储器；

⑤ 1Mb指令Cache/SRAM。

2. HXDSP1042 I/O的性能

HXDSP1042 I/O的性能如表5.2所列。

表5.2 HXDSP1042 I/O性能

接口种类		性能
DDR	颗粒类型	DDR3、DDR4
	对外数据宽度	64bit
	接口个数	2
	最大总带宽	128Gb/s
PCIe	支持协议版本	GEN1/2/3
	LANE个数	4
	接口个数	1
	最大带宽	32Gb/s

续表

接口种类		性　能
RapidIO	支持协议版本	2. 2
	LANE 个数	4
	接口个数	2
	最大总带宽	40Gb/s
JESD204B	支持协议版本	JESD204B/HX-Link
	LANE 个数	4
	接口个数	2
	最大总带宽	40Gb/s
Ethernet		10/100/1000MHz Ethernet
并口	对外数据宽度	32bit/16bit/8bit
GPIO		64pin
I^2C		标准模式（100Kb/s）
		快速模式（400Kb/s）
UART		可配置的工作波特率（b/s）：1200、1800、2400、4800、7200、9600、14400、19200、38400、5760、115200、128000和3000000
SPI		典型工作速率 20M、25M、50M、100M

5.3.3 eC104+内核

HXDSP1042 芯片内核由两个 eC104+内核构成，eC104+DSP 内核是在第一代 Efficiency Core 技术基础上，针对多核 DSP 处理器发展的趋势，面向雷达、电子对抗和基带通信等高性能信号处理应用领域，优化了处理器架构，从而进一步提升处理性能。

其主要特点有以下几个。

（1）Cache 结构：Cache/SRAM 可配置。

（2）数据类型：运算部件支持 8 位定点、16 位定点、32 位定点、32 位浮点、64 位浮点、16 位定点复数、32 位定点复数、32 位浮点复数等，其中浮点数据格式符合 IEEE754 标准。

（3）指令控制形式：单条指令可以控制所有同种运算部件，指令采用执行行条件执行。

（4）数据总线：4 条 512bit 数据总线，运算部件与存储器之间可并发 2 读/1

写操作或 2 写/1 读操作。

eC104+DSP 内核主要包括指令 Cache/SRAM 存储器、数据存储器、移位器查找表、IDMA 控制器、DDMA 控制器、中断及异常处理单元和流水线控制单元组成部分。eC104+ DSP 内核结构如图 5.9 所示。

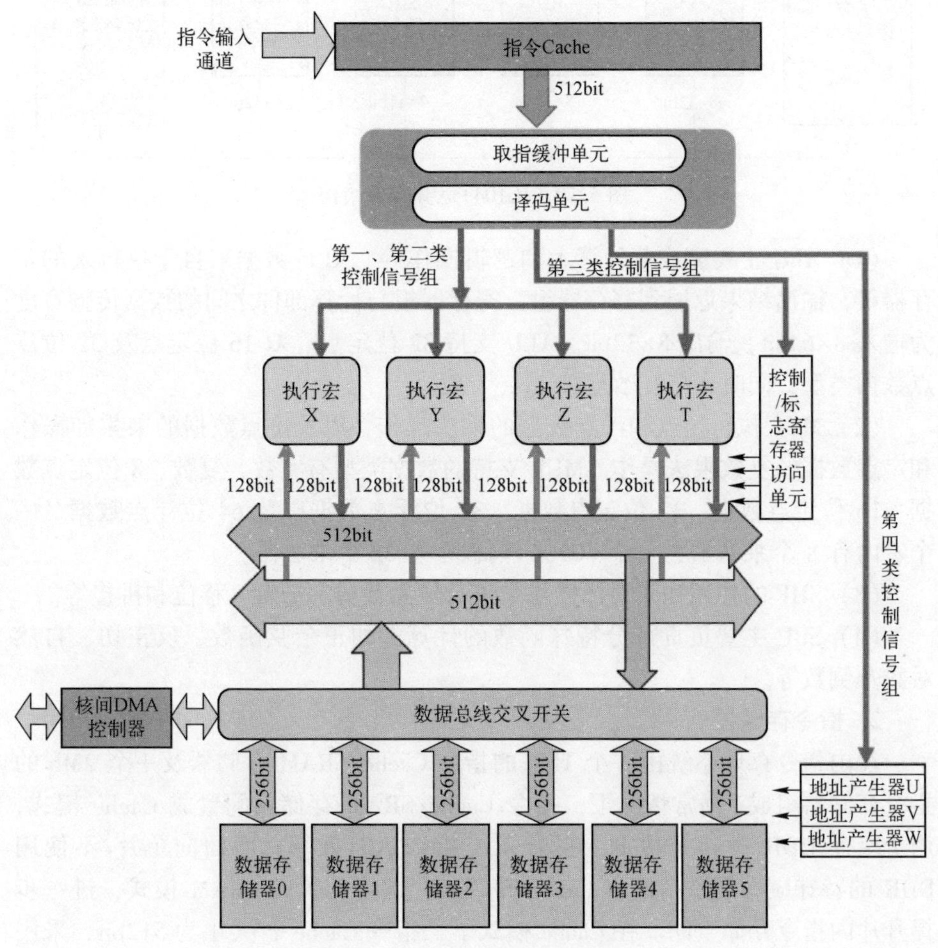

图 5.9　eC104+ DSP 内核结构

1. 运算部件

eC104+内部运算部件包含 8 个算术逻辑运算单元（ALU）、8 个乘法器运算单元（MUL）、4 个移位器运算单元（SHF）、1 个超算器（SPU）以及 1 个寄存器组，支持 16 位/32 位定浮点及 32 位定点复数（图 5.10）。运算部件的各个输入数据全部来自于寄存器组，运算部件的运算结果全部送到寄存器组。运算部件不直接同外部通道进行数据交换，同外部通道之间的数据交换全部通过寄存器组。

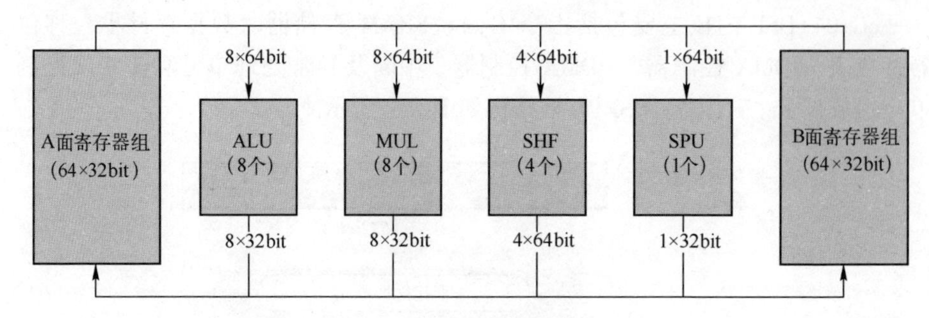

图5.10　eC104+运算部件结构

（1）ALU主要完成各种算术和逻辑操作等。ALU数据来自于执行宏的寄存器组，输出结果返回到寄存器组，寄存器组与计算部件之间的数据传输宽度为输入8×64bit、输出8×32bit。ALU支持32位定点、双16位定点及32位浮点数据类型，同时支持复数运算。

（2）MUL执行定点和浮点数据的乘法操作，以及定点数据的乘累加操作和定点数据的复数乘法操作。MUL支持的数据类型有实数、复数、8位定点数据、16位定点数据、32位定点数据、32位浮点数据以及64位浮点数据。一个宏内有8个乘法器，一个eC104+内核中有32个乘法器。

（3）SHF的作用在于对源操作数进行任意裁剪、分解、移位和拼接等。

（4）SPU主要负责部分特殊函数的计算，如正余弦函数、反正切、自然对数及倒数等。

2. 指令存储器

片内指令存储系统由一个1Mb的指令Cache/SRAM存储器及一个2Mb的指令存储器组成。通常情况下，指令Cache/SRAM存储器配置成Cache模式，用于缓存DDR中指令数据，提升系统指令执行效率；而面向单片/不使用DDR的特殊应用场景，指令Cache/SRAM存储器配置成SRAM模式，进一步提升片内指令存储空间。在Cache模式下，指令Cache行大小为512bit，采用4路组相联映射方式及伪LRU替换算法，命中时访问时间为1个时钟周期。指令存储器使用SRAM构建，访问时间为1个时钟周期。

3. 数据存储器

内核数据存储器容量为48Mb，分为6个数据块，每个数据块大小为256K×32bit。每个数据块又分为8个数据组，每个数据组的大小为32K×32bit。数据存储器以内核数据总线进行地址产生及访问控制。内核数据总线可以访问的合法地址除核内、核间数据存储器外，还支持核外访存。核外访存可以访问的地址空间包括 Core0 数据存储空间、Core1 数据存储空间、Core0 JTAG 控制/状态寄存器、Core1 JTAG 控制/状态寄存器、Core0 指令存储空间、Core1 指令存储空间、IO 数据及配置空间，如图 5.11 所示。

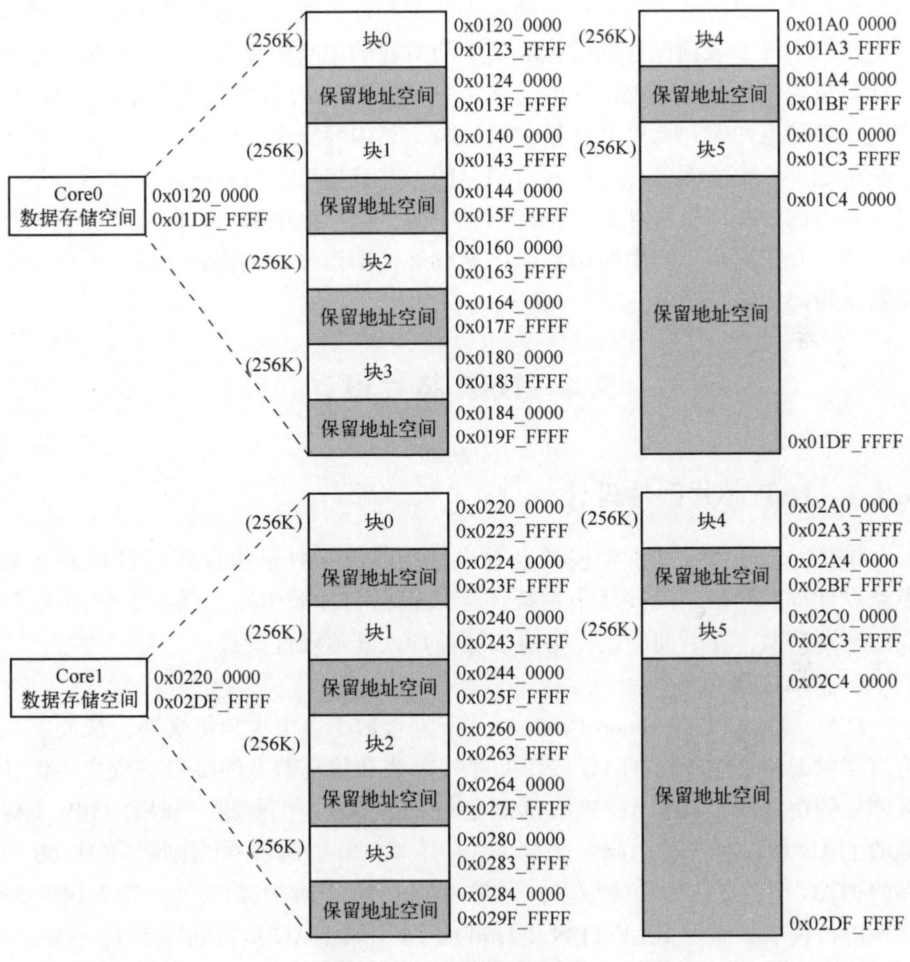

图 5.11　内核地址空间

4. 中断控制器

中断是控制程序执行的一种重要方式。通常，DSP 工作中会包含多个外部异步事件，这些异步事件的随机发生，要求 DSP 能中断当前的处理过程并转向执行该事件程序，执行任务完成后，又要求返回被中断的原过程，继续其处理步骤，这一过程就是程序中断。中断可以使处理器内核与外部事件同步工作、同步一些非处理器内核操作，也可以用于故障检测、系统调试以及作为整个系统的外部控制手段。HXDSP1042 支持多种类型的中断，一部分由内部产生，另一部分则由外部产生。

每个中断优先级在中断向量表中都有一个中断入口向量寄存器和中断返回向量寄存器与之对应，同时在中断标志锁存和标志寄存器都有对应位。中断入口向量表中每个表项保存的是该级别中断对应的中断服务程序入口地址，中断返回向量表中每一个表项保存的是该级别中断对应的中断服务程序返回地址。中断入口和返回寄存器可通过指令读、写，其内容完全交由程序员控制。即程序员决定某个中断服务程序的入口和返回，并且将该入口和返回地址通过指令写入对应的中断向量寄存器。一旦响应中断，就从该中断入口向量寄存器所指向的地址开始取指，当中断服务程序完成后，则程序流跳转到中断返回向量寄存器所指向的地址。

5.4 DSP 芯片设计

5.4.1 DSP 芯片硬件设计

DSP 芯片硬件设计主要包括电源设计、时钟设计、仿真接口设计和运算电路设计等。严格来说，最小系统还应该包括自加载电路。随着 DSP 系统功能的逐渐扩展，在后期的设计中可以逐步加入其他硬件设计。

1. JTAG 接口

JTAG（Joint Test Action Group）用于连接最小系统板和仿真器，从而实现仿真器对 DSP 的访问。JTAG 接口的连接需要和仿真器上的接口一致，不论什么型号的仿真器，其 JTAG 接口都满足 IEEE 1149.1 的标准。IEEE 1149.1 标准的 JTAG 接口有 3 种引脚，分别为 14 引脚、20 引脚和 60 引脚。其中 60 引脚的 JTAG 接口提供的功能最多，但常用的为 14 引脚的接口，下面以 14 引脚为例进行说明。满足 IEEE 1149.1 标准的 14 引脚 JTAG 接口如图 5.12 所示。

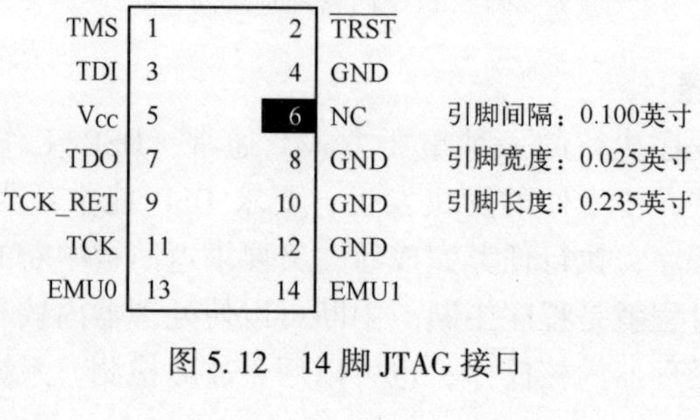

信号	引脚	引脚	信号
TMS	1	2	$\overline{\text{TRST}}$
TDI	3	4	GND
V_{CC}	5	6	NC
TDO	7	8	GND
TCK_RET	9	10	GND
TCK	11	12	GND
EMU0	13	14	EMU1

引脚间隔：0.100英寸
引脚宽度：0.025英寸
引脚长度：0.235英寸

图 5.12　14 脚 JTAG 接口

各个引脚的含义可参照 DSP 的引脚说明。一般情况下，最小系统板需要引出双排的 14 引脚插针，即和图 5.13 中的一致。在大多数情况下，如果板子和仿真器之间的连接电缆不超过 6 英寸，可以采用图 5.13 所示的接法。注意：图 5.13 所示为 DSP 的普通接法，对于不同型号的 DSP，如 C6727、C6747 和 C6455，JTAG 的接法有所不同。标准的 C6747 接法如图 5.14 所示，上面部分为双排插针的连接，下面部分是 DSP 部分的连接。

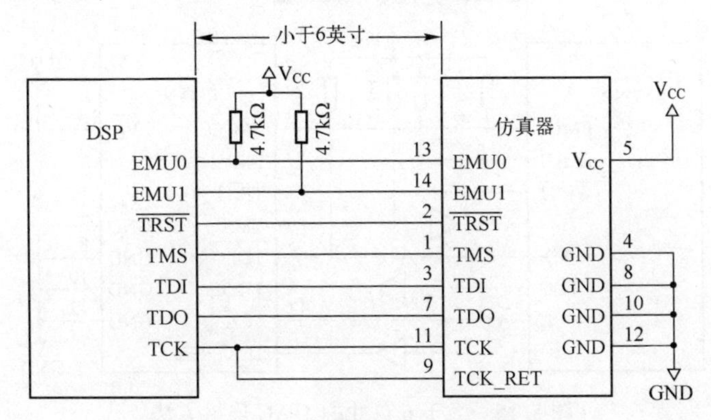

图 5.13　小于 6 英寸的 JTAG 连接方法

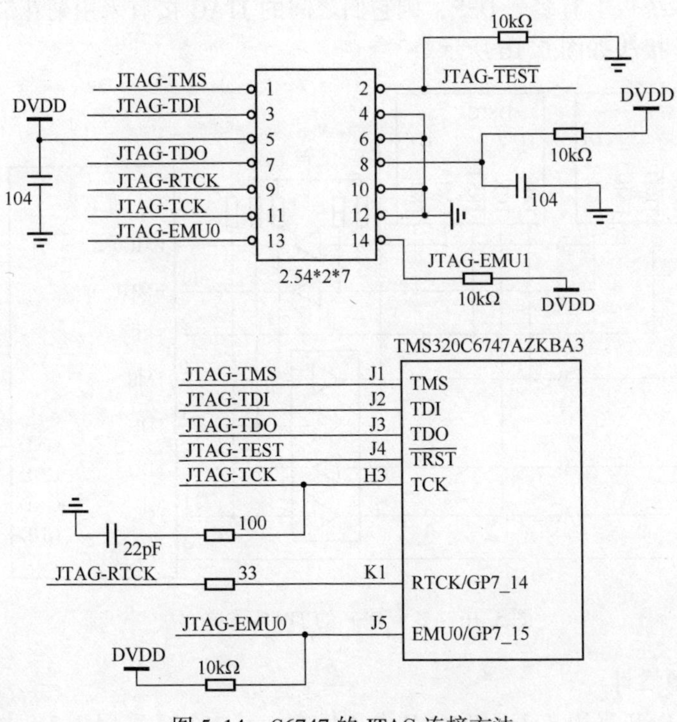

图 5.14　C6747 的 JTAG 连接方法

需要注意的是，DSP 的 EMU0 和 EMU1 引脚都需要上拉电阻，推荐阻值为 4.7kΩ 或者 10 kΩ。C674x 系列 DSP 没有提供 EMU1 引脚，该引脚仅上拉就可以了。

如果 DSP 和仿真器之间的连接电缆超过 6 英寸，则必须采用图 5.15 所示的接法，在数据传输引脚加上驱动。

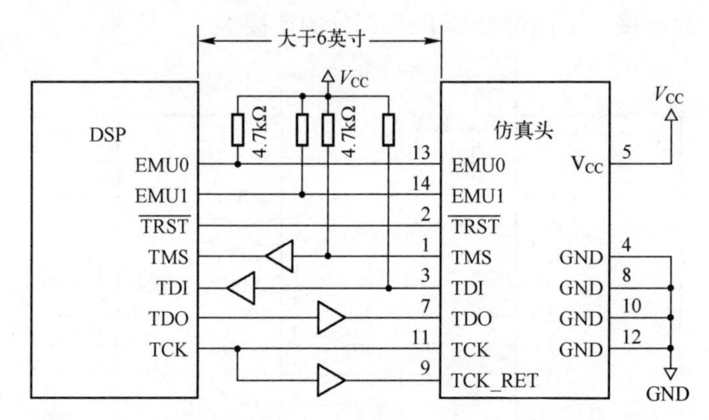

图 5.15 大于 6 英寸的 JTAG 连接方法

如果系统板上有多个 DSP，则它们之间的 JTAG 接口采用菊花链的方式连接在一起，接法如图 5.16 所示。

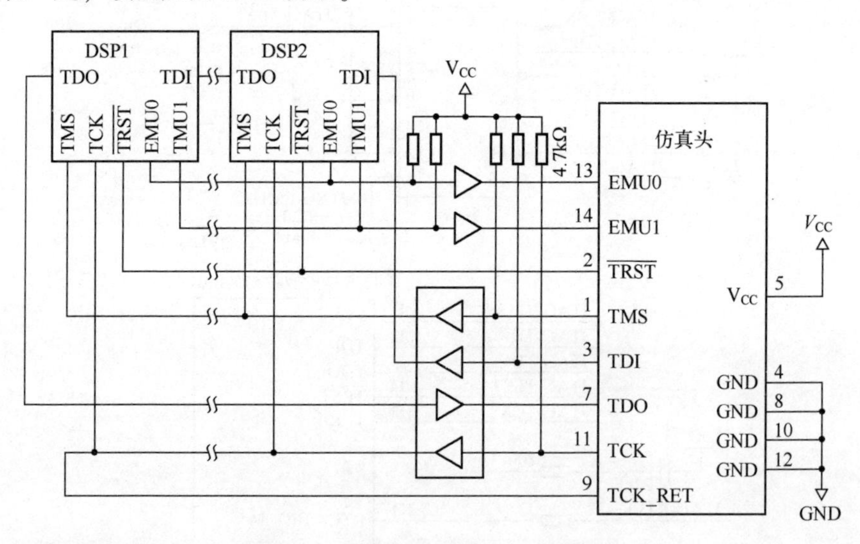

图 5.16 多个 DSP 的 JTAG 连接方法

2. 电源设计

C674x DSP 采用 3.3V 和 1.2V 电压供电，其中 I/O 采用 3.3V 电压，芯片

内核采用 1.2V 电压，如果需要使用 C674x 的网口，其网口需要单独的 3.3V 供电。常用的电压一般为 5V，所以必须采用电压转换芯片将 5V 电压转换成 3.3V 和 1.2V，供 DSP 使用。

很多 DSP 需要考虑各种电压的上电顺序。例如，C6455 系列 DSP 共有 I/O 电压（3.3V）、核电压（1.2V）、DDR2 电压（1.8V）和 RapidIO 电压（1.5V）4 种电压，其上电顺序依次为 I/O、核、DDR2 和 RapidIO。可以采用两种方法实现对上电顺序有严格要求的 DSP：①使用单电源芯片，单个电源芯片提供多种电压，依次提供，上电顺序由该芯片自身完成；②使用多个电源芯片，每个芯片提供一种电压，上电顺序由时序和使能配合完成。

1）单电源芯片设计

单个电压输入多种电压输出的芯片很多。下面介绍 TI 公司的 TPS703xx 系列单电源芯片，该芯片可以同时输出 3.3V 和 1.2V 两种电压。根据输出电压的不同，该系列芯片共有 5 种型号，如表 5.3 所列。

表 5.3　TPS703xx 系列电源芯片

温度范围	第 1 种电压/V	第 2 种电压/V	封　装	型　号
-40~120℃	3.3	1.2	PWP	TPS70345
	3.3	1.5	PWP	TPS70348
	3.3	1.8	PWP	TPS70351
	3.3	2.5	PWP	TPS70358
	1.22~5.5	1.22~5.5	PWP	TPS70302

下面以 TPS70345 为例，介绍单电源芯片硬件设计方法，TPS70345 的引脚分布如图 5.17 所示。

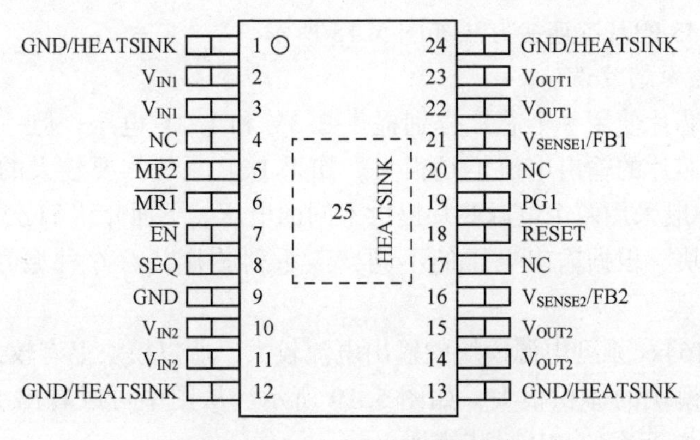

图 5.17　TPS70345 的引脚分布

TPS70345 各个引脚的意义如表 5.4 所列。

表 5.4 TPS70345 引脚含义

名称	编号	I/O	意
$\overline{EN}$	7	I	使能引脚。如果为高电平则关闭电压转换
GND	1、9、12、13、24	—	地
$\overline{MR1}$	6	I	手动复位引脚 1。芯片内部已经上拉
$\overline{MR2}$	5	I	手动复位引脚 2。芯片内部已经上拉
NC	4、17、20	—	空引脚
PG1	19	O	第 1 输出电压检测引脚。如果第 1 输出电压低于额定值的 95%，芯片将自动复位。该引脚一般与$\overline{MR2}$引脚连接
$\overline{RESET}$	18	O	复位引脚。上电自动复位
SEQ	8	I	输出电压先后选择。如果为高电平，则第 2 输出电压达到额定电压的 83%时，才开始输出第 1 输出电压
V_{IN1}	2、3	I	电压输入引脚 1。连接到 5V
V_{IN2}	10、11	I	电压输入引脚 2。连接到 5V
V_{OUT1}	22、23	O	第 1 输出电压。3.3V
V_{OUT2}	14、15	O	第 2 输出电压。1.2V
V_{SENSE2}/FB2	16	I	第 2 输出电压调整
V_{SENSE1}/FB1	21	I	第 1 输出电压调整
HEATSINK	25	—	导热区。连接到地

TPS70345 的基本连接方法如图 5.18 所示。

2）双电源芯片设计

单电源芯片使用一个芯片分别提供 3.3V 和 1.2V 电压，但一个芯片提供两种电源，芯片的输出电流不是很大。如果 DSP 系统需要较大的电流，如超过 3A，则一般采用两个电源芯片提供不同的电压。下面介绍 TI 公司的 PT64xx 系列电源模块，根据输出电压的不同，该系列芯片共有 6 种型号，如表 5.5 所列。

由于 PT64xx 系列电源模块的输出电流较大，所以模块上有较大的散热片，这导致整个模块的体积很大，如图 5.19 所示。从图中可以看出 PT64xx 只有 12 个引脚，以标准的 SIP 封装排列。

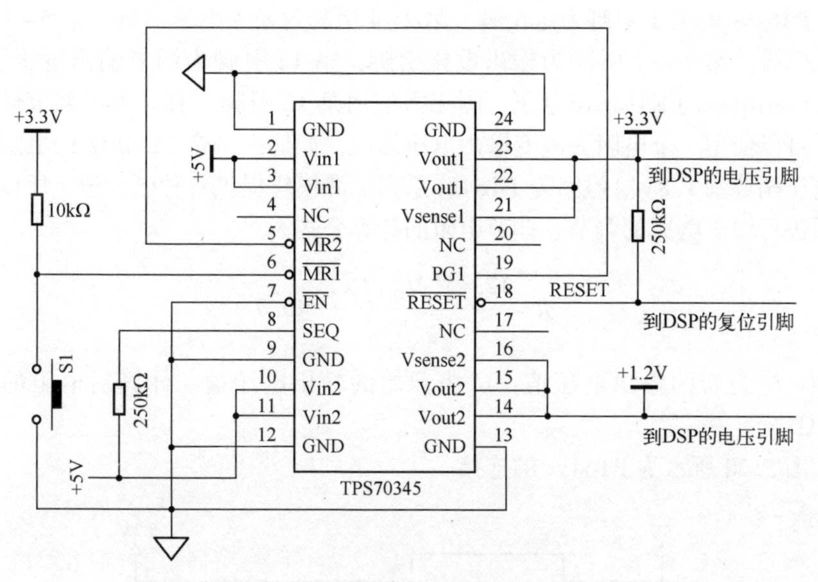

图 5.18　TPS70345 的基本连接方法

表 5.5　PT64xx 系列电源模块

温度范围/℃	输出最大电流/A	输出电压/V	型　号
-40～120	5	1.5	PT6404
		3.3	PT6405
		1.8	PT6406
		2.1	PT6407
		1.2	PT6408
		2.5	PT6409

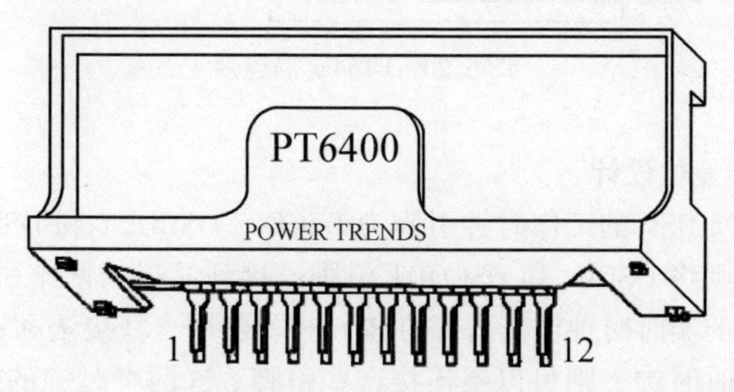

图 5.19　PT64xx 的外形

PT64xx 的第1引脚为定位脚，第2~4引脚为输入电压引脚，第5~8引脚为地引脚，第9~11引脚为输出电压引脚，第12引脚为调节输出电压引脚。如果使用电源的默认输出电压，则无需使用第12引脚。有时为了调节输出电压，可以使用一个电阻去改变输出电压的值，如加入一个12.4kΩ的电阻将输出电压调节到1.8V。但因为PT64xx系列电源模块提供各种电压值，所以一般无须进行输出电压的调节。调节电阻的计算公式为

$$R=\frac{12.45(2U_n-U_0)}{U_0-U_n}-49.9$$

式中：U_n为新的输出电压值；U_0为原始的输出电压值。计算后电阻的单位为kΩ。

图5.20所示为PT64xx的连接。

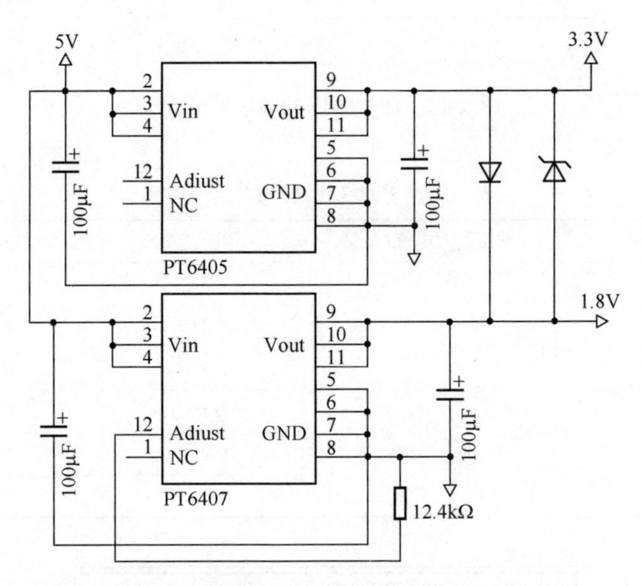

图5.20　PT64xx的连接

3. 时钟和复位设计

C674x 系列 DSP 的工作时钟引脚为 OSCIN、OSCOUT 和 OSCVSS。如果采用无源晶振，则将 OSCIN 和 OSCOUT 引脚连接到晶振的两个引脚。C674x 还可以接收标准的实时时钟供其内部的 RTC 模块使用，其接法和工作时钟类似。如果不使用实时时钟，则可以不连接这些引脚。这两个时钟的接法如图5.21所示。

为了确保输入时钟的稳定性，时钟和 PLL 的电压在 DSP 工作时需要保持恒定。因此，一般将 PLL 电路的 PLL0_VDDA 连接到电源滤波器的输出端。C674x 芯片内部已经进行了时钟电源的处理，外部只需要连接 50Ω 阻抗的磁珠就可以了，其接法如图 5.22 所示。

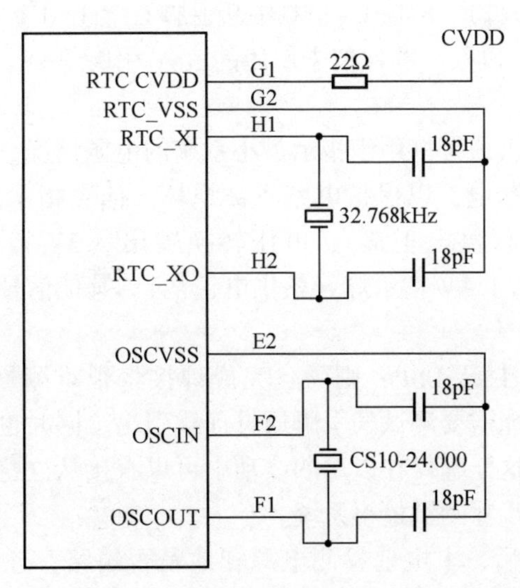

图 5.21　工作时钟和实时时钟的连接

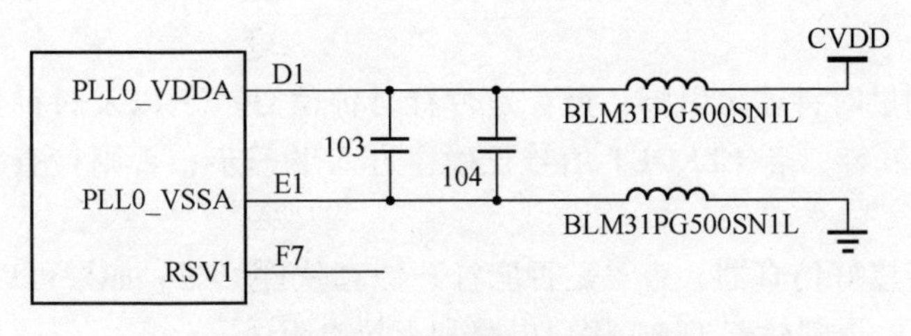

图 5.22　PLL 电源滤波电路的连接

DSP 的复位电路一般由电源芯片提供，TI 公司的大多数电源芯片都提供复位信号到 DSP，使用电源芯片提供复位信号可以省去专门的复位电路。此外，也可以在电源芯片相应引脚上连接复位按键，提供手动复位功能。电源芯片复位信号可以自动监测电源的电压情况，当电压出现波动并超过预定值时，电源芯片将使 DSP 自动复位，以确保 DSP 不在高电压和低电压的情况下工作。

4. 其他引脚和测试

1）上拉电阻或者下拉引脚

DSP 芯片的有些引脚必须接各种阻值的上拉电阻，不同型号的芯片这些引脚有所不同，一般情况下这些引脚包括 READY（数据准备好输入引脚）、$\overline{\text{HOLD}}$（保持输入引脚）、EMU0（仿真中断引脚 0）、EMU1（仿真中断引脚 1）、BOOT（启动引脚）以及一些保留未使用的 RSV 引脚等。

2）信号灯

系统板上可加入信号灯用于指示最小系统的电源情况。当电源指示灯出现异常情况时可及时断电，以保护电路不被损坏。信号指示灯一般有：+5V 的电源指示灯（电路板供电正常）；电压转换输出 3.3V 指示灯（I/O 供电正常）；电压转换输出 1.8V 指示灯（核供电正常）；其他信号指示灯。

3）测试孔

如果使用 BGA 封装 DSP，则一旦完成焊接将很难测量每个引脚的状态，为此必须将一些可能需要测试的引脚通过连线引出。同时也可以将设计时不能确定的引脚引出，这样确保在以后的改动中可以直接从这些测试孔跳线。

可以按照以下步骤测试最小系统。

（1）焊接完成后，上电前检测电源和地是否短路，查看关键引脚相关的阻容器件是否存在虚焊、错焊及漏焊现象。

（2）上电后检测电压是否正常。如果正常，进入下一步；否则检查电源部分电路。

（3）测量时钟输出引脚，查看是否有时钟信号输出以及时钟信号的频率是否和设置一样。若 CLKOUT 信号正确，进入下一步；否则检查时钟和复位信号。

（4）连接好仿真器，查看是否能打开仿真软件 CCS。如果可以打开 CCS，进入下一步；否则检查 JTAG 接口电路和上拉电阻。

（5）下载程序到 DSP 中运行，查看运行结果。

5.4.2 DSP 芯片软件设计

1. 软件开发模块

DSP 的软件开发模块及其功能如下。

（1）汇编优化器（Assembler Optimizer）：将线性汇编语言优化成标准汇编语言，主要是优化线性汇编语言中的寄存器、循环、路径以及并行操作等。

（2）C/C++编译器（C/C++ Compiler）：将 C/C++程序代码编译为汇编语言代码。C/C++编译器包括壳程序（Shell Program）、优化器、内部列表公用程序等。壳程序实现编译、汇编和连接等操作；优化器负责优化 C/C++代码；内部列表公用程序解释从 C/C++语言到汇编语言之间的变化。

(3) 汇编器 (Assembler)：将汇编语言文件转变为机器语言目标文件。机器语言是基于公用目标文件格式 (COFF) 的文件。汇编源文件包括指令、伪指令及汇编宏。

(4) 连接器 (Linker)：将目标文件连接起来产生一个可执行模块。连接器的输入是可重定位的 COFF 目标文件和目标库文件。

(5) 归档器 (Archive)：将一组文件归入一个归档文件，也叫归档库。归档器可以通过删除、替代、提取或增加文件来调整库。

(6) 运行支持库公用程序 (Runtime-Support Utility)：建立用户的 C 语言运行支持库。在 .ns 和 .lib 里提供目标代码。

(7) 运行支持库 (Runtime-Support Library)：包含 ANSI 标准运行支持函数、编译器公用程序函数、C 输入输出函数。

(8) 十六进制转化公用程序 (Hex Conversion Utility)：将 COFF 目标文件转化为 TI -Tagged、ASCII-hex、Intel、Motorola-s™或者 Tektronix™等目标格式，从而能将文件装载到程序存储器件。

(9) 绝对列表器 (Absolute Listed)：用目标文件产生一个列表文件，该文件包含程序所有的指令和信息，便于用户存档。

(10) 交叉引用列表 (Cross-Reference Listed)：用目标文件产生一个交叉引用列表，它引出符号、符号的定义以及它们在已连接源文件中的引用。

2. 软件设计流程

软件设计的第一步是验证软件算法的正确性。由于高级语言编程简单、调试方便、功能强大，一般算法都直接由高级语言完成。当采用高级语言完成算法仿真时，可检验算法设计的正确性和可靠性，从而使算法得到最大程度的优化，有利于算法在 DSP 系统中的应用。算法验证和仿真后，在 DSP 仿真软件上进行编程，实现处理数据流的输入输出、定点/浮点的精度控制等各种工作，最后在 DSP 芯片上完成功能，实现产品化。整个软件开发流程如图 5.23 所示。

软件设计经过仿真软件 CCS 调试完成后，必须有 DSP 硬件支撑才能进入硬件调试。

3. 编译和连接

在 CCS 中创建工程后，用户只要完成应用程序的 C 文件或者汇编后，就可以编译和连接该工程，如果编译成功，将生成可执行文件。在 CCS 中加载可执行文件，就可以进行代码的调试。

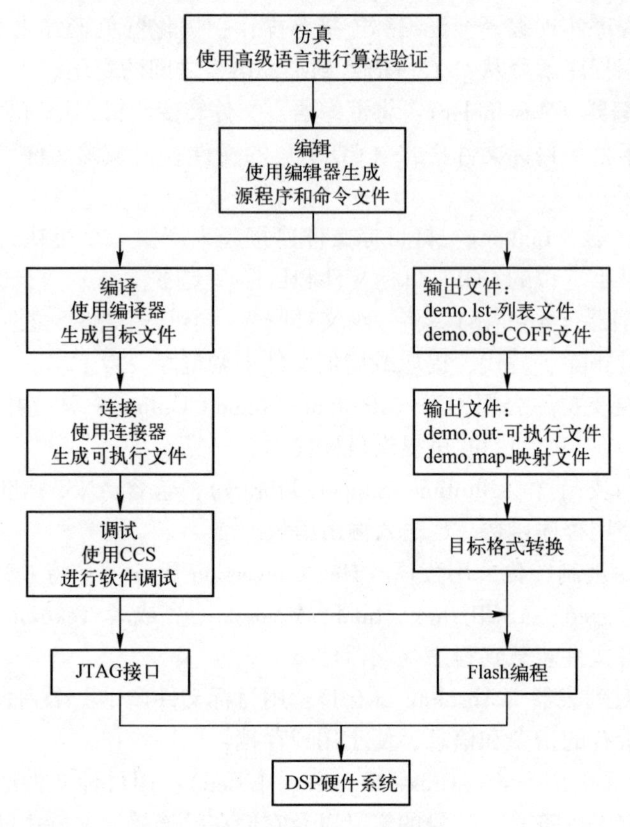

图 5.23　软件开发流程

CCS3.3 安装后，在其安装路径下有 CCS 自带的演示工程。该工程实现两个向量的加权计算，包含头文件、C 文件和 CMD 文件。用户打开工程后，可以直接进行编译、连接和执行。其中头文件和 C 文件都是用 C 语言编写的。其配置文件为 DSP 特有的文件，DSP 在连接过程中必须要求一个配置文件。配置文件在连接过程中将定义 DSP 的 RAM 空间，然后将程序中的各个段分配到所定义的空间，也就是对存储空间起配置的作用。此外，DSP 为了编程的方便，在程序中引用了各个段的概念，连接时就有必要进行各个段的分配。

4. 程序设计

完全使用汇编语言进行基于 DSP 芯片的软件开发是一件比较繁杂的事情。一般来说，各个公司的 DSP 芯片所提供的汇编语言是不同的，即使是同一公司的芯片，由于芯片的类型不同（如定点和浮点）、芯片升级等原因，其汇编语言也有所不同，如 TI 公司的 C2000 系列、C5000 系列和 C6000 系列 DSP 的汇编语言就不同。使用汇编语言开发某种 DSP 产品的周期相对较长，此外产品开发之后，对软件进行修改和升级将非常困难，这是因为汇编语言的可读性和可移植性比高级语言差。

基于上述原因，各个 DSP 芯片公司都相继推出了相应的高级语言（如 C/C++语言）编译器，使 DSP 芯片的软件可以直接用高级语言编写，从而大大提高了 DSP 芯片的开发速度，也使程序的修改和移植变得简单易行。

面向 DSP 的 C/C++语言程序设计流程如图 5.24 所示。

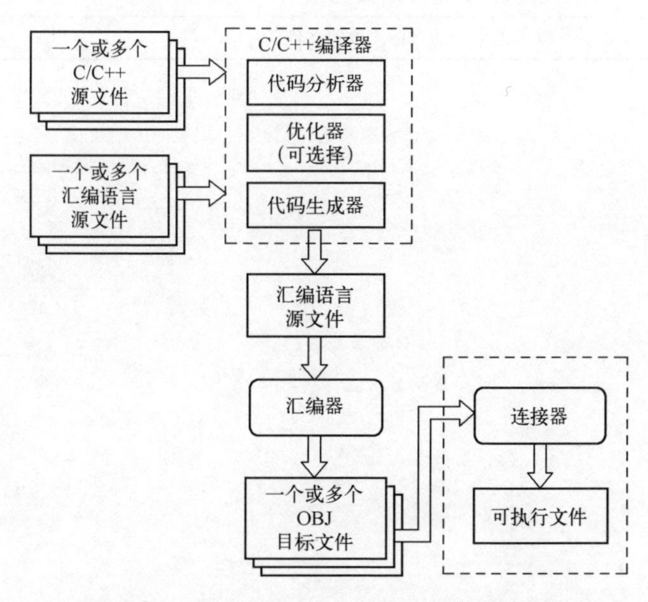

图 5.24　面向 DSP 的 C/C++语言程序设计流程

首先在 DSP 的仿真软件 CCS 中编写 C 或者 C++程序；程序编写后，调用 C/C++编译器的代码分析器、代码优化器和代码生成器完成对 C 或者 C++程序的编译。其中代码分析器用于分析整个程序，并对程序的编写效率进行分析和评价，以便进行代码优化；代码优化器对整个程序进行优化，最高的优化比例可以达到 80%，但实际上优化效率和该程序编写方法有很大关系；代码生成器将 C/C++程序转换成汇编语言程序。得到 C/C++编译器生成的汇编程序后，将按照汇编程序进行后序工作，如生成目标文件、可执行文件等，这一过程和汇编程序的编写完全相同。

C/C++编译器的编译是通过运行 cl6x. exe 文件完成的，在 DSP 的 CCS 仿真软件中已经自动将该文件和程序联系在一起，编译时运行的指令为

c16x [options] filenames [-z [link_options] [object files]]

该指令各变量的意义如表5.6所列。

表5.6　C/C++编译指令的意义

cl6x	运行编译器的指令
options	编译器的选项，影响编译器处理输入文件的过程
filenames	一个或多个C/C++语言文件的名称
-z	运行连接器的选项
link_options	连接器处理输入文件的选项
object files	编译器创建的目标文件的文件名

第6章　可编程逻辑技术

6.1 概　　述

6.1.1 电子设计自动化技术和可编程逻辑器件的发展

可编程逻辑器件的发展离不开电子设计自动化（Electronic Design Automation，EDA）技术和专用集成电路（Application Specific Integrated Circuit，ASIC）设计方法的支持。

1. EDA 技术发展概述

1）EDA 技术概述

EDA 是指利用计算机完成电子系统的设计。EDA 技术是以计算机和微电子技术为先导，汇集了计算机图形学、拓扑学、逻辑学、微电子工艺与结构学和计算数学等多种计算机应用学科最新成果的先进技术。EDA 技术以计算机为工具，代替人完成数字系统的逻辑综合、布局布线和设计仿真等工作。

设计人员只需要完成对系统功能的描述，就可以运用计算机软件进行处理，得到设计结果，而且修改设计如同修改软件一样方便，这样可以极大提高设计效率。从 20 世纪 60 年代中期开始，人们就不断开发出各种计算机辅助设计工具来帮助设计人员进行电子系统的设计。电路理论与半导体工艺水平的提高，对 EDA 技术的发展起到了巨大的推进作用，使 EDA 作用范围从印制电路板（Printed Circuit Board，PCB）设计延伸到电子线路和集成电路设计，直至整个系统的设计，也使 IC 芯片系统应用、电路制作和整个电子系统生产过程都集成在一个环境之中。根据电子设计技术的发展特征，EDA 技术发展大致分为 3 个阶段。

（1）第一阶段——CAD 阶段（20 世纪 60 年代中期至 20 世纪 80 年代初期）。

第一阶段的特点是一些单独的工具软件出现，主要有 PCB 布线设计、电路模拟、逻辑模拟及版图绘制等软件。这些软件在计算机上的使用，将设计人员从大量繁琐重复的计算和绘图工作中解脱出来。例如，目前常用的 Protel 早期版本Tango、用于电路模拟的SPICE软件和后来产品化的IC版图编辑与设计规则检查系统软件等，都是这个阶段的产品。这个时期的EDA一般称为计算机辅助设计（Computer Aided Design，CAD）。

20世纪80年代初，随着集成电路规模的扩大，EDA技术有了较快的发展。许多软件公司如Mentor、Daisy System及Logic System等进入市场，开始供应带电路图编辑工具和逻辑模拟工具的EDA软件。这个时期的软件主要针对产品开发，按照设计、分析、生产和测试等多个阶段，不同阶段分别使用不同的软件包，每个软件只能完成其中的一项工作，通过顺序循环使用这些软件包，可完成设计的全过程。但这样的设计过程存在两个方面的问题：一是由于各个工具软件是由不同的公司和专家开发的，只解决一个领域的问题，若将一个工具软件的输出作为另一个工具软件的输入，就需要人工处理，过程很繁琐，影响了设计速度；二是对于复杂电子系统的设计，当时的EDA工具由于缺乏系统级的设计考虑，不能提供系统级的仿真与综合，设计错误如果在开发后期才被发现，将给修改工作带来极大不便。

（2）第二阶段——CAE阶段（20世纪80年代初期至20世纪90年代初期）。

这一阶段在集成电路与电子设计方法学以及设计工具集成化方面取得了许多成果。各种设计工具（如原理图输入、编译与链接、逻辑模拟、测试码生成、版图自动布局等）以及各种单元库已齐全。由于采用了统一数据管理技术，因而能够将各个工具集成为一个计算机辅助工程（Computer Aided Engineering，CAE）系统。按照设计方法学制定的设计流程，可以实现从设计输入到版图输出的全程设计自动化。这个阶段主要采用基于单元库的半定制设计方法，采用门阵列和标准单元设计的各种ASIC得到了极大的发展，将集成电路工业推入了ASIC时代。多数系统中集成了PCB自动布局布线软件以及热特性、噪声、可靠性等分析软件，进而可以实现电子系统设计自动化。

（3）第三阶段——EDA阶段（自20世纪90年代至今）。

20世纪90年代以来，微电子技术以惊人的速度发展，其工艺水平达到纳米级，在一个芯片上可集成数百万乃至上千万只晶体管，工作速度可达到上GHz。这为制造出规模更大、速度更快和信息容量更大的芯片系统提供了条件，但同时也对EDA系统提出了更高的要求，因而促进了EDA技术的发展。

此阶段主要出现了以高级描述语言、系统仿真与综合技术为特征的第三代EDA技术，不仅极大地提高了系统的设计效率，而且使设计人员摆脱了大量的辅助性及基础性工作，将精力集中于创造性的方案与概念的构思上。下面对这个阶段EDA技术的主要特征作简单介绍。

高层综合（High Level Synthesis，HLS）的理论与方法取得较大进展，将EDA设计层次由RTL级提高到了系统级（又称行为级），并划分为逻辑综合和测试综合。逻辑综合就是对不同层次和不同形式的设计描述进行转换，通过综合算法，以具体的工艺实现高层目标所规定的优化设计。通过设计综合工具，可将电子系统的高层行为描述转换为底层硬件描述和确定的物理实现，使设计人员无须直接面对底层电路，不必了解具体的逻辑器件，从而把精力集中到系统行为建模和算法设计上。测试综合是以测试设计结果的性能为目标，以电路的时序、功耗、电磁辐射和负载能力等性能指标为综合对象的综合方法。测试综合是保证电子系统设计结果稳定、可靠工作的必要条件，也是对设计进行验证的有效方法，其典型工具有Synopsys公司的Behavioral Compiler和Mentor Graphics公司的Monet、Renoir。

采用硬件描述语言（Hardware Description Language，HDL）来描述10万门以上的设计，并逐渐形成了VHDL（Very High Speed Integrated Circuit HDL，VHDL）、Verilog HDL与System Verilog这3种硬件描述语言的标准。它们均支持不同层次的描述，使复杂IC的描述规范化，便于传递、交流、保存与修改，也便于重复使用。它们多应用于可编程逻辑器件的设计中。大多数EDA软件都兼容这3种标准。

采用布局规划（Floorplaning）技术对逻辑综合和物理版图设计进行联合管理，做到在逻辑综合早期设计阶段就考虑到物理设计信息的影响。通过这些信息，设计者能进一步进行综合与优化，并保证所做的修改只会提高性能而不会对版图设计带来负面影响。这在纳米级布线延时已成为主要延时的情况下，可提高设计的收敛性。在Synopsys和Cadence等公司的EDA系统中均采用了这项技术。

可测试性综合设计：随着ASIC的规模与复杂性的增加，测试难度与费用急剧上升，由此产生了将可测试性电路结构制作在ASIC芯片上的想法，于是开发了扫描插入、BIST（内建自测试）、边界扫描等可测试性设计工具，并已集成到EDA系统中。其典型产品有Compass公司的Test Assistant和Mentor Graphics公司的LBLST Architect、BSD Architect、DFT Advisor等。

为带有嵌入式IP模块（IP Core）的ASIC设计提供软、硬件协同系统设计工具。协同设计增强了硬件设计和软件设计流程之间的联系，保证了软硬件之间的同步协调工作。协同设计是当今系统集成的核心，它以高层系统设计为主导，以性能优化为目标，融合逻辑综合、性能仿真、形式验证和可测试性设计，产品如Mentor Graphics公司的Seamless CAV。

建立并行设计工程（Concurrent Engineering，CE）框架结构的集成化设计环境，以适应当今ASIC的以下一些特点：数字与模拟电路并存；硬件与软件设计并存；产品上市速度快。在这种集成化设计环境中，使用统一的数据管理系统与完善的通信管理系统，由若干相关的设计小组共享数据库和知识库，并行地进行设计，并且在各种平台之间可以平滑过渡。

EDA的基本特征如下：

（1）自顶向下的设计方法；

（2）硬件描述语言；

（3）逻辑综合优化；

（4）开放性和标准性。

从发展的过程看，EDA技术一直滞后于制造工业的发展，它是在制造技术的驱动下不断地向前进步的。从长远看，EDA技术将随着微电子技术、计算机技术的不断发展而发展。

全球EDA厂商有近百家之多，大体可分为两类：一类是EDA专业软件公司，较著名的有Mentor Graphics、Cadence Design Systems、Synopsys Viewlogic Systems和Protel等；另一类是半导体器件厂商，为了销售他们的产品而开发的EDA工具，较著名的公司有Xilinx、紫光同创（图6.1）等。EDA专业软件公司独立于半导体器件厂商，推出的EDA系统具有较好的标准化和兼容性，也比较注意追求技术上的先进性，适合于进行学术性基础研究的单位使用。

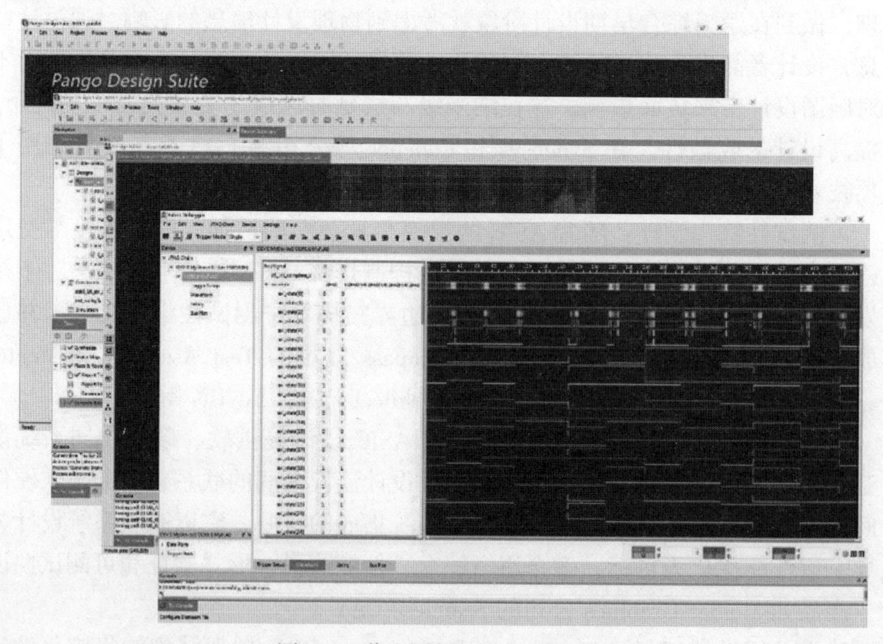

图6.1　紫光同创PDS开发软件

而半导体厂商开发的EDA工具，能针对自己器件的工艺特点做出优化设计，提高资源利用率，降低功耗，改善性能，比较适合于产品开发单位使用。在EDA技术发展策略上，EDA专业软件公司面向应用，提供IP Core和相应的设计服务；而半导体厂商则采取三位一体的战略，在器件生产、设计服务和IP Core的提供上下工夫。PDS软件开发流程如图6.2所示。

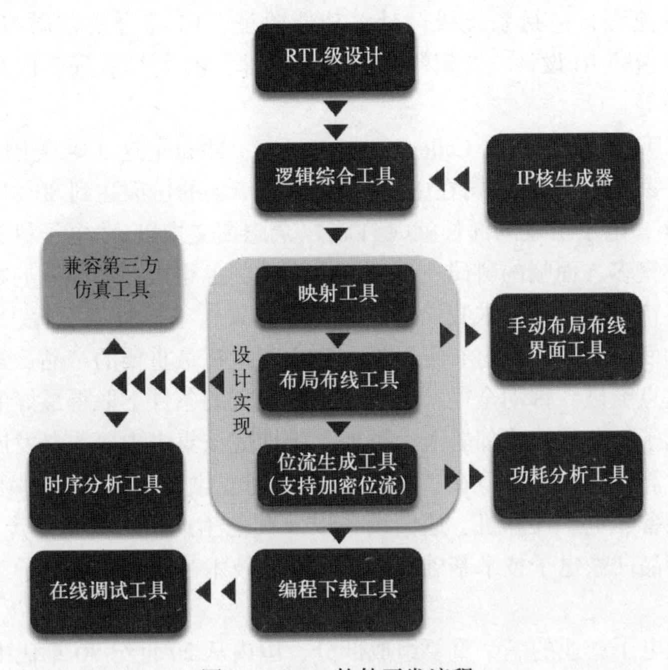

图6.2　PDS软件开发流程

2）EDA发展历史

在20世纪80年代末，EDA软件市场占有率最大的三大厂家——Synopsys、Cadence和Mentor Graphics相继成立。

Mentor Graphics（简称Mentor）公司于1981年由汤姆·布鲁格热蕾创立，是EDA技术的领导厂商，它提供完整的软件和硬件设计解决方案，是全球三大EDA厂家之一。Mentor除EDA工具外，还具备非常多助力汽车电子厂商的产品，包括嵌入式软件等。

Synopsys成立于1986年，总部位于美国加利福尼亚州山景城，为全球电子市场提供技术先进的IC设计与验证平台，致力于复杂的芯片上系统（SoC）的开发。同时，Synopsys公司还提供知识产权和设计服务，为客户简化设计过程，提高产品上市速度。

Cadence公司是一家专门从事EDA的软件公司，由SDA Systems和ECAD两家公司于1988年合并而成，是全球最大的电子设计技术、程序方案服务和设计服务供应商。其总部位于美国加州圣何塞，在全球各地设有销售办事处、设计及研发中心。其解决方案旨在提升和监控半导体、计算机系统、网络工程和电信设备、消费电子产品以及其他各类型电子产品的设计。产品涵盖了电子设计的整个流程，包括系统级设计，功能验证，IC综合及布局布线，模拟、混合信号及射频IC设计，全定制集成电路设计，IC物理验证，PCB设计和硬件仿真建模等。

全球EDA市场基本被Cadence、Synopsys、Mentor这3家美国公司垄断。同时，这3家EDA软件公司在中国EDA软件市场的份额达到80%以上。

1984年，电子工业部部长就《红旗》杂志撰文指出："电子科学技术和电子工业门类繁多，面临的科研、试制、生产的任务很重，而国家的财力、物力有限，百事待兴。这就要求我们从实际情况出发，坚持量力而行、突出重点，即在一定的发展阶段，确定有限目标，集中力量抓最重要的产品、最关键的技术，通过重点突破、带动全局，争取在有限投资的条件下取得最好的效益。在发展我国电子工业的战略部署上，近期、中期应该集中主要力量发展微电子工业和微型计算机工业，力争在"七五"期间建立微电子工业的基础，以加速军事电子装备、电子计算机、通信设备以及其他生产资料类重点产品的发展，加速这些产品向微电子技术基础转移，在新的技术基础上实现电子工业综合协调发展。"

作为微电子产业的一个重要组成部分，国内从20世纪80年代中后期开始就投入到EDA产业的研发当中。

1986年我国开始研发具有自主知识产权的集成电路计算机辅助设计系统——"熊猫"系统，并于1993年推出国产首套EDA"熊猫"系统。随着国产EDA软件的突破，国外迅速放弃对华EDA软件的封锁，1995年Synopsys公司率先进入中国市场。自此之后，国内EDA软件市场基本被国外三大EDA软件公司所垄断。

随着近年来中美对抗的加剧，国家对于集成电路产业的重视提到了前所未有的高度，国产EDA软件迎来了黄金发展期。一大批国产EDA软件公司不断涌现。

(1) 华大九天。

华大九天的前身是成立于1986年的北京集成电路设计中心。该公司从研发"熊猫"国产EDA系统开始，经过几十年的技术积累，目前已在模拟和定制集成电路领域形成了相对完整的EDA工具链，虽然其整体性与国际主流厂家相比还有差距，但在某些细分领域的解决方案，已经具有国际竞争力，是国产 EDA 公司中从业人数最多、本土耕耘历史最久的国产 EDA 软件公司，也是国产 EDA 公司的一面旗帜。

（2）国微集团。

国微集团起源于 1993 年，是深圳第一家半导体公司，先后承接国家集成电路 908/909 工程。于 2016 年在中国香港联交所主板上市，其业务覆盖安全芯片的设计和应用领域。国微集团于 2018 年承接核高基 EDA 科技专项进入 EDA 产业，同年收购 S2C 公司，从而拥有 FPGA 原型验证技术，并通过参股深圳鸿芯微纳技术有限公司进入 EDA 后端布局布线领域。国微集团目前在原型验证和布局布线两个点上具备较强实力，是国内唯一一家在数字后端有成熟布局布线解决方案的国产 EDA 公司。布局布线的本质是要确定晶体管的摆放位置和晶体管之间的走线方案，属于后端设计的核心技术。国微集团在这一关键技术上的突破为我国的 EDA 软件占据了至关重要的一个环节。

（3）概伦电子。

概伦电子成立于 2010 年，在北京、济南、上海、硅谷、新竹、首尔设有分支机构，该公司能够提供高端半导体器件建模、大规模高精度集成电路仿真和优化、低频噪声测试和一体化半导体参数测试解决方案，客户群体覆盖绝大多数国际知名的集成电路设计与制造公司。概伦电子致力于提升先进半导体工艺下高端芯片设计工具的效能，属于在国产 EDA 公司中少数的可以在某一细分领域中达到国际一流水准的公司。

（4）芯华章。

芯华章成立于 2020 年 3 月，是国产本土 EDA 公司中相对较年轻的一家企业。但其创始团队在 EDA 行业平均从业经验超过 15 年，起点较高。尤其是该公司集中了在数字集成电路前端设计与验证工具开发非常有经验的一批人才，是值得期待的一家国产 EDA 公司。该公司瞄准国内技术空白，市场容量最大，芯片设计成本占比最高的数字集成电路前端设计与验证领域。在已有的 EDA 技术人员和知识积累的基础上，计划以人工智能、机器学习、大数据分析引擎从底层改造数字集成电路验证 EDA 技术，重塑数字 EDA 验证工具构架，逐步实现包括 RTL 仿真到硬件加速的数字集成电路验证领域 EDA 工具全覆盖。

（5）全芯智。

全芯智成立于 2019 年 9 月，由国际领先的 EDA 公司携国内知名资本和科研机构在中国联合注资成立，总部位于合肥，在上海和北京设有分公司，是一家服务于芯片制造产业的 EDA 公司，主要为铸造类提供晶圆服务，如提供掩膜版的光学校准，解决先进工艺下短波长紫外光在光刻过程中的衍射失真问题，计划通过工艺级器件仿真技术和计算机光刻技术入手，提升半导体制造业水平。

（6）奥卡思微电科技。

奥卡思微电科技是一家从事静态仿真和形式化验证工具的公司。该公司位于成都，2018年3月创立，创始团队曾在国际EDA公司从事静态验证工具的开发工作，如今立足国内市场从事逻辑静态验证EDA工具的产品研发，目前已经有产品面世。静态仿真和形式化验证是数字集成电路发展到极大规模后提出的一种方法学，其目的是依靠静态分析方法替代传统依靠随机生成测试向量的仿真方法。虽然近年国际集成电路市场开始关注形式化验证技术，但容量和发现漏洞的效率还有待提高。加上缺乏其他成套验证解决方案，单独形式化验证点工具被市场接受还需要时间。不过据最新消息，称奥卡思微电科技的母公司已接受了大量投资，正在扩展全流程的验证方案来补齐短板。

（7）若贝电子。

若贝电子是青岛唯一的EDA公司，其创始人曾就职于国际著名FPGA芯片公司，多年前辞职回国后创立若贝电子。若贝电子从模块化设计输入入手，以模拟和定制芯片的原理图理念布局数字集成电路的设计输入，用可视化的图形界面展示数字逻辑的连接关系。然后通过内嵌的标准例化模块，生成可用于后续仿真的逻辑网表。这种设计方法对新入行的工程师或刚接触芯片设计的学生，可以更为直观地理解电路行为，降低准入门槛，减少网表输入的低级错误。同时其软件具备仿真功能，可以完成逻辑仿真。若贝电子的优势在于设计输入与代码生成环节，但在其他环节上的实力还有所不足。

（8）行芯科技。

行芯科技总部位于杭州，在上海拥有研发中心，由几位归国博士创立，致力于集成电路设计后端的功耗分析EDA工具的研发和国产迭代。目前已经有内部演示产品，计划对数字和模拟集成电路的动态功耗分析、电源完整性、电迁徙、电压降等电源网络上的可靠性问题提供国产EDA分析工具。对于时序、功耗、可靠性进行分析是芯片制造前的必要检查环节，也是保证芯片“品质”的基石。如果不能对这些电气特性进行有效和可信的分析，所设计出的芯片可能会存在过热、功耗过高以及稳定性不足等问题，尤其是在现代集成电路已进入到纳米级工艺时，这些仿真的重要性会进一步凸显。

（9）芯禾科技。

芯禾科技总部位于苏州，在苏州和上海均有研发团队和市场服务团队。芯禾科技成立于2010年，至今已有逾10年的技术和市场积累，主要从事射频集成电路、封装与无源器件的EDA工具与设计流程开发，主要针对高频/射频等集成电路与PCB的高速仿真解决方案，如S参数的处理与分析、传输线和电缆的高频建模、射频芯片的电感提取、封装模型的高速仿真的EDA工具，同时承接SIP的设计服务。由此可见，芯禾科技的EDA工具虽然也是面向模拟仿真，但也有自己的特色。对于射频集成电路这类“特定的模拟电路”，其仿真方法和设计方法却有所不同。芯禾科技的产品很好地弥补了国内空白。

(10) 武汉九同方。

武汉九同方是一家位于湖北的国产EDA公司，其正在研发的教学类EDA工具主要集中在模拟和定制集成电路的前端晶体管仿真，同时也覆盖高频和射频集成电路前端频域仿真工具，目前能够提供包括原理图输入、晶体管仿真、电磁场仿真的EDA工具以及无源器件的建模等，其主要客户群体为高校在校学生，湖北本地多所高校都已经导入了九同方的教学软件EDA平台，并且该公司在高校竞赛中表现活跃。

(11) 杭州广立微。

杭州广立微成立于2003年，是大陆较早期进入芯片成品率与良率分析EDA工具领域的国产EDA公司，经过十多年的技术积累与产品开发，目前能够提供基于芯片测试所需要的软、硬件产品和系统，为业界提供芯片测试解决方案，并且为测试数据提供分析和定位服务，对于提升芯片的成品率、降低芯片成本及提供芯片的市场竞争力有很大帮助。广立微目前的产品可以覆盖测试图形生成、芯片测试、数据提取与分析的多个封测阶段的EDA工具。

2. 可编程逻辑器件发展概况

当今社会是数字化社会，数字集成电路应用非常广泛，其发展从电子管、晶体管、SSI、MSI、LSI、VLSI到超大规模集成电路（ULSI）和超位集成电路(GSI)，其规模几乎平均每两年翻一番。集成电路的发展大大促进了EDA技术的发展，先进的EDA已从传统的“自下而上”的设计方法改变为“自上而下”的设计方法。

ASIC是专用系统集成电路，是一种带有逻辑处理功能的加速处理器。简单地说，ASIC就是用硬件逻辑电路实现软件的功能。使用ASIC可把一些原来由CPU完成的通用工作用专用的硬件实现，从而在性能上获得突破性的提高。

现代ASIC的设计与制造，已不再完全由半导体厂商独立承担，系统设计师在实验室就可以设计出合适的ASIC芯片，并且立即投入实际应用中，这都得益于可编程逻辑器件（Programmable Logic Device，PLD）的出现。现在应用最广泛的PLD主要是现场可编程门阵列（Field Programmable Gate Array，

FPGA）和复杂可编程逻辑器件（Complex Programmable Logic Device，CPLD）。ASIC是专门为某一应用领域或某一专用用户需要而设计制造的LSI或VLSI电路，具有体积小、重量轻、功耗低、高性能、高可靠性和高保密性等优点。ASIC的分类如图6.3所示。

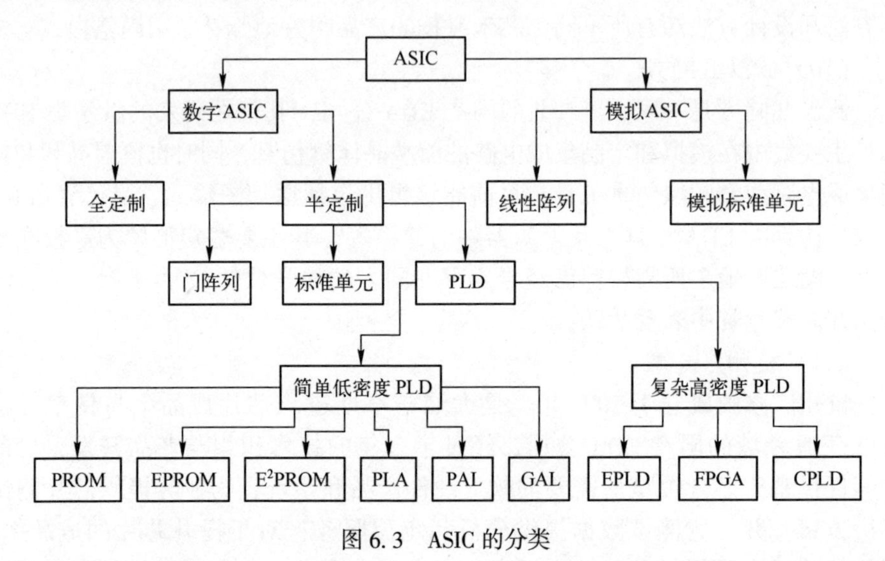

图6.3　ASIC的分类

1）模拟ASIC

除目前传统的运算放大器、功率放大器等电路外，模拟ASIC由线性阵列和模拟标准单元组成。与数字ASIC相比，它的发展还相当缓慢，其原因是模拟电路的频带宽度、精度、增益和动态范围等暂时还没有一个最佳的办法加以描述和控制。但模拟ASIC可减少芯片面积，提高性能，降低费用，扩大功能，降低功耗，提高可靠性，缩短开发周期，因此其发展也势在必行。科学的发展要求系统具有高精度、宽频带、大动态范围的增益和频带实时可变等性能，因此在技术上要求采用数字和模拟混合的ASIC，以提高整个电子系统的可靠性。目前，生产厂家可提供由线性阵列和标准单元构成的运算放大器、比较器、振荡器、无源器件和开关电容滤波器等产品，对标准单元的简单修改仅需几小时，新单元设计只需几天，同电路相匹配的最佳电阻、电容值在几小时内即可获得，并且阵列的使用率可达100%。

2）数字ASIC

（1）全定制ASIC。

全定制ASIC的各层掩膜都是按特定电路功能专门制造的，设计人员从晶体管的版图尺寸、位置和互连线开始设计，以达到芯片面积高利用率、速度快、低功耗的最优化性能。设计全定制 ASIC，不仅要求设计人员具有丰富的半导体材料和工艺技术知识，还要具有完整的系统和电路设计的工程经验。全定制 ASIC 的设计费用高、周期长，比较适用于大批量的 ASIC 产品，如彩电中的专用芯片等。

（2）半定制 ASIC。

半定制 ASIC 是一种约束型设计方法，它是在芯片上制作一些具有通用性的单元元件和元件组的半成品硬件，用户仅需考虑电路逻辑功能和各功能模块之间的合理连接即可。这种设计方法灵活方便，性价比高，缩短了设计周期，提高了成品率。半定制 ASIC 包括门阵列、标准单元和可编程逻辑器件 3 种。

① 门阵列是按传统阵列和组合阵列在硅片上制成具有标准逻辑门的形式，它是不封装的半成品，生产厂家可根据用户要求，在掩膜中制作出互连的图案（码点），最后封装为成品提供给用户。

② 标准单元是由 IC 厂家将预先设置好、经过测试且具有一定功能的逻辑块作为标准单元存储在数据库中，包括标准的 TTL、CMOS、存储器、微处理器及 I/O 电路的专用单元阵列。设计人员在电路设计完成后，利用 CAD 工具在版图一级完成与电路一一对应的最终设计。标准单元设计灵活、功能强，但设计和制造周期较长，开发费用也较高。

③ 可编程逻辑器件（PLD）是 ASIC 的一个重要分支，是厂家作为一种通用性器件生产的半定制电路，用户可通过对器件编程实现所需要的逻辑功能。PLD 是用户可配置的逻辑器件，它的成本比较低，使用灵活，设计周期短，而且可靠性高，风险小，因而很快得到普遍应用，发展非常迅速。

PLD 从 20 世纪 70 年代发展到现在，已形成了许多类型的产品，其结构、工艺、集成度、速度和性能都在不断改进和提高。PLD 又可分为简单低密度 PLD 和复杂高密度 PLD。最早的 PLD 是 1970 年制成的可编程只读存储器（Programmable Read Only Memory，PROM），它由固定的与阵列和可编程的或阵列组成。PROM 采用熔丝工艺编程，只能写一次，不能擦除和重写。随着技术的发展，此后又出现了紫外线可擦除只读存储器、电可擦除只读存储器，由于其价格低、易于编程、速度低，适合于存储函数和数据表格，因此主要用作存储器。典型的 EPROM 有 2716、2732 等。

可编程逻辑阵列（Programmable Logic Array，PLA）于 20 世纪 70 年代中期出现，它由可编程的与阵列和可编程的或阵列组成，但由于器件的资源利用率低、价格较贵、编程复杂、支持 PLA 的开发软件有一定难度，因而没有得到广泛应用。

可编程阵列逻辑（Programmable Array Logic，PAL）器件是1977年美国MMI公司（单片存储器公司）率先推出的，它由可编程的与阵列和固定的或阵列组成，采用熔丝编程方式，双极性工艺制造，器件的工作速度很高。由于它的输出结构种类很多，设计很灵活，因而成为第一种得到普遍应用的可编程逻辑器件，如PAL16L8。

通用阵列逻辑（Generic Array Logic，GAL）器件是1985年发明的可电擦写、可重复编程、可设置加密位的PLD。GAL在PAL基础上，采用了输出逻辑宏单元形式E^2CMOS工艺结构。具有代表性的GAL芯片有GAL16V8、GAL20V8，这两种GAL几乎能够仿真所有类型的PAL器件。在实际应用中，GAL器件对PAL器件仿真具有百分之百的兼容性，所以GAL几乎完全代替了PAL器件，并可以取代大部分SSI、MSI数字集成电路，如标准的54/74系列器件，因而获得广泛应用。

PAL和GAL都属于简单PLD，结构简单，设计灵活，对开发软件的要求低，但规模小，难以实现复杂的逻辑功能。随着技术的发展，简单PLD在集成密度和性能方面的局限性也暴露出来，其寄存器、I/O引脚、时钟资源的数目有限，没有内部互连，因此包括CPLD和FPGA在内的复杂PLD迅速发展起来，并向着高密度、高速度、低功耗以及结构体系更灵活、适用范围更宽广的方向发展。

可擦除可编程逻辑器件（Erasable PLD，EPLD）是20世纪80年代中期推出的基于UVEPROM和CMOS技术的PLD，后来发展到采用E^2CMOS工艺制作的PLD。EPLD基本逻辑单元是宏单元。

宏单元由可编程的与或阵列、可编程寄存器和可编程I/O这3部分组成。从某种意义上讲，EPLD是改进的GAL。它在GAL基础上大量增加输出宏单元的数目，提供更大的与阵列，灵活性较GAL有较大改善，集成密度大幅度提高，内部连线相对固定，延时小，有利于器件在高频率下工作，但内部互连能力十分弱。世界著名的半导体器件公司如Xilinx等均有EPLD产品，但结构差异较大。

复杂可编程逻辑器件（Complex PLD，CPLD）是在20世纪80年代末提出了在线可编程（In System Programmability，ISP）技术之后，于20世纪90年代初出现的。CPLD是在EPLD的基础上发展起来的，采用E^2CMOS工艺制作。与EPLD相比，CPLD增加了内部连线，对逻辑宏单元和I/O单元也有重大的改进。CPLD至少包含3种结构，即可编程逻辑宏单元、可编程I/O单元、可编程内部连线。部分CPLD器件内部还集成了单端口RAM、FIFO或双端口RAM等存储器，以适应信号处理应用设计的要求。其典型器件有Xilinx的

9500 系列和 AMD 的 MACH 系列。

现场可编程门阵列 FPGA 器件是 Xilinx 公司于 1985 年首先推出的，它是一种新型的高密度 PLD，采用 CMOS-SRAM 工艺制作。FPGA 的结构与门阵列 PLD 不同，其内部由许多独立的可编程逻辑模块（CLB）组成，逻辑块之间可以灵活地相互连接。FPGA 的结构一般分为三部分，即可编程逻辑模块、可编程 I/O 模块和可编程内部连线。CLB 的功能很强，不仅能够实现逻辑函数，还可以配置成 RAM 等复杂的形式。配置数据存放在片内的 SRAM 或者熔丝图上，基于 SRAM 的 FPGA 器件工作前需要从芯片外部加载配置数据。配置数据可以存储在片外的 E^2PROM 或者计算机上，设计人员可以控制加载过程，在现场修改器件的逻辑功能，即所谓现场可编程。FPGA 出现后受到电子设计工程师的普遍欢迎，发展十分迅速。Xilinx、紫光同创等公司提供了丰富的高性能的 FPGA 芯片。

世界各著名半导体器件公司，如 Xilinx、紫光同创等公司均可提供不同类型的 CPLD、FPGA 产品，如图 6.4 所示。众多公司的竞争促进了可编程集成电路技术的提高，使其性能不断改善，产品日益丰富，价格逐步下降。

图 6.4　紫光同创 Titanic 系列 FPGA 芯片

Altera 公司于 2004 年推出首款 MAX II 系列 CPLD，其采用 FPGA 内嵌 E^2PROM 的结构，既解决了 CPLD 内部逻辑资源有限，仅能处理简单逻辑的问题，又解决了 FPGA 需要由外部 E^2PROM 加载下载文件导致启动时间过长的缺陷，因而一经问世，便得到广泛应用。Xilinx 公司紧随其后，推出了类似的 Spartan 3AN 系列 CPLD；国内的紫光同创公司推出了 Compact 系列 CPLD 器件，同样具有非常优良的性能表现，如图 6.5 所示。

可以预计可编程逻辑器件将在结构、密度、功能、速度和性能等方面得到进一步发展，结合 EDA 技术，PLD 将在现代电子系统设计中得到非常广泛的应用。

图6.5 紫光同创 Compact 系列 CPLD 芯片

3. FPGA 的发展近况

1）国外发展状况

全球主要 FPGA 芯片生产厂商中，最被人们熟知的就是 Xilinx 和 Altera 两家巨头，紧排其后的是 Lattice 公司。

（1）自 Xilinx 的联合创始人 Ross Freeman 于 1984 年发明 FPGA 以来，这种极具灵活性的、动态可配置的产品就成为很多产品设计的首选。正是由于 FPGA 的存在，使某些具有挑战性的设计变得更为简单。随着时间的推移，FPGA 的作用愈发重要，诸多厂商也开始投入到 FPGA 的研发之中，国内公司也跃跃欲试，且已经出现了不少的 FPGA 生产厂家。

Xilinx 公司作为全球 FPGA 市场份额最大的公司，其发展动态往往也代表着整个 FPGA 行业的动态，Xilinx 每年都会在赛灵思开发者大会（XDF）上发布和提供一些新技术，很多 FPGA 领域的最新概念和应用往往也都是由 Xilinx 公司率先提出并实践，其高端系列的 FPGA 几乎达到了垄断的地位，是目前当之无愧的 FPGA 业界老大。2022 年 2 月 14 日，AMD 实现了对 Xilinx 的收购。

（2）Altera 公司于 1983 年成立于美国加州，是世界上“可编程芯片系统”（SOPC）解决方案倡导者，2004 年推出业内首款基于查找表结构的 CPLD 芯片——MAX II 系列 CPLD 产品。Altera 公司于 2015 年被 Intel 以 167 亿美元收购，其长期占全球 FPGA 市场份额的第二位。

（3）Lattice 公司以其低功耗产品著称，占全球 FPGA 市场份额的第三，苹果 7 手机内部搭载的 FPGA 芯片就是 Lattice 公司的产品。Lattice 公司是目前唯一一家在中国有研发部的外国 FPGA 厂商。

2）国内发展状况

国外 FPGA 三巨头占据 90%的全球市场，FPGA 市场呈现双寡头垄断格局，Xilinx 和 Altera 分别占据全球市场 56%和 31%，在中国的 FPGA 市场中，占比也分别高达 52%和 28%，而目前国内厂商高端产品在硬件性能指标上均与上面 3 家 FPGA 巨头的高端产品有较大差距，国产 FPGA 厂商暂时落后。

国产 FPGA 厂商目前在中国市场占比约 4%。国内 FPGA 厂商主要有紫光同创、高云半导体、上海复旦微电子。

（1）紫光同创。

深圳紫光同创电子有限公司（简称紫光同创），专业从事可编程系统平台芯片及其配套 EDA 开发工具的研发与销售，致力于为客户提供完善的、具有自主知识产权的可编程逻辑器件平台和系统解决方案。目前，紫光同创的 FPGA 有 3 个产品家族，即 Titan 家族高性能 FPGA、Logos 家族高性价比 FPGA 和 Compact 家族 CPLD 产品，覆盖通信、网络安全、工业控制、汽车电子、消费电子等应用领域，是国产 FPGA 里面产品线种类最齐全、覆盖范围最广的厂商。

紫光同创是国内最先推出自主知识产权 180K 逻辑规模器件的厂商。紫光同创已成功完成 13.1Gb/s 串行器流片测试验证，突破了高速串行器研发关键技术，已开始进行 32.75Gb/s 超高速串行器研发。

紫光同创凭借其性能领先、技术服务领先、稳定供货能力、丰富 IP 和解决方案，加上覆盖高、中、低端的各类 FPGA 产品，后续将持续完善 55nm、40nm、28nm 产品系列，完成国内中、低端 FPGA 国产化目标，并且将进一步加快新工艺、新技术的研究和突破，推出更高端的产品，满足国内高、中、低端全系列产品国产化需求。

（2）高云半导体。

广东高云半导体科技股份有限公司成立于 2014 年 1 月，总部位于广州黄埔区科学城总部经济区，是一家拥有百分百独立自主知识产权，致力于可编程逻辑芯片（FPGA）产品的国产化，提供集设计、软件、IP 核、参考设计、开发板、定制服务等一体化完整解决方案的国家高新技术企业。高云半导体从市场产品性能差异化和需求出发，研发出系列极具市场竞争力的产品，目前已经完成 55nm 制程了 FPGA 13 个种类 100 多款封装产品的研发和量产，2022 年推出 22nm 产品系列。2015 年、2016 年高云连续两年被 EETIME 评为全球最值得关注的 60 家初创企业之一，2017 年通过了 ISO 9001 质量管理体系认证，通过国家高新技术企业认定，2018 年获得中国 IC 设计成就奖——“五大最具潜力 IC 设计公司奖”，2019 年中国 IC 设计成就奖年度最佳 FPGA/处理器 GW1NS2-QN32，2019—2021 年连续 3 年入选广州市“未来独角兽”及“高精尖企业”名录，2020 年 1 月获 2020 亚太智能可穿戴设备行业大奖——“GW1NRF-2020 年度产品创新设计奖”，2020 年 6 月产品再获 2020 年度中国 IC 设计成就奖年度最佳 FPGA/处理器 GW1NRF-LV4B-QFN48。2020 年 11 月获 2020 年硬核中国芯最佳国产 EDA 产品奖——高云云源软件逻辑综合工具 GowinSynthesis1.9.6，专利“非易失性FPGA片上数据流文件的保密系统及解密方法”获第七届广东专利优秀奖。2021年4月获得中国IC设计成就奖——“最具潜力IC设计公司奖”，2022年8月GW2A-LV18PG256A6荣获汽车级FPGA芯片中国半导体汽车市场最佳产品奖。

高云半导体目前已经初步建立了全球销售网络，在深圳、香港、硅谷、英国均设立了销售中心，产品已经成功应用于通信、工业、汽车电子、消费电子等领域，并初步出口至美国、欧洲、韩国、日本、印度等多个国家和地区。目前已有多款芯片完成车规认证，汽车级芯片出货量超过200万片，如图6.6所示。

图6.6　高云半导体公司晨熙“二代”系列FPGA芯片

（3）上海复旦微电子。

上海复旦微电子集团股份有限公司（以下简称复旦微电子）于1998年7月16日由复旦大学“专用集成电路与系统国家重点实验室”、上海商业投资公司出资成立，是一家从事超大规模集成电路的设计、开发、测试，并为客户提供系统解决方案的专业公司。公司现已形成了可编程逻辑器件、安全与识别、非挥发存储器（NVM）、智能电表、专用模拟电路五大产品和技术发展系列，是国内从事超大规模集成电路的设计、开发和提供系统解决方案的专业公司。

复旦微电子的产品已行销30多个国家和地区。可编程逻辑器件产品在工业控制、信号处理、智能计算等领域得到了国内广大客户的广泛关注，在28nm工艺FPGA与PSOC的研发上居于国内第一梯队。

复旦微电子开发的具有自主知识产权的核心MCU控制芯片，打破长期以来的国外垄断；非挥发存储器芯片产品线全面覆盖E^2PROM、Flash存储器系列，E^2PROM市场份额占国内第一，高可靠性Flash存储器独具特色；专用模拟电路中漏电保护芯片种类齐全、性能优越，是国内最具优势的供应商；同时，复旦微电子针对高可靠应用提供多种产品和解决方案。

6.1.2　可编程逻辑器件设计流程简介

1. 基本设计方法

1）传统系统硬件电路设计方法

在 EDA 技术出现以前，人们采用传统的硬件电路设计方法来设计系统。传统的硬件电路采用自下而上的设计方法。其主要步骤是：根据系统对硬件的要求，详细编制技术规格书，并画出系统控制流图；然后根据技术规格书和系统控制流图对系统的功能进行细化，合理地划分功能模块，并画出系统功能框图；接着进行各功能模块的细化和电路设计；各功能模块电路设计调试完毕以后，将各功能模块的硬件电路连接起来，再进行系统调试；最后完成整个系统的硬件电路设计。例如，一个系统中，一个功能模块是一个十进制计数器，设计的第一步是选择逻辑元器件，由数字电路的知识可知，可以用与非门、或非门、D 触发器、JK 触发器等基本逻辑元器件来构成一个计数器。设计人员根据电路尽可能简单，价格合理，购买和使用方便及各自的习惯来选择元器件。第二步是进行电路设计，画出状态转移图，写出触发器的真值表，按逻辑函数将元器件连接起来，这样计数器模块就设计完成了。系统的其他模块也照此方法进行设计，在所有硬件模块设计完成后，再将各模块连接起来进行调试，如有问题则进行局部修改，直至系统调试完毕。

从上述过程可以看到，系统硬件的设计是从选择具体逻辑元器件开始的，并用这些元器件进行逻辑电路设计，完成系统各独立功能模块设计，然后再将各功能模块连接起来，完成整个系统的硬件设计。上述过程从最底层设计开始，到最高层设计完毕，故将这种设计方法称为自下而上的设计方法。

传统自下而上的硬件电路设计方法主要特征如下。

（1）采用通用的逻辑元器件。设计者根据需要，选择市场上能买得到的元器件，如 54/74 系列，来构成所需要的逻辑电路。随着微处理器的出现，系统的部分硬件电路功能可以用软件来实现，在很大程度上简化了系统硬件电路的设计。但是，选择通用的元器件来构成系统硬件电路的方法并未改变。在系统硬件设计的后期进行仿真和调试。系统硬件设计好以后才能进行仿真和调试，进行仿真和调试的仪器一般为系统仿真器、逻辑分析仪和示波器等。由于系统设计时存在的问题只有在后期才能较容易发现，一旦考虑不周，系统设计存在缺陷，就需重新设计系统，使设计费用和周期大大增加。

（2）主要设计文件是电路原理图。在设计调试完毕后，形成的硬件设计文件主要是由若干张电路原理图构成的。在电路原理图中详细标注了各逻辑元器件的名称和相互间的信号连接关系。该文件是用户使用和维护系统的依据。如果是小系统，这种电路原理图只要几十张、几百张就行了，但是，如果系统很复杂，就可能需要几千张、几万张甚至几十万张。如此多的电路原理图给归档、阅读、修改和使用都带来了极大的不便。传统的自下而上的硬件电路设计方法已经沿用了几十年，随着计算机技术、大规模集成电路技术的发展，这种设计方法已落后于当今技术的发展。因此，一种崭新的自上而下的设计方法随之兴起，它为硬件电路设计带来一次重大的变革。

2）新兴的EDA硬件电路设计方法

20世纪80年代初，在硬件电路设计中开始采用CAD技术，最初仅仅是利用计算机软件来实现印制板的布线，随之慢慢实现了插件板级规模电子电路的设计与仿真。

在此期间，最有代表性的设计工具是Tango和早期的ORCAD。它们的出现，使电子电路设计和印制板布线工艺实现了自动化，但还只能算自下而上的设计方法。随着大规模专用集成电路的开发和研制，为提高开发的效率和增加已有开发成果的可继承性以及缩短开发时间，各种新兴的EDA工具开始出现，特别是HDL语言的出现，使传统硬件电路设计方法发生了巨大的变革，新兴的EDA设计方法采用自上而下的设计方法。所谓自上而下的设计方法，就是从系统总体要求出发，自上而下地逐步将设计内容细化，最后完成系统硬件的整体设计。

各公司的EDA工具基本上都支持两种标准的HDL，分别是VHDL和Verilog HDL。利用HDL语言对系统硬件电路的自上而下设计一般分为3个层次，如图6.7所示。

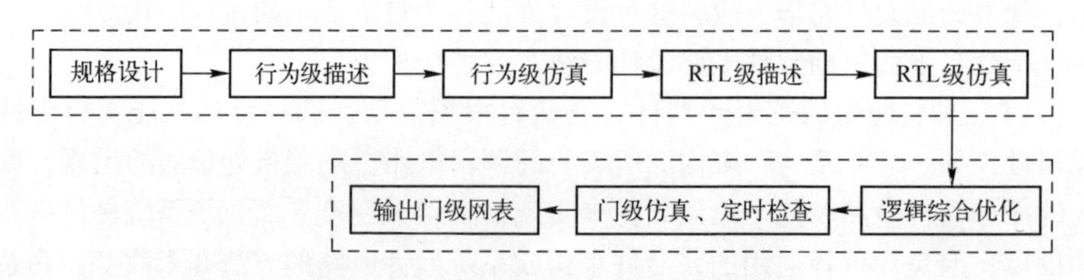

图6.7　自上而下设计系统硬件的过程

(1) 自上而下设计的层次。

① 第一层次为行为级描述，它是对整个系统的数学模型的描述。一般来说，对系统进行行为描述的目的是试图在系统设计的初始阶段，通过对系统行为描述的仿真来发现系统设计中存在的问题。在行为描述阶段，并不真正考虑

其实际的操作和算法用什么方法来实现，考虑更多的是系统的结构及其工作过程是否能达到系统设计规格书的要求，其设计与器件工艺无关。

② 第二层是寄存器传输级（RTL）描述。用第一层次行为描述的系统结构程序是很难直接映射到具体逻辑元件结构的，要想得到硬件的具体实现，必须将行为方式描述的 HDL 程序，针对某一特定的逻辑综合工具，采用 RTL 方式描述，然后导出系统的逻辑表达式，再用仿真工具对 RTL 方式描述的程序进行仿真。如果仿真通过，就可以利用逻辑综合工具进行综合。

③ 第三层是逻辑综合。利用逻辑综合工具，将 RTL 方式描述的程序转换成用基本逻辑元件表示的文件（门级网络表），也可将综合结果以逻辑原理图方式输出，也就是说，逻辑综合结果相当于在人工设计硬件电路时，根据系统要求画出的系统逻辑电路原理图。此后再对逻辑综合结果在门电路级上进行验证，并检查定时关系，如果满足要求，系统的硬件设计基本结束，如果在某一层上发现问题，就应返回上一层，寻找和修改相应的错误，然后再向下继续未完的工作。由逻辑综合工具产生门级网络表后，在最终完成硬件设计时，还可以有两种选择：一种是由自动布线程序将网络表转换成相应的 ASIC 芯片的制造工艺，实现定制 ASIC 芯片；第二种是将网络表转换成相应的 PLD 编程数据，利用 PLD 完成硬件电路的设计。

（2）EDA 自上而下设计方法的主要特点。

① 电路设计更趋合理。硬件设计人员在设计硬件电路时使用 PLD 器件，就可自行设计所需的专用功能模块，而无需受通用元器件的限制，从而使电路设计更趋合理，其体积和功耗也可大为缩小。

② 采用系统级仿真。在自上而下的设计过程中，每级都进行仿真，从而可以在系统设计早期发现设计存在的问题，这样就可以大大缩短系统的设计周期，降低费用。

③ 降低硬件电路设计难度。在使用传统的硬件电路设计方法时，往往要求设计人员在设计电路前写出该电路的逻辑表达式和真值表（或时序电路的状态表），然后进行化简。这项工作是相当困难和繁杂的，特别是在设计复杂系统时，工作量大且易出错，如采用 HDL 语言，就可避免编写逻辑表达式或真值表的过程，使设计难度大幅下降，从而也缩短了设计周期。

④ 主要设计文件是用 HDL 语言编写的源程序。在传统的硬件电路设计中，最后形成的主要文件是电路原理图，而采用 HDL 语言设计系统硬件电路时，主要的设计文件是用 HDL 语言编写的源程序。如果需要，也可将 HDL 语言编写的源程序转换成电路原理图形式输出。用 HDL 语言编写的源程序作为归档文件有很多好处：一是资料量小，便于保存；二是可继承性好，当设计其

他硬件电路时，可以使用文件中的源程序；三是阅读方便，阅读程序很容易看出某一硬件电路的工作原理和逻辑关系，而阅读电路原理图并推知其工作原理需要较多的硬件知识和经验。

2. 可编程逻辑器件设计流程

可编程逻辑器件的设计是指利用EDA开发软件和编程工具对器件进行开发的过程。可编程逻辑器件的设计流程如图6.8所示，它包括设计准备、设计输入、功能仿真、综合优化、布局布线、时序仿真和器件编程及测试等7个步骤。

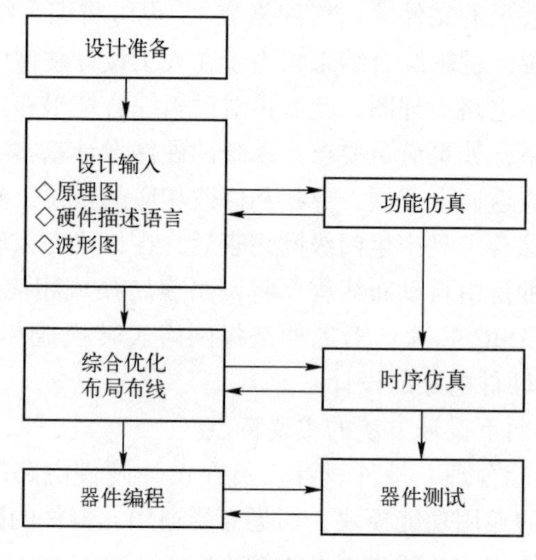

图6.8　可编程逻辑器件设计流程

1）设计准备

在系统设计之前，首先要进行方案论证、系统设计和器件选择等准备工作。设计人员根据任务要求，如系统的功能和复杂度，对工作速度和器件本身的资源、成本及连线等方面进行权衡，选择合适的设计方案和合适的器件类型。

2）设计输入

设计人员将所设计的系统或电路以开发软件要求的某种形式表示出来，并送入计算机的过程称为设计输入。设计输入通常有以下几种形式。

（1）原理图输入方式。

原理图输入方式是一种最直接的设计描述方式，要想设计什么就从软件系统提供的元件库中调出来，画出原理图，这样比较符合人们的习惯。这种方式要求设计人员有丰富的电路知识及对可编程逻辑器件的结构比较熟悉。其主要优点是容易实现仿真，便于信号观察和电路调整；缺点是效率低，特别是若产品有所改动，需要选用另一个公司的可编程逻辑器件时，就需要重新输入原理图。

(2) 硬件描述语言输入方式。

硬件描述语言是用文本方式描述设计。硬件描述语言主要有 VHDL 和 Verilog HDL 以及 System Verilog。其突出优点是：硬件描述语言与工艺的无关性，可使设计人员在系统设计、逻辑验证阶段便确立方案的可行性；硬件描述语言的公开可利用性，便于实现大规模系统的设计；硬件描述语言具有很强的逻辑描述和仿真功能，且输入效率高，在不同的设计输入库间的转换非常方便；可以在底层电路和可编程逻辑器件结构未知的情况下进行电路设计。

(3) 波形输入方式。

波形输入方式主要是建立和编辑波形设计文件，以及输入仿真向量和功能测试向量。波形设计输入适用于时序逻辑和有重复性的逻辑函数。系统软件可以根据用户定义的输入输出波形自动生成逻辑关系。波形编辑功能还允许设计人员对波形进行复制、剪切、粘贴、重复与伸展，从而可利用内部节点、触发器和状态机建立设计文件，并将波形进行组合，显示各种进制的状态值，也可以将一组波形重叠到另一组波形上，对两组仿真结果进行比较。

3) 功能仿真

功能仿真也叫前仿真。用户所设计的电路必须在编译之前进行逻辑功能验证，此时的仿真没有延时信息，因此称为功能仿真。仿真前，要先利用波形编辑器或硬件描述语言等建立波形文件和测试向量（即将所关心的输入信号组合成序列），仿真结果将会生成报告文件和输出信号波形，从中便可以观察到各个节点的信号变化。如果发现错误，则返回设计输入中修改逻辑设计。

4) 综合优化

综合优化是指将 HDL 语言、原理图输入等设计输入翻译成基本逻辑单元，并根据目标与要求（约束文件）优化所生成的逻辑连联（网表），最后输出 . edf 或 . edn 等标准格式的网表文件，供布局布线器进行实现。

5) 布局布线

布局布线工作是在上面的设计工作完成后由软件自动完成的，它以最优的方式对逻辑元件布局，并准确地实现元件间的互联。布局布线后软件自动生成报告，提供有关设计中各部分资源的使用情况等信息。

6) 时序仿真

时序仿真又称后仿真。由于不同器件的内部延时不一样，不同的布局布线方式对延时的影响也不同，因此在综合优化和布局布线以后，需要对系统和各模块进行时序仿真，分析其时序关系，估计设计的性能，以及检查和消除竞争冒险等设计风险。

7）器件编程及测试

时序仿真完成后，可对器件进行编程及测试。

器件编程需要满足一定的条件，如编程电压、编程时序和编程算法等。普通的EPLD/CPLD器件和一次性编程的FPGA需要专用的编程器完成器件的编程工作。基于SRAM的FPGA可以由EPROM或其他存储体进行配置。在线可编程PLD器件不需要专门的编程器，只需一根编程下载电缆即可。对于支持JTAG技术，具有边界扫描测试（Bindery Scan Testing，BST）能力和在线编程能力的器件来说，测试起来就更加方便。

6.2 可编程逻辑器件基本结构

复杂可编程逻辑器件（Complex Programable Logic Device，CPLD）和现场可编程门阵列（Field Programable Gate Array，FPGA）的功能基本相同，只是实现原理略有不同，所以有时可以忽略两者的区别，统称为可编程逻辑器件（PLD）。

CPLD/FPGA是电子设计领域中最具活力和发展前途的一项技术，它的影响丝毫不亚于20世纪70年代单片机的发明和使用。CPLD/FPGA能完成任何数字器件的功能，上至高性能CPU，下至简单的74系列电路，都可以用CPLD/FPGA来实现。CPLD/FPGA如同一张白纸或是一堆积木，工程师可以通过传统的原理图输入法或是硬件描述语言，自由地设计一个数字系统。通过软件仿真，可以事先验证设计的正确性。在PCB完成以后，还可以利用CPLD/FPGA的在线修改能力，随时修改设计而不必改动硬件电路。使用CPLD/FPGA来开发数字电路，可以大大缩短设计时间，减少PCB面积，提高系统的可靠性。CPLD的这些优点使CPLD/FPGA技术在20世纪90年代以后得到飞速发展，同时也大大推动了EDA软件和硬件描述语言的进步。

CPLD/FPGA产品一般分为基于乘积项技术的E^2PROM（或Flash）工艺的中小规模CPLD以及基于查找表技术的SRAM工艺的大规模FPGA。目前，CPLD也融合部分FPGA技术，出现了基于查找表技术，同时内嵌Flash的新式CPLD。基于E^2PROM工艺的CPLD密度小，多用于5000门以下的小规模设计，适合做复杂的组合逻辑，如译码电路等。基于查找表的新式CPLD在保留CPLD内嵌储存芯片的非易失性特点的同时，融合FPGA的架构模式，提供了更多的接口和更强的性能，是介于传统CPLD和FPGA之间的产品。基于

SRAM 工艺的 FPGA，密度高、触发器多，多用于 10000 门以上的大规模设计，适合做复杂的时序逻辑，如数字信号处理算法和各种接口时序等。

6.2.1　CPLD 的基本结构

1. 基于乘积项技术的传统 CPLD

传统 CPLD 基本上是基于乘积项技术的 E^2PROM（或 Flash）工艺结构。如 Xilinx 的 XC9500、Cool runner 系列等，以 XC9500 为例，其 CPLD 的总体结构如图 6.9 所示。

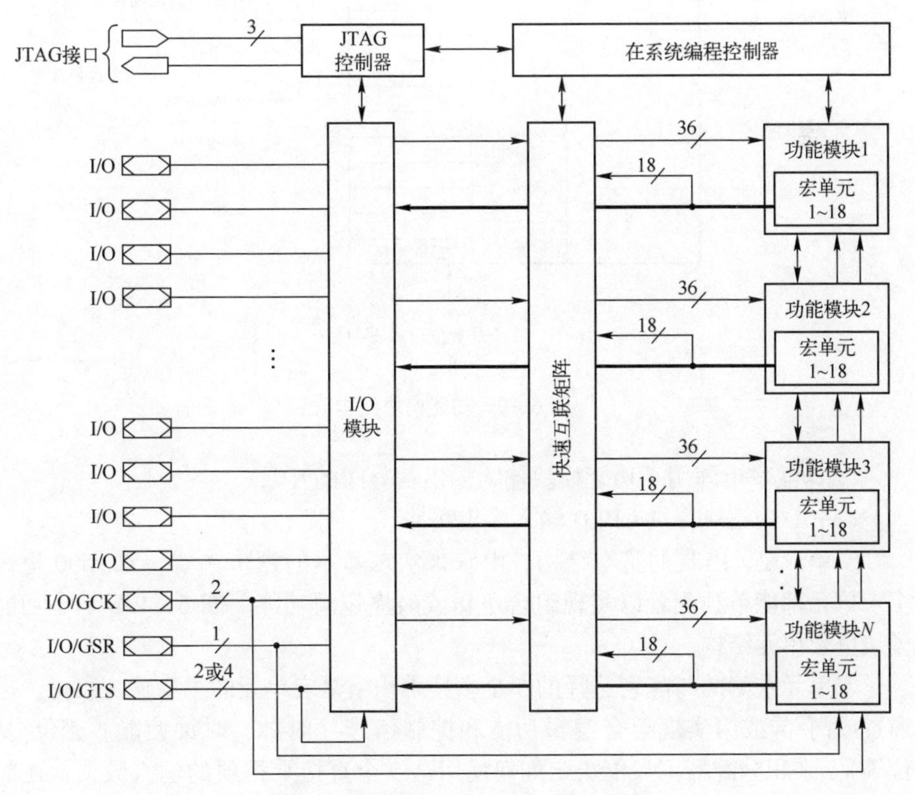

图 6.9　基于乘积项技术的 CPLD 结构

基于乘积项技术，E^2PROM（或 Flash）工艺的 CPLD 内部主要由功能模块、I/O 模块和互连矩阵等 3 部分构成。

（1）功能模块用于实现 CPLD 的可编程逻辑，且每个功能模块均由 18 个独立的宏单元构成，而独立的宏单元可以实现组合逻辑或时序逻辑的功能。功能模块还能接收全局时钟信号（global clock）、输出使能信号（output enable）

以及置位/复位信号（set/reset）。功能模块生成的18路输出信号，既可以直接驱动互联矩阵，也可以连同其相应的输出使能信号来驱动I/O模块。功能模块的内部结构如图6.10所示。

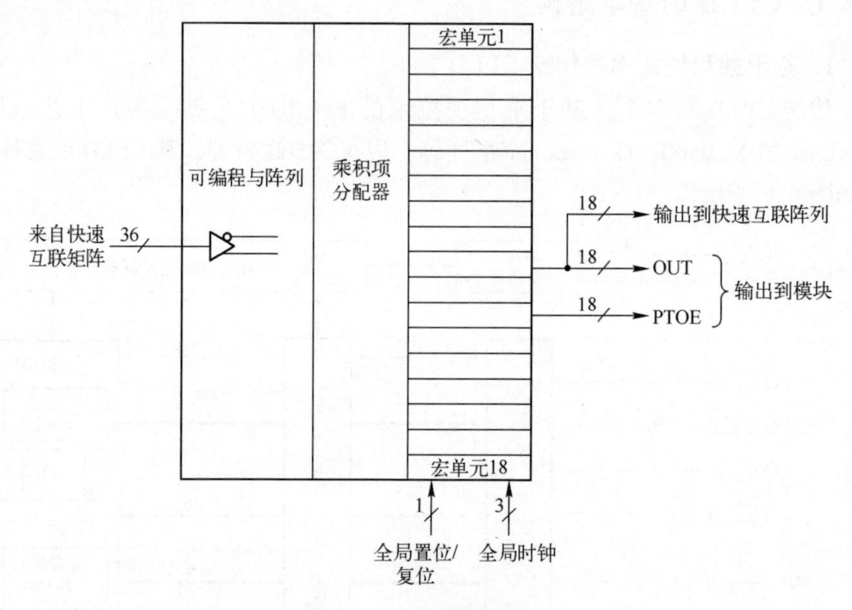

图6.10　功能模块结构

（2）互联矩阵用于功能模块输入输出信号间的互联。

（3）I/O模块提供CPLD输入输出缓冲。

宏单元是CPLD的基本结构，由它来实现基本的逻辑功能。XC9500里每个宏单元都能单独配置以实现组合逻辑或时序逻辑功能。图6.11显示了功能模块里宏单元结构。

宏单元左侧的与阵列选择的5个直接乘积项是宏单元的主要输入数据，再通过或门/异或门实现组合逻辑功能和控制信号（时钟、时钟使能、置位/复位等）。乘积分配器不仅能决定如何使用这5个直接乘积项的输入数据，还能对功能模块内的其他乘积项进行重新配置，从而增强单个宏单元的逻辑容量。

宏单元右侧的寄存器可以配置成D触发器、T触发器或被旁路实现组合逻辑。每个寄存器均支持异步复位和置位。在上电加载过程中，所有的用户寄存器均被初始化为用户定义的预加载状态（默认状态为0）。

宏单元可以使用所有的全局控制信号，这些全局控制信号包括时钟信号、置位/复位信号和输出使能信号。宏单元中寄存器的时钟来自全局时钟信号或乘积项时钟信号。

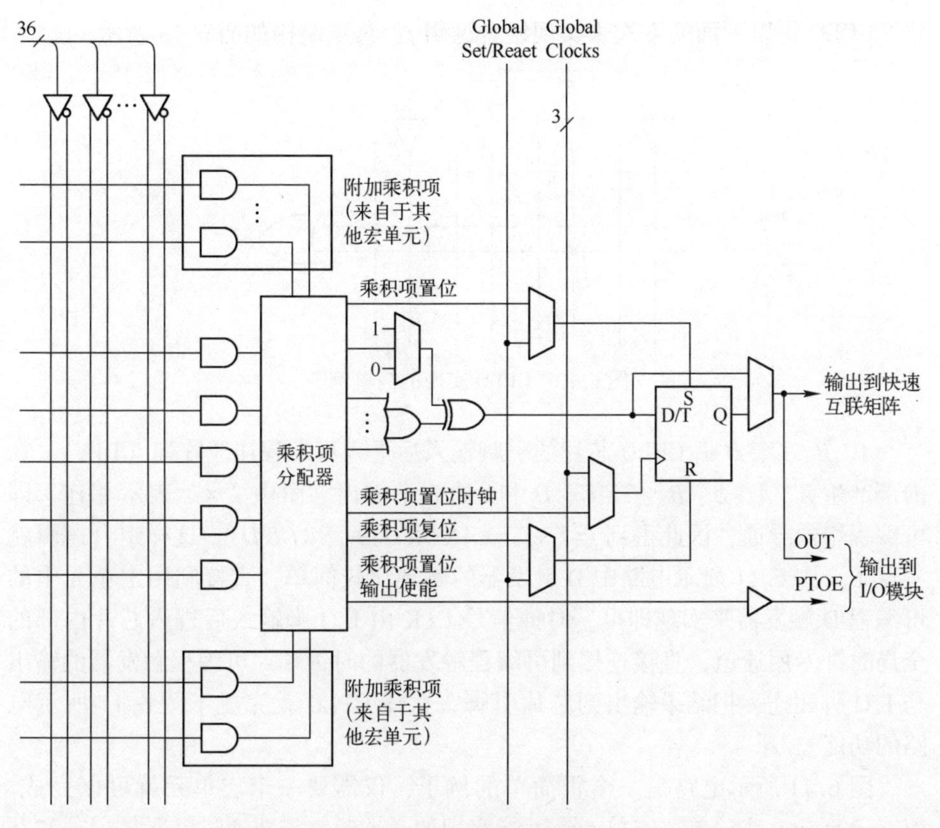

图6.11　宏单元结构

下面以一个简单的电路为例，具体说明CPLD是如何利用以上结构实现逻辑功能的，电路如图6.12所示。

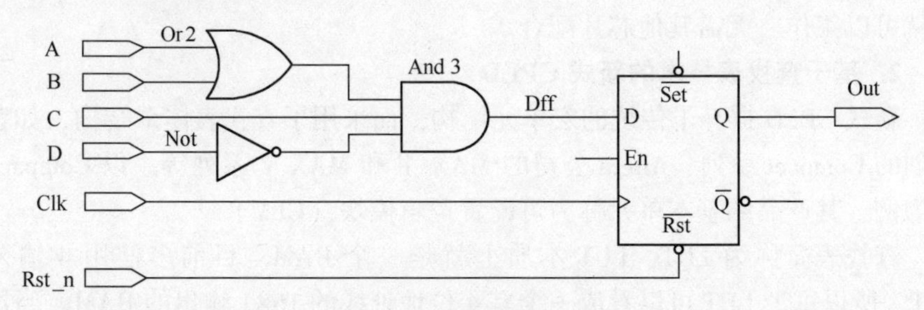

图6.12　简单的组合逻辑

假设组合逻辑的输出（AND3的输出）为f，则$f=(A\oplus B)\&C\&\overline{D}=A\&C\&\overline{D}\oplus B\&C\&\overline{D}$。

CPLD将以下面的方式来实现组合逻辑f，具体结构如图6.13所示。

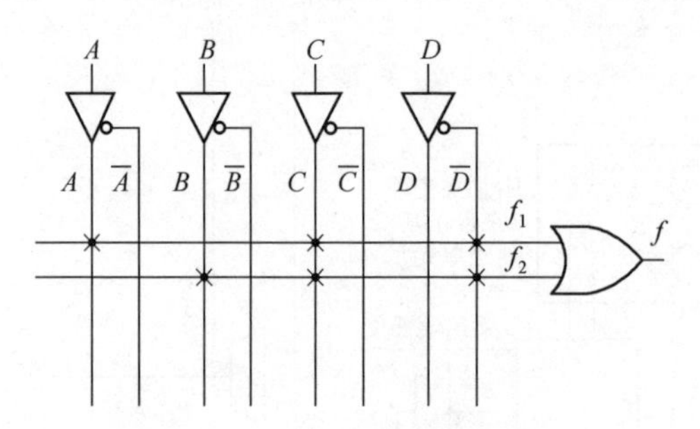

图6.13　CPLD实现的简单例子

A、B、C、D由CPLD芯片的引脚输入后进入可编程连线阵列（PIA），在内部产生A、$\overline{A}$、B、$\overline{B}$、C、$\overline{C}$、D和$\overline{D}$的8个输出。图中“×”表示相连，即可编程熔丝导通，因此得到$f=f_1+f_2=(A\&C\&\overline{D})+(B\&C\&\overline{D})$，这样组合逻辑就实现了。图6.11所示电路中D触发器的实现比较简单，直接利用宏单元中的可编程D触发器来实现即可。时钟信号CLK由I/O脚输入后进入芯片内部的全局时钟专用通道，直接连接到可编程触发器的时钟端。可编程触发器的输出与I/O脚相连，把结果输出到芯片引脚。这样CPLD就完成了图6.11所示电路的功能。

图6.11所示电路是一个很简单的例子，仅需要一个宏单元就可以完成。但对于复杂电路，单个宏单元是不能实现的，这时就需要通过并联扩展项和共享扩展项将多个宏单元相连，宏单元的输出也可以连接到可编程连线阵列，作为另一个宏单元的输入，这样CPLD就可以实现更复杂的逻辑功能。

这种基于乘积项的CPLD基本都是由E^2PROM或Flash工艺制造的，一上电就可以工作，无需其他芯片配合。

2. 基于查找表技术的新式CPLD

新式CPLD摒弃了传统的宏单元结构，而采用了查找表体系结构，如紫光同创的Compact系列、Altera公司的MAX Ⅱ和MAX V系列等。以Compact系列为例，其产品的基本单元称为可配置逻辑模块（CLM）。

查找表简称为LUT，LUT本质上就是一个RAM。目前多使用4输入的LUT，所以每个LUT可以看成一个有4位地址线的16×1输出的RAM。当用户通过原理图或HDL语言描述一个逻辑电路以后，CPLD/FPGA开发软件会自动计算逻辑电路的所有可能结果，并把结果事先写入RAM，这样每输入一个信号进行逻辑运算就等于输入一个地址进行查表，找出地址对应的内容后输出即可。对于一个LUT无法实现的电路逻辑，可通过进位逻辑将多个单元相连，这样 CPLD/FPGA 就可以实现复杂的逻辑。

表 6.1 是一个 4 输入与门的例子。

表 6.1　LUT 设计实例

实际逻辑电路		LUT 的实现方式	
a b c d 输出		a b c d 16×1 RAM (LUT) 输出	
a、b、c、d 输入	逻辑输出	地址线输入	RAM 中存储的内容
0000	0	0000	0
0001	0	0001	0
⋮	0	⋮	0
1111	1	1111	1

Compact 产品的 CLM 主要由多功能 LUT5、寄存器和扩展功能选择器组成，支持逻辑、算术、位移寄存器以及 ROM 功能。LUT5 即是在 4 输入的 LUT 基础上增加了一根地址线，变成了 5 输入的 LUT，可以组成 $2^5=32$ 种可能组合逻辑。CLM 具体逻辑框图如图 6.14 所示。

每个 CLM 包括 4 个 LUT5、6 个寄存器、多个扩展功能选择器以及 4 条独立的级联链。此外，在 LUT5 的基础上集成了专用电路，以实现 4:1 多路选择器功能和快速算术进位逻辑。

同样以图 6.12 所示电路为例，具体说明基于 LUT 的新式 CPLD 是如何利用以上结构实现逻辑功能的。A、B、C、D 由 CPLD 芯片的引脚输入后进入连线，作为地址线连到 LUT，LUT 中已经提前写入了所有可能的逻辑结果，通过地址查找到相应的数据后输出，就实现了组合逻辑。该电路中 D 触发器是直接利用 LUT 后面 D 触发器来实现。时钟信号 CLK 由 I/O 脚输入后进入芯片内部的时钟专用通道，直接连接到触发器的时钟端。触发器的输出与 I/O 脚相连，把结果输出到芯片引脚，CPLD 就可以实现逻辑功能。

3. 两种 CPLD 的区别

传统 CPLD 基于乘积项实现逻辑功能，优点在于实现简单、逻辑速度较快且可以预测管脚间的时间延迟；缺点是随着逻辑的增加，内部布线复杂性大大提高，功耗也随之上升。

新式 CPLD 使用 LUT 代替宏单元，采用新架构、新制程，在保持低成本和掉电非易失性特点的同时集成度提高，有着更多的资源和更强的性能。

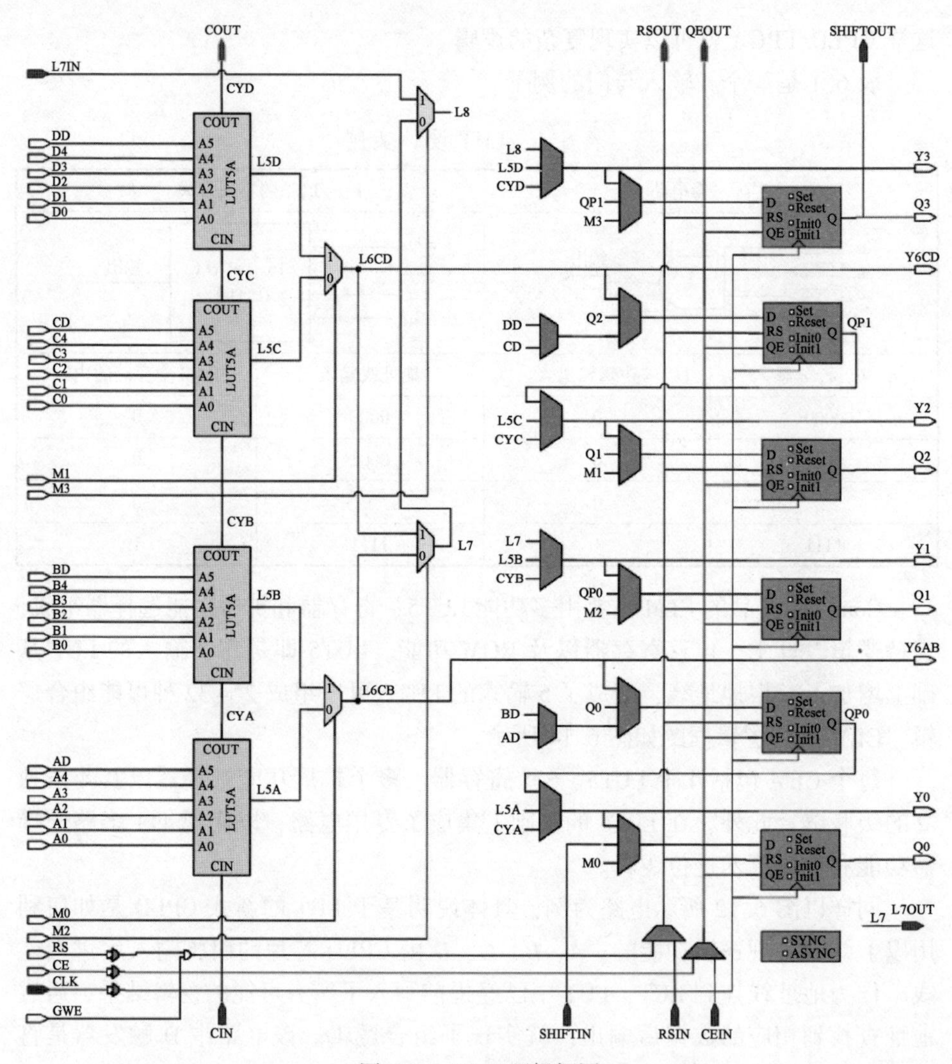

图 6.14　CLM 逻辑框图

6.2.2　FPGA 的基本结构

1. 基于查找表结构的 FPGA

基于查找表技术以及 SRAM 工艺的 FPGA，由于 SRAM 工艺的特点，掉电后数据会消失，因此调试期间可以用下载电缆配置 FPGA 器件，调试完成后，需要将数据固化在一个专用的 E^2PROM 中（用通用编程器烧写，也可以用电缆直接改写），上电时，由这片配置 E^2PROM 先对 FPGA 加载数据，十几到几百毫秒后，FPGA 即可正常工作（也可由 CPU 配置 FPGA）。但 SRAM 工艺的 FPGA 一般不可直接加密。

下面以紫光同创公司的 Logos 系列为例介绍 FPGA，其内部结构如图 6.15 所示。

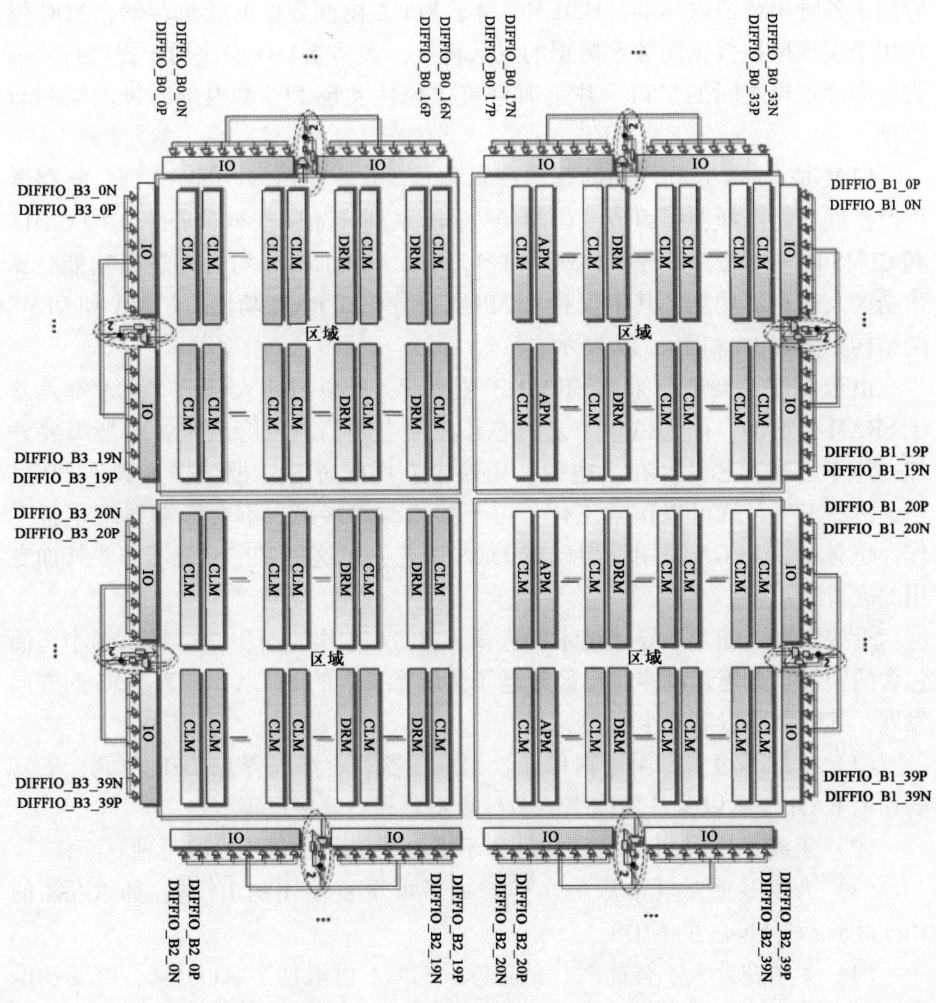

图 6.15　Logos 系列 FPGA 基本结构

Logos 系列产品包含创新的可配置逻辑单元（Configurable Logic Module，CLM）、专用的 18Kb 存储单元（Dedicated RAM Module，DRM）、算术处理单元（Arithmetic Process Module，APM）、高速串行接口模块（HighSpeed Serial Transceiver，HSST）、多功能 I/O 以及丰富的片上时钟资源模块等，并集成了

存储控制器（Hard Memory Controller，HMEMC）、模/数转换模块（Analog-to-Digital Converter，ADC）等硬核资源。其中，CLM模块用于实现FPGA的大部分逻辑功能，DRM模块为芯片提供丰富的RAM资源，APM模块用于提供高效的数字信号处理能力，HSST模块集成了丰富的物理编码子层功能，可灵活应用于各种串行协议标准，HMEMC用于FPGA内部数据的随机存储，ADC模块用于实现模拟数据向数字数据的灵活转换，多功能I/O模块用于提供封装引脚与内部逻辑之间的接口，片上时钟资源模块实现FPGA内部时钟的控制与管理。

CLM是Logos系列产品的基本逻辑单元，它主要由多功能LUT5、寄存器以及扩展功能选择器等组成。CLM在Titan系列产品中按列分布，支持CLMA和CLMS两种形态，其分布比例为3∶1。CLMA和CLMS均支持逻辑功能、算术功能及寄存器功能，其中仅有CLMS支持分布式RAM功能，CLMA和CLMS的结构如图6.16和图6.17所示。

由于LUT主要适合采用SRAM工艺生产，所以目前大部分FPGA都是基于SRAM工艺的，而SRAM工艺的芯片在掉电后信息就会丢失，一般需要外加一片专用配置芯片，在上电时，由这个专用配置芯片把数据加载到FPGA中，然后FPGA就可以正常工作，由于配置时间很短，不会影响系统正常工作。也有少数FPGA采用反熔丝或Flash工艺，对这种FPGA就不需要外加专用的配置芯片了。

近些年来，随着半导体技术的进步，FPGA芯片的面积做得越来越小，而包含的硬件资源越来越多，已经超越了传统意义上的FPGA，向着SOC的方向发展，其特点有以下几个：

（1）添加了很多专用逻辑单元，如乘法器、定点与浮点DSP单元、丰富的片上RAM资源以及各种速率的串行收发器和物理接口等。

（2）集成了片内Flash的FPGA，不需要外部配置芯片，即可独立工作。

（3）为很多重要且常用的功能添加了可重复使用的IP核，如Xilinx的MicroBlaze和Altera的NIOS。

（4）为了迎合人工智能时代的需求，FPGA也添加了AI引擎、可变精度的DSP等。

（5）定义了很多标准化的数据传输协议，如Serdes、SPI4.2、以太网MAC等，方便不同设计和模块之间的互联与通信。

（6）FPGA的开发具有很强的便利性和易用性，亚马孙的云服务部门利用这一特性推出了FPGA的云计算实例，使开发者能够充分利用最先进的FPGA开发工具和器件。

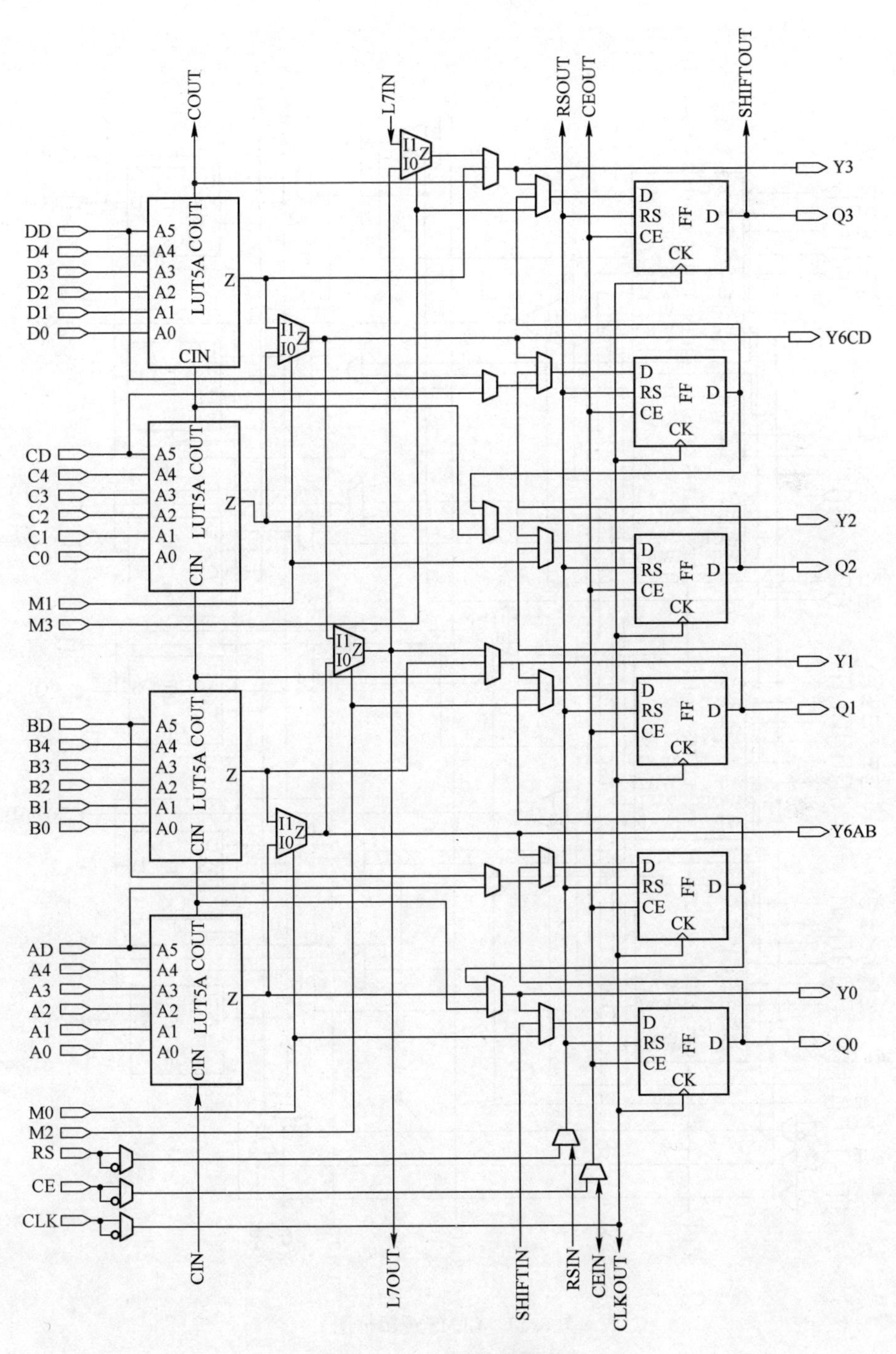

图 6.16　CLMA 逻辑框图

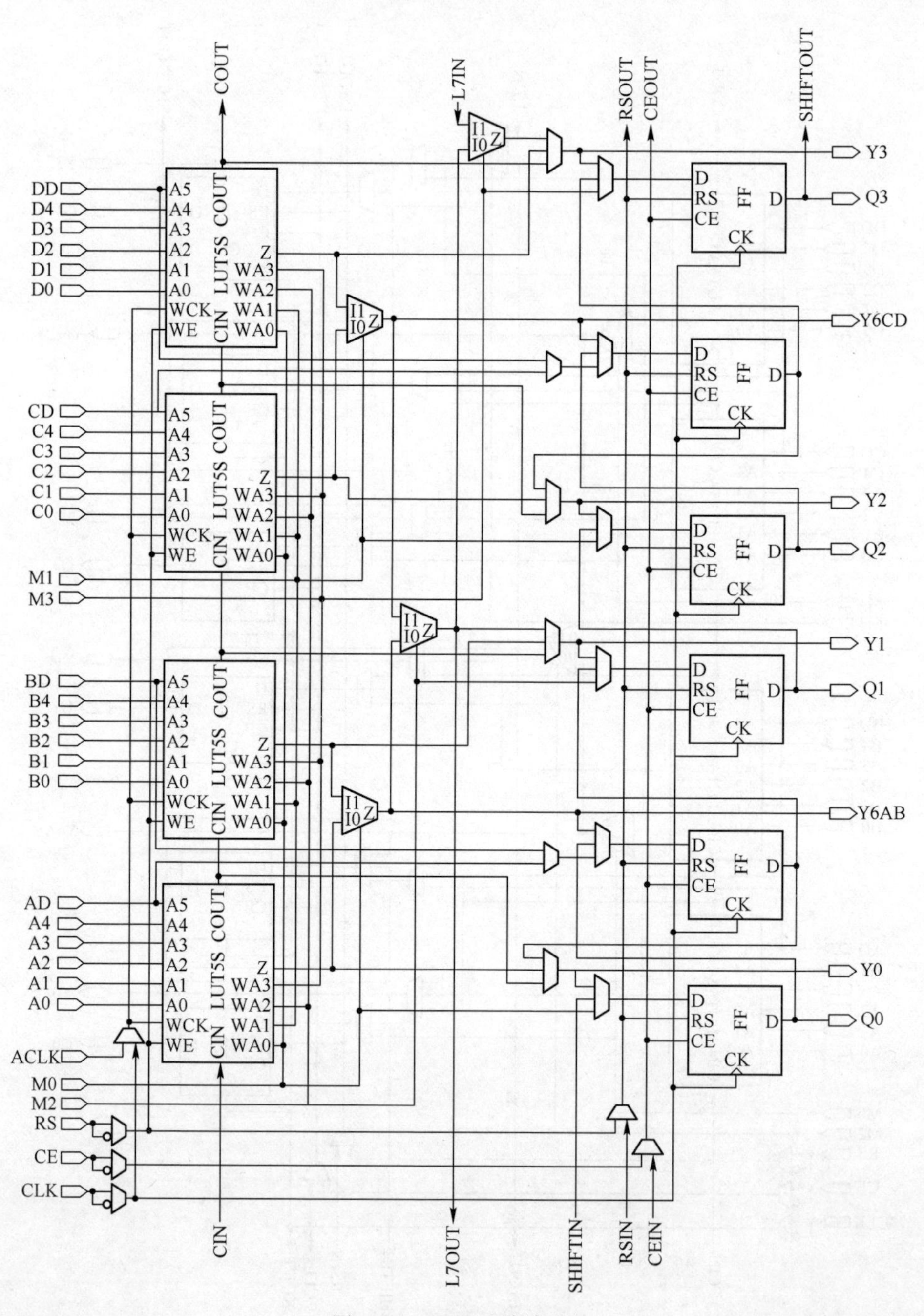

图 6.17　CLMS 逻辑框图

2. 基于反熔丝技术的 FPGA

基于反熔丝（Anti-fuse）技术的 FPGA，如 Actel、Quicklogic 的部分产品就采用这种工艺。这种 FPGA 不能重复擦写，如需改变功能，需要使用专用编程器，所以开发过程比较麻烦，费用也比较高昂。但反熔丝技术也有许多优点：布线能力更强，系统速度更快，功耗更低，同时抗辐射能力强，耐高低温，可以加密，所以在一些有特殊要求的领域中运用较多，如军事及航空航天。为了解决反熔丝 FPGA 不可重复擦写的问题，Actel 等公司在 20 世纪 90 年代中后期开发了基于 Flash 技术的 FPGA，如 ProASIC 系列，这种 FPGA 不需要配置，数据直接保存在 FPGA 芯片中，用户可以改写（但需要十几伏的高电压）。

6.3　可编程逻辑器件发展趋势

可编程逻辑器件经过几十年的发展，目前基本功能已十分完善，其未来发展趋势除了不断扩大逻辑资源规模以外，还有两个主要发展方向：

（1）嵌入更多的 IP 硬核资源；

（2）丰富更为完善的 IP 软核资源。

6.3.1　IP 硬核资源

1. IP 硬核资源简介

FPGA 的 IP 硬核是指在 FPGA 内部，除了可编程逻辑资源以外，可以实现某种特定电路功能或接口的具有一定知识产权的硬件功能模块（或者称之为硬件资源），如 PCIe 总线接口、硬件乘法器等。

用户只需直接调用由 IP 硬核生成的模块，即可实现所需的电路功能，目前，FPGA 内部嵌入了丰富的硬件资源，包括乘法器（DSP）资源、高速收发器（GTP/GTX）资源、以太网 MAC 资源、嵌入式处理器（PowerPC）资源、时钟及锁相环资源、存储器（BRAM）资源等，甚至有些最新推出的 FPGA 芯片中嵌入了 ARM 资源，将传统的 FPGA 演变成了 ARM+FPGA 的扩展开发平台。这些嵌入的硬件资源极大地增强了传统 FPGA 的功能，提升了 FPGA 的工作效率和灵活性，使一块 FPGA 平台就可适用于多种产品，进行各种扩展。开发者只需要掌握 Verilog HDL 等硬件描述语言和嵌入式系统开发的相关知识，就可对整个系统进行编程和控制。表 6.2 介绍了紫光同创 Titan-2 系列 FPGA 的嵌入式硬核资源。

表6.2 Titan-2系列嵌入式硬核资源

FPGA型号	PG2T70H	PG2T160H	PG2T390HX
分布式RAM/Kb	843.75	2187	4712
块RAM/Kb	4860	12600	17280
APM 25×18	240	600	840
PCIE Gen3x8	0	1	1
PCIE Gen2x8	1	0	0
HSST（13.125Gb/s）	8	8	16

2. 紫光同创公司IP硬核介绍

下面介绍紫光同创FPGA嵌入式IP硬核资源，即乘累加器、分布式单端口RAM和高性能高速串行收发器HSSTHP。

1）乘累加器

乘累加器（Logos Multiply-Accumulator）是基于APM的乘法器，支持a、b两个输入，Multiply-Accumulator IP支持a、b两个输入口，支持范围在36×36以内的数据位宽模式，支持SIGNED、UNSIGNED数据。

输入：　a、b

乘累加：　$p=p+/-a*b$

乘累加器IP特性如下：

（1）乘累加器可以配置为输入数据位宽不大于9×9的乘累加运算，p可选为24bit或者48bit。

（2）乘累加器可以配置为输入数据位宽不大于18×18的乘累加运算，p为96bit。

（3）乘累加器可以配置为输入数据位宽不大于36×18的乘累加运算，p为66bit。

（4）乘累加器可以配置为输入数据位宽不大于36×36的乘累加运算，p为84bit。

（5）支持有符号数和无符号数。

（6）支持动、静态累加累减。

（7）支持同步复位、异步复位。

（8）可选2级流水寄存器。

（9）值可预置。

图6.18所示为乘累加模式应用示意图。

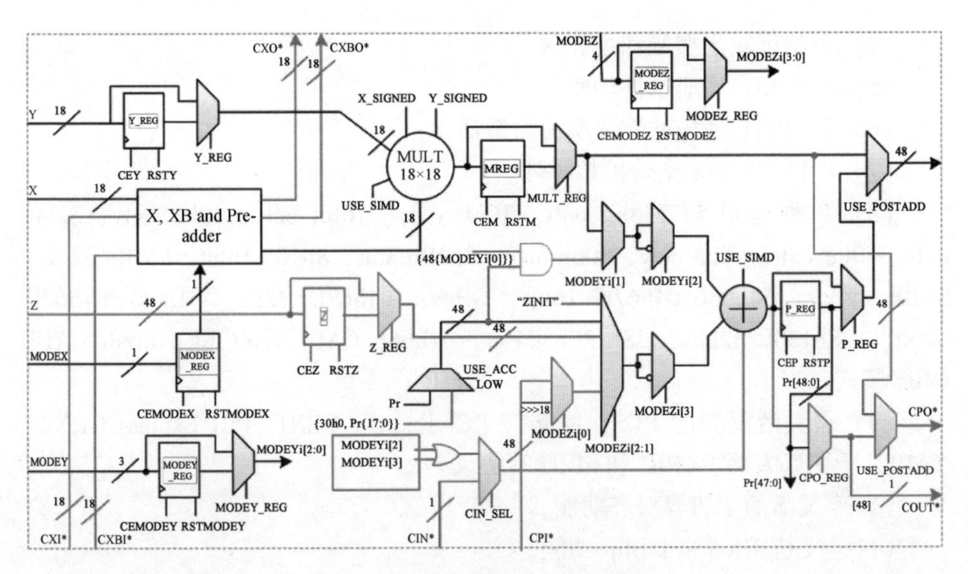

图 6.18 乘累加模式应用示意图

2）分布式单端口 RAM

分布式单端口 RAM（Distributed Single Port RAM）输入只有一组数据线和一组地址线，只有一个时钟，读写共用地址线。输出只有一个端口。所以单端口 RAM 的读写操作不能同时进行。当 wea 信号拉高时，会将数据写入对应的地址，同时 douta 信号输出的数据与此时写入的数据是一致的，因此在读时需要重新生成对应的读地址给 addra 信号，并且使 wea 信号无效。

分布式单端口 RAM 的主要特性如下：

（1）支持两种复位模式，即异步复位、同步复位。

（2）支持输出寄存。

（3）支持使用初始化文件进行初始化，其中初始化文件可以是二进制或十六进制。

3）高性能高速串行收发器（HSSTHP）

Titan2 系列产品内置了高速串行接口模块，即 HSSTHP。除了 PMA 外，HSSTHP 还集成了丰富的 PCS 功能，可灵活应用于各种串行协议标准。在 Titan2 系列产品内部，每个 HSSTHP 支持 1~4 个全双工收发 LANE。

HSSTHP 的主要特性如下：

（1）支持 DataRate 速率。

（2）灵活的参考时钟选择方式。

（3）发送通道和接收通道数据率可独立配置。

（4）可编程输出摆幅和去加重。

（5）接收端自适应线性均衡器。

（6）接收端自适应的判决反馈均衡器。

（7）PMA TX/RX 支持扩频时钟。

（8）数据通道支持 8bit only、10bit only、16bit only、20bit only、32bit only、40bit only、64bit only、80bit only、8b10b 8bit、8b10b 16bit、8b10b 32bit、8b10b 64bit、64b66b/64b67b 16bit、64b66b/64b67b 32bit、64b66b/64b67b 64bit、128b130b 32bit、128b130b 64bit、64b66b CAUI 32bit 和 64b66b CAUI 64bit 模式。

（9）可灵活配置的 PCS，可支持 PCI Express GEN1、PCI Express GEN2、XAUI、千兆以太网、CPRI 和 SRIO 等协议。

（10）灵活的字边界对齐功能。

（11）支持 RX Clock Slip 功能。

（12）支持协议标准 8b10b、64b66b/64b67b、128b130b 编码解码。

（13）灵活的 CTC 方案。

（14）支持 x2、x4 的通道绑定。

（15）支持 Pcie x1、x2、x4、x8。

（16）HSSTHP 的配置支持动态修改。

（17）近端环回和远端环回模式。

（18）内置 PRBS 功能。

（19）用户自定义数据恢复模式。

以 PG2T390H-FFBG900 为例，PG2T390H-FFBG900 包含 4 个 HSSTHP，共可支持 16 个全双工收发 LANE，其分布示意图如图 6. 19 所示。

每个 HSSTHP 由一个公共 HPLL 和 4 个收发 LANE 组成。其中每个 LANE 又包括 5 个组件，即 PCS 发送器、PMA 发送器、PCS 接收器，PMA 接收器和独立的 LPLL。PCS 发送器和 PMA 发送器组成发送通路，PCS 接收器和 PMA 接收器组成接收通路。

HSSTHP 的结构示意图如图 6. 20 所示。

图中，PMA 发送器、PCS 发送器、PMA 接收器、PCS 接收器这 4 个收发 LANE 共享 HPLL，每个发送或者接收 LANE 都可以独立选择 HPLL 或者 LPLL。在参考时钟的选择上，HPLL 和 LPLL 可以选择以下来源：

（1）外部差分参考时钟对输入（reference clock 0/1）。

（2）可以选择来自相邻 HSSTHP 模块时钟（upper/lower），参考时钟支持在相邻 HSSTHP 间共享。HSSTHP_1 是 HSSTHP_2 的上层 HSSTHP，HSSTHP_2

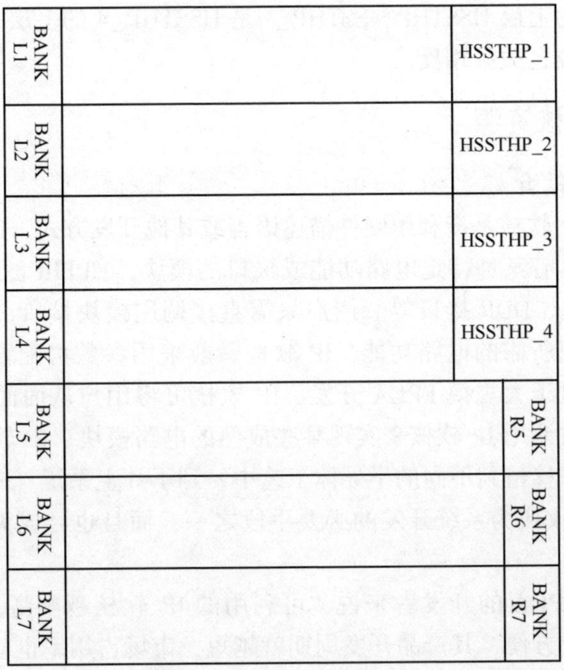

BANK L1　HSSTHP_1
BANK L2　HSSTHP_2
BANK L3　HSSTHP_3
BANK L4　HSSTHP_4
BANK L5　BANK R5
BANK L6　BANK R6
BANK L7　BANK R7

图 6.19　PG2T390H-FFBG900 的分布示意图

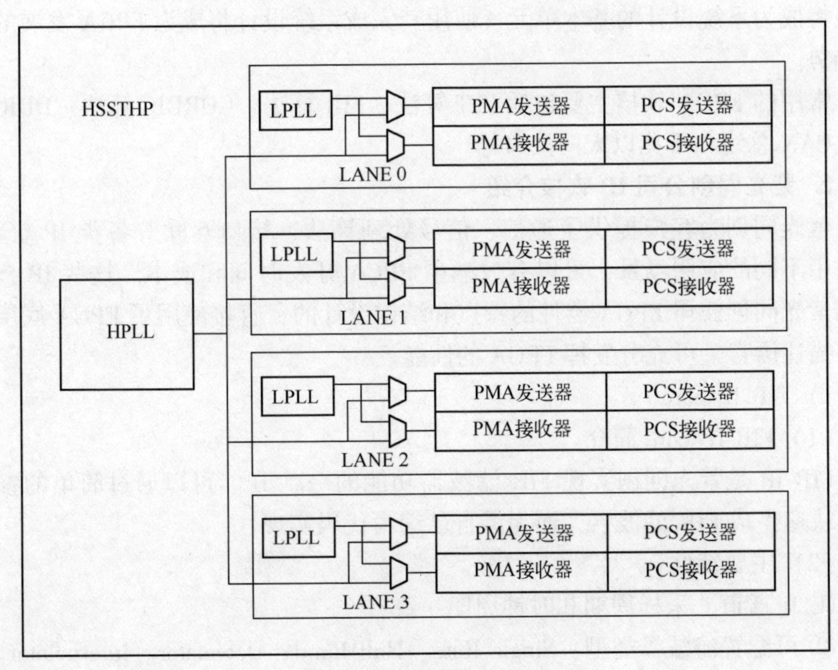

图 6.20　HSSTHP 的结构示意图

是 HSSTHP_3 的上层 HSSTHP，SSTHP_3 是 HSSTHP_4 的上层 HSSTHP，下方的 HSSTHP 的位置关系相反。

6.3.2 IP 软核资源

1. IP 软核简介

FPGA 的 IP 软核是指利用硬件描述语言或其他开发方式、以 FPGA 内部逻辑资源来实现具有某种特定电路功能或接口的模块，如 FIR 滤波器、CORDIC 算法、FFT 算法、DDR 接口等。用户只需直接调用模块接口，无需关心模块内容，即可实现所需的电路功能，IP 软核一般采用参数可配置的结构，以方便用户调用。对于大规模 FPGA 开发，IP 软核可将用户从面面俱到的设计中解放出来，通过调用 IP 软核来实现某些成熟的电路模块。IP 软核与芯片制造工艺无关，可以移植到不同的半导体工艺中。到了片上系统（SOC）阶段，丰富的 IP 软核不仅成为系统开发的必要手段之一，而且也已成为 FPGA 发展的特色之一。

对于利用 FPGA 的开发者来说，可利用的 IP 软核越丰富，稳定性越高，用户的设计就越方便，其产品开发周期就越短，市场占用率也就越高，从而反过来推动了 FPGA 的发展。随着 FPGA 规模不断增加和复杂性不断提高，IP 软核将成为系统设计的基本单元，使用其完成系统设计将成为 FPGA 发展的一大趋势。

常用的 FPGA 软核主要包括 FFT 算法、FIR 算法、CORDIC 算法、DDR 接口、CAN 总线和千兆以太网接口等。

2. 紫光同创公司 IP 软核介绍

紫光同创为客户提供了通信、信号处理算法、接口互联等各类 IP 资源，以适用不同的应用场景，可以有效减少 FPGA 开发时间和成本。这些 IP 核是根据紫光同创公司 FPGA 器件的特点和结构设计的，直接使用了 FPGA 底层的硬件描述语言，可充分发挥 FPGA 的性能。

1）FIR IP core

（1）FIR IP core 简介。

FIR IP 是紫光同创实现 FIR 滤波器功能的一款 IP。可以通过简单的参数配置快速生成 FIR 滤波器，而无需自己编写代码实现。

（2）主要特性。

① 单通道，采样周期和时钟周期一致。

② 可配置滤波器类型：Single Rate、Half Band、Decimator、Interpolator。

③ 可配置系数数量：4~2048。

④ 可配置输入数据位宽：有符号数，范围为 2~49bit。

⑤ 可配置滤波器系数位宽：有符号数，范围为 2~35bit。

⑥ 可配置多相抽取滤波器的速率转换因子：整型，范围为 2~1024。

⑦ 可配置多相插值滤波器的速率转换因子：整型，范围为 2~1024。

⑧ 可配置滤波器系数文件来源：UI 界面直接输入、UI 界面选择文件路径读取。

⑨ 可配置滤波器系数结构：Asymmetric、Even Symmetric、Odd Symmetric、Half Band。

⑩ 可配置输入数据小数位宽。

⑪ 可配置输出数据位宽。

⑫ 可自动计算输出数据小数位宽。

⑬ 可配置输出舍入模式：Full Precision、Truncate LSBs。

⑭ 支持动态重载滤波器系数。

⑮ 提供精确到比特的 C 代码模型。

（3）IP 框图。

FIR IP 系统框图如图 6.21 所示，由 4 个数据控制模块和 FIR 核组成。

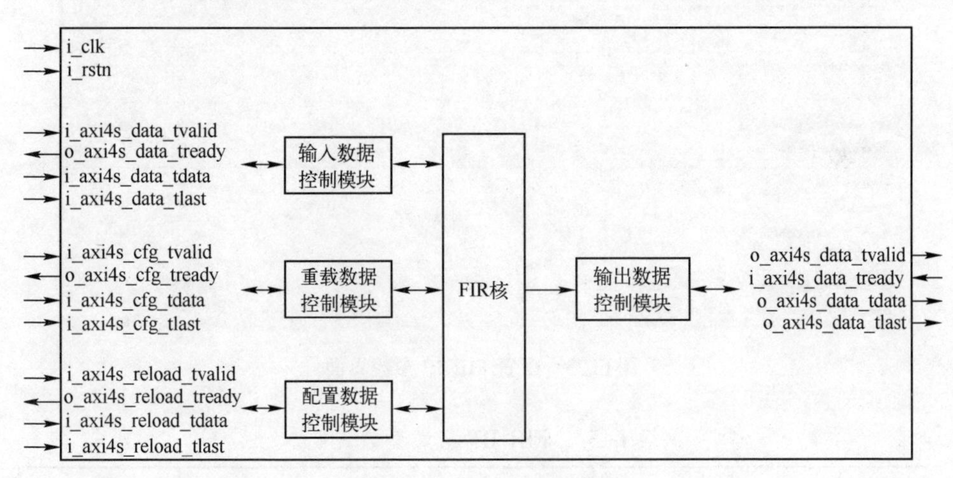

图 6.21　FIR IP 系统框图

① 数据接口控制模块。输入数据控制模块、配置数据控制模块、重载数据控制模块、输出数据控制模块完成 IP 与外部接口的数据交互，接口包括输入数据接口、输出数据接口、重载数据接口和配置数据接口。

② FIR 核模块。根据 FIR IP 的配置完成滤波器计算，包括单速率滤波器、半带滤波器、多相抽取滤波器和多相插值滤波器 4 种。其中，单速率和多相滤

波器有非对称、偶对称和奇对称3种系数结构；半带滤波器系数结构为非对称和半带。

（4）IP配置。

FIR IP的接口框图和参数配置界面如图6.22和图6.23所示。有关配置参数说明如表6.3所列。

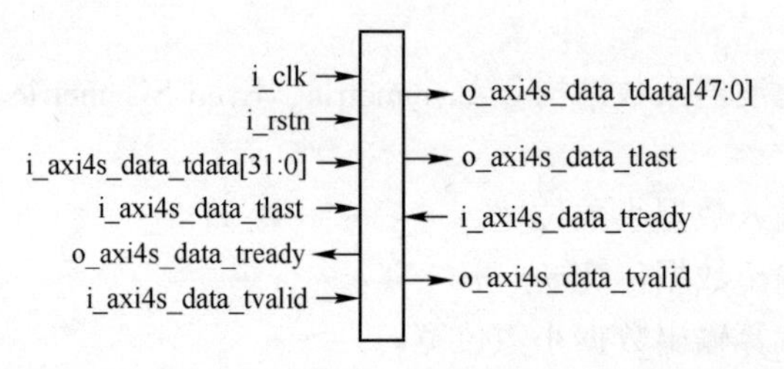

图6.22 FIR IP接口框图（未使能动态重载滤波器系数）

```
Coefficient Options
Coefficient Source:        vector            1,1,1,1,1,1,1,1,1,1,1,1,1,1,1,1
Number of Coefficients:    16                [4:2048]
Calculated Coefficients:   16
Coefficient Width:         18                [2:35]
Coefficient Structure:     Asymmetric
Reload coefficient
Filter Options
Filter Type:               Single Rate
Decimator Rate:            2                 [2:1024]
Interpolator Rate:         2                 [2:1024]
Data Options
Input Width:               25                [2:49]
Input Fractional Bits:     0                 [0:25]
Output Width:              47                [2:47]
Output Rounding Mode:      Full Precision
Output Fractional Bits:    0
```

图6.23 配置FIR IP参数界面

表6.3 FIR IP配置参数说明

选项区域	参数/配置选项	参数说明	IP配置界面默认值
Coefficient Options	Coefficient Source	滤波器系数来源选择： vector：直接在界面输入滤波器系数 coef file：在界面选择滤波器系数文件导入系数	向量
	Number of Coefficients	配置滤波器系数数量：4~2048	16

续表

选项区域	参数/配置选项	参数说明	IP 配置界面默认值
Coefficient Options	Calculated Coefficients	根据配置计算的实际滤波器系数数量	N/A
	Coefficient Width	滤波器系数数据位宽：2~35	18
	Coefficient Structure	滤波器系数结构： ① Asymmetric（非对称） ② Even Symmetric（偶对称） ③ Odd Symmetric（奇对称） ④Half Band（半带）	非对称
	Rcload coefficient	配置是否使能动态重载滤波器系数： 勾选：使能 不勾选：不使能	不勾选
Filter Options	Filter Type	配置滤波器结构： ① Single Rate（单速率） ② Half Band（半带） ③ Decimator（抽取） ④ Interpolator（插值）	单速率
	Decimator Rate	配置 Decimator 模式下的速率转换因子：2~1024	2
	Interpolator Rate	配置 Interpolator 模式下的速率转换因子：2~1024	2
Data Options	Input Width	配置输入数据位宽：2~49	25
	Input Fractional Bits	配置输入数据小数位宽：2~25	0
	Output Width	配置输出数据位宽：2~47	47
	Output Rounding Mode	配置输出数据舍入方式： ① Full Precision（全精度无舍入） ② Truncate LSBs（截断数据低位）	全精度
	Output Fractional Bits	显示输出数据小数位宽	N/A

2）FFT IP core

（1）FFT IP core 简介。

FFT IP 是紫光同创实现 Cooley-Tukey FFT 算法、高效计算离散傅里叶变换（Discrete Fourier Transform，DFT）的一款 IP。

（2）特性。

① 单通道。

② 可配置转换长度，范围 $N=2^m(m=3\sim16)$。

③ 可配置数据输入位宽，范围 bx=8~34。

④ 可配置相位因子精度，范围 bw=8~34。

⑤ 可配置缩放类型：Unscaled、Block Floating Point。

⑥ 可配置蝶形运算后的数据截尾方式：Convergent Rounding、Truncation。

⑦ 可配置数据输出顺序：Natural Order、Bit Reversed。

⑧ 可配置实现架构：Pipeline、Radix-2 Burst。

⑨ 支持 FFT 和 IFFT，可动态配置选择。

⑩ 支持定点数据，数据用二进制补码表示。

⑪ 提供精确到比特的 C 代码验证模型。

（3）IP 框图。

FFT IP 系统框图如图 6.24 所示，由 Pipeline FFT 核、Radix-2 Burst 核、Input Ctrl、Cfg Ctrl、Output Ctrl 组成。其中，两种 FFT 核例化时可通过配置参数进行选择，数据输入仅支持定点，数据输出支持自然顺序或比特反转。

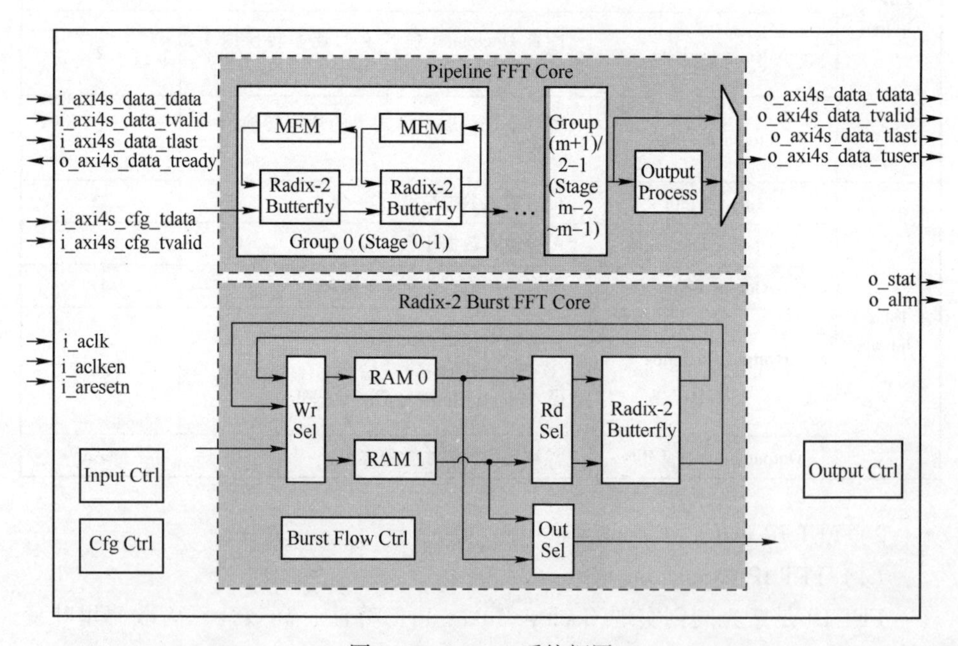

图 6.24 FFT IP 系统框图

① Pipeline FFT 核模块。Pipeline FFT 核采用 Radix-2 SDF（Single-path Delay Feedback，SDF）架构，按频率抽取（DIF）进行蝶形运算。数据在自然

顺序下以帧的形式输入，每帧的数据长度等于 FFT 转换长度，数据帧可以连续输入和处理。最后一级蝶形运算按照比特反转的顺序输出转换后的数据帧。如果数据输出顺序选择自然顺序，或者缩放类型选择块浮点，则需要额外的存储资源和存储时间。

② Radix-2 Burst 核模块。Radix-2 Burst 核采用 Radix-2 迭代架构，按时间抽取（DIT）进行蝶形运算。和 Pipeline 架构一样，数据在自然顺序下也以帧的形式输入，每帧的数据长度等于 FFT 转换长度。因为 FFT 核只有一个蝶形运算单元，FFT 每级迭代的计算都在这个蝶形运算单元上完成，所以，在上一级迭代的数据完成计算之前不能计算下一级迭代的数据，也就不能支持数据帧的连续输入和处理。因此，Radix-2 迭代架构所需资源比 Pipeline 结构少，但实现变换的时间更长。Radix-2 迭代架构有 2 块 RAM，用于存储 FFT 计算的数据，这样，数据输出顺序无论选择自然顺序还是比特反转，缩放类型无论选择全精度定点无压缩还是块浮点，都不再需要额外的存储资源和存储时间。

③ Input Ctrl 模块。输入控制子模块，根据 AXI4 Stream 总线协议接收输入的每一帧数据，解析出实部数据和虚部数据，送给 FFT 核。同时，对外部输入的信号进行监控，判断是否符合 AXI4 Stream 定义，并输出相应的告警。

④ Cfg Ctrl 模块。配置控制子模块，接收外部对 FFT 核的动态配置。

⑤ Output Ctrl 模块。输出控制子模块，将每一帧数据计算结果的实部和虚部组合在一起，并根据 AXI4 Stream 总线协议输出。同时，输出数据编号和块浮点的指数值。

（4）IP 配置。

图 6.25 和图 6.26 分别显示了 FFT IP 的接口框图、参数配置界面。

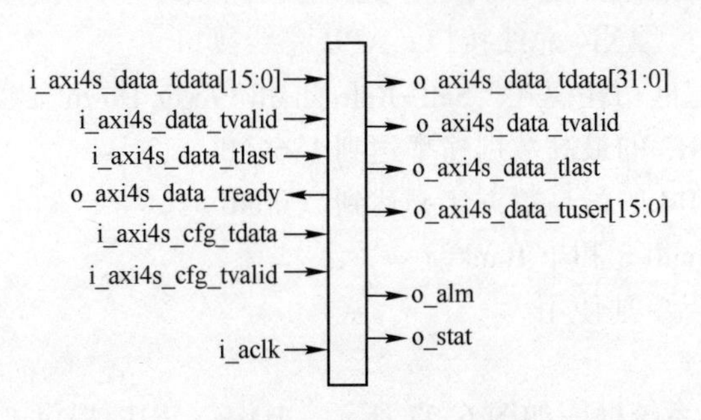

图 6.25　FFT IP 接口框图

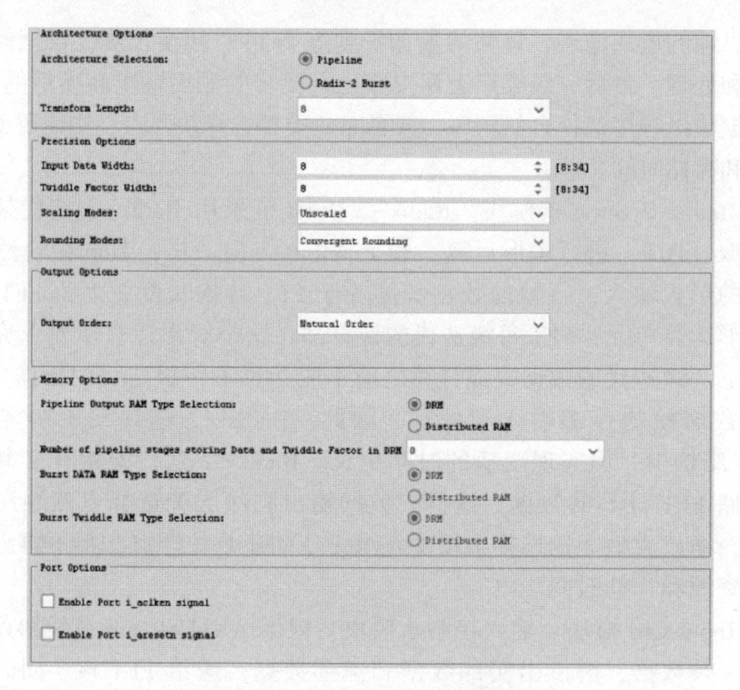

图 6.26 配置 FFT IP 参数界面

3）HMIC_S（High performance Memory Interface Controller Soft core）IP

（1）HMIC_S IP 简介。

HMIC_S IP 是紫光同创推出的一款 DDR4 IP，基于 Titan 系列 FPGA 产品 HPIO 资源实现 DDR4 SDRAM 读写，兼容 DDR3。

（2）主要特性。

① 支持 DDR3、DDR4、DDR4 乒乓 PHY。

② 支持最大数据位宽 72bit（乒乓 PHY 最大 32bit）。

③ 用户接口：AXI4 总线接口、APB 总线接口。

④ 支持可配低功耗模式：Self-Refresh 和 Power Down。

⑤ 支持 DDR3 的最高数据速率达到 1866Mb/s。

⑥ 支持 DDR4 的最高数据速率达到 2000Mb/s。

⑦ Burst Length 8 和单 Rank。

⑧ PHY 可以单独使用。

（3）IP 框图。

HMIC_S IP 系统框图如图 6.27 所示。HMIC_S IP 提供 Controller+PHY 和 PHY Only 两种模式。

① Controller + PHY 模式。该模式下，IP 包括 DDR Controller 和 DDR PHY

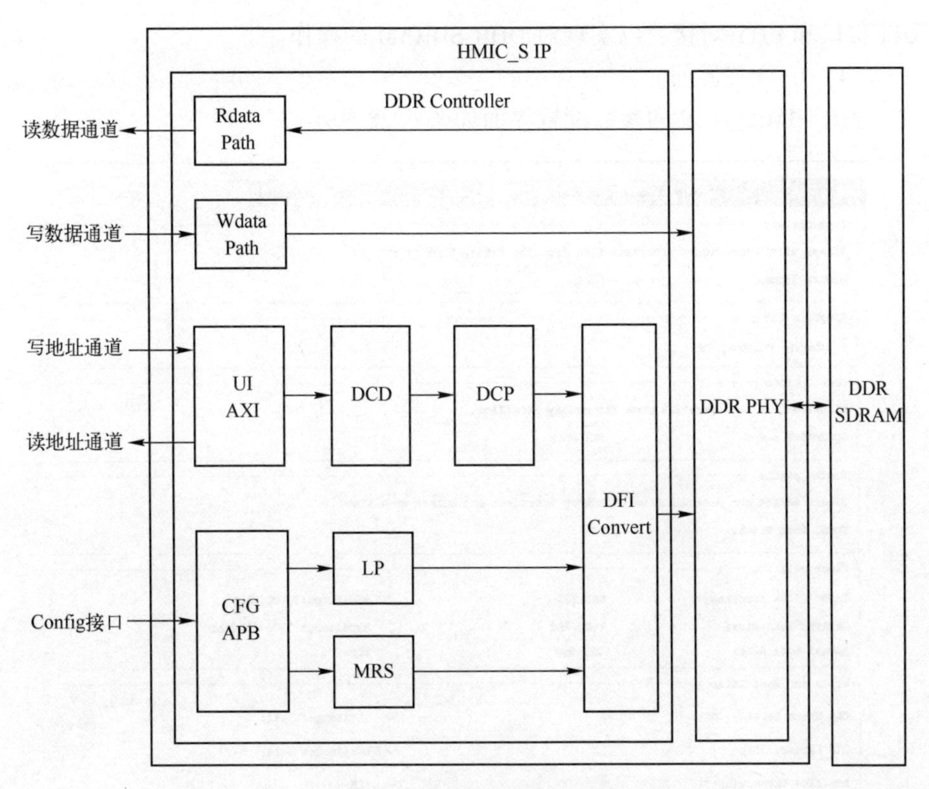

图6.27　HMIC_S IP系统框图

功能，用户通过AXI4接口实现数据的读写，通过APB接口实现低功耗和MRS的控制。

a. AXI4接口。该接口包括写地址通道、读地址通道、写数据通道和读数据通道4个部分。用户通过写地址通道和读地址通道发起读写操作；其命令在UI AXI模块解析成Controller内部命令；在DCD（DDR Command Decode）模块分解成DDR对应的命令；在DCP（DDR3 Command Procedure）模块实现基于DDR的时序控制；在DFI Convert模块中转换成DFI接口传递到PHY，并最终传递到DDR Memory接口。

写数据通过写数据通道接口，经过Wdata Path模块直接传递到DDR PHY，并最终传递到DDR Memory接口。来自DDR Memory的读数据在DDR PHY采样解析后，经过Rdata Path模块同步，通过读数据通道接口返回给用户。

b. Config接口。该接口为一个APB配置接口，通过该接口，用户可读取DDR SDRAM的状态，实现低功耗和MRS的控制。

② PHY Only模式。该模式下，用户需要自行实现控制器的设计，并通过

DFI 接口和 PHY 对接，以实现对 DDR SDRAM 的操作。

（4）IP 配置界面。

关于 HMIC_S IP 的参数配置界面如图 6.28 所示。

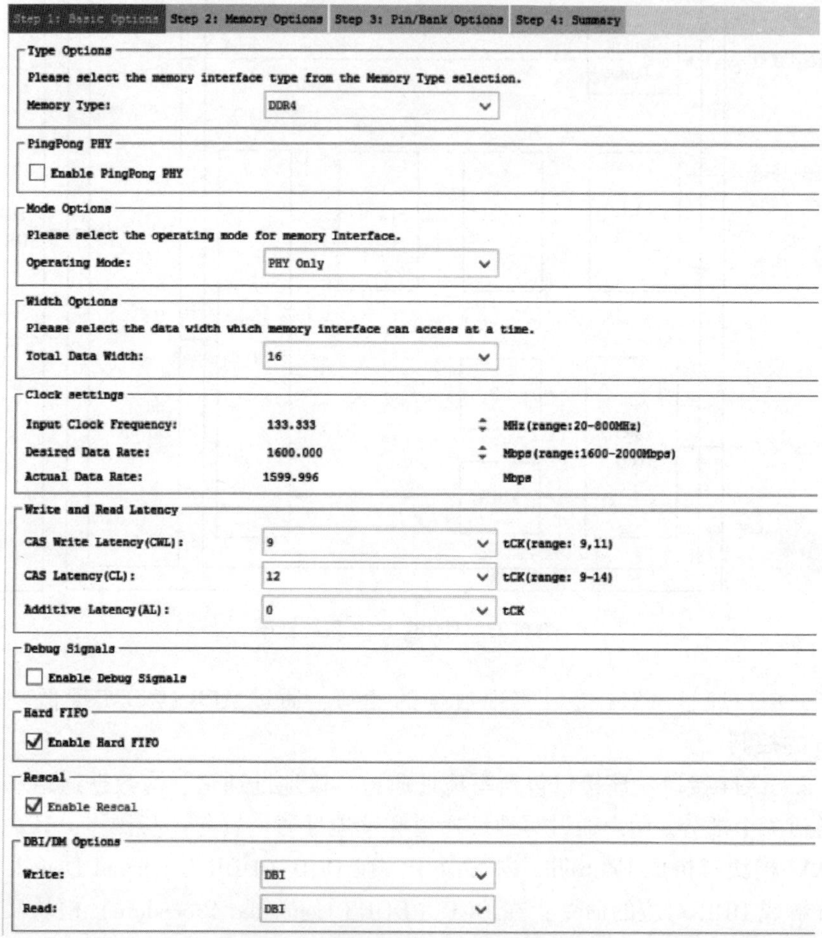

图 6.28　配置 HMIC_S IP 参数界面

6.4　硬件描述语言

随着 EDA 技术的发展，使用 HDL 语言设计已经成为一种趋势。

HDL 语言是一种用形式化方法来描述数字电路和设计数字逻辑系统的语

言，主要用来描述离散电子系统的结构和行为。HDL 语言从 1962 年诞生以来，已逐步发展成为用于描述复杂设计的语言，与软件描述语言（Software Description Language，SDL）的发展类似，HDL 语言经历了从机器码（晶体管和焊接）到汇编语言（网表）再到高等语言（HDL 语言）的一系列过程。

目前最主要的 HDL 语言有 VHDL、Verilog HDL 及 System Verilog。

6.4.1　VHDL 简介

VHDL（Very-High-Speed Integrated Circuit Hardware Description Language）诞生于 1982 年。1987 年底，VHDL 被 IEEE 和美国国防部确认为标准硬件描述语言。自 IEEE 公布了 VHDL 的标准版本 IEEE-1076（简称 87 版）之后，各 EDA 公司相继推出了自己的 VHDL 设计环境，或宣布自己的设计工具可以和 VHDL 接口。此后 VHDL 在电子设计领域得到了广泛的接受，并逐步取代了原有的非标准的硬件描述语言。1993 年 IEEE 对 VHDL 进行了修订，从更高的抽象层次和系统描述能力上扩展 VHDL 的内容，公布了新版本的 VHDL，即 IEEE 1076-1993 版本（简称 93 版）。现在 VHDL 和 Verilog HDL 作为 IEEE 的工业标准硬件描述语言，又得到众多 EDA 公司的支持，在电子工程领域，已成为事实上的通用硬件描述语言。有专家认为 VHDL 与 Verilog HDL 语言将承担起大部分的数字系统设计任务。

VHDL 主要用于描述数字系统的结构、行为、功能和接口。除了含有许多具有硬件特征的语句外，VHDL 的语言形式和描述风格与句法都十分类似于一般的计算机高级语言。VHDL 的程序结构特点是将一项工程设计或设计实体（可以是一个元件、一个电路模块或一个系统）分成外部（或可视部分或端口）和内部（或不可视部分，即涉及实体的内部功能和算法完成部分）。在对一个设计实体定义了外部界面后，一旦其内部开发完成后，其他的设计就可以直接调用这个实体。这种将设计实体分成内、外部分的概念是 VHDL 系统设计的基本特点。应用 VHDL 进行工程设计的优点是多方面的，举例如下：

（1）与其他的硬件描述语言相比，VHDL 具有更强的行为描述能力，从而决定了其成为系统设计领域最佳的硬件描述语言之一。

（2）强大的行为描述能力是避开具体的器件结构，从逻辑行为上描述和设计大规模电子系统的重要保证。

（3）VHDL 丰富的仿真语句和库函数，使得在任何大系统的设计早期就能查验设计系统的功能可行性，随时可对设计进行仿真模拟。

（4）VHDL 语句的行为描述能力和结构决定了它具有支持大规模设计的分解和已有设计的再利用功能。

对于用VHDL完成的一个确定的设计，可以利用EDA工具进行逻辑综合和优化，并自动把VHDL描述设计转变成门级网表。

VHDL对设计的描述具有相对独立性，设计者可以不懂硬件的结构，也不必关心最终设计实现的目标器件是什么，而进行独立的设计。

6.4.2 Verilog HDL简介

Verilog HDL是在应用最广泛的C语言的基础上发展起来的一种硬件描述语言，它是由GDA（Gateway Design Automation）公司的Phil Moorby于1983年末首创的，最初只设计了一个仿真与验证工具，之后又陆续开发了相关的故障模拟与时序分析工具。1985年Moorby推出Verilog HDL的第三个商用仿真器Verilog-XL，获得了巨大的成功，从而使Verilog HDL迅速得到推广应用。1989年CADENCE公司收购了GDA公司，使Verilog HDL成为该公司的独家专利。1990年CADENCE公司公开发表了Verilog HDL，并成立OVI组织以促进Verilog HDL成为IEEE标准，即IEEE Standard 1364-1995。图6.29显示了Verilog HDL的发展历史。

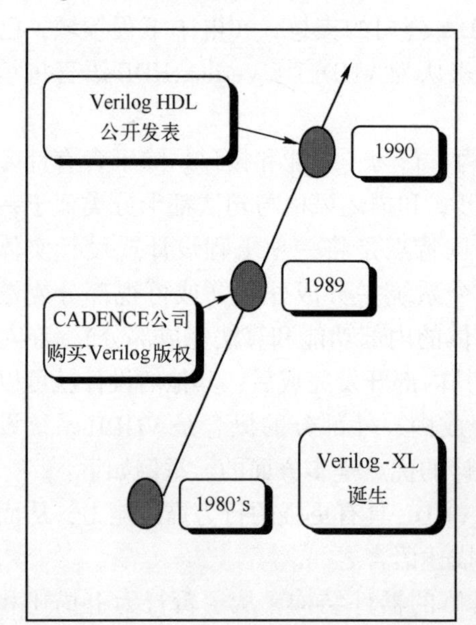

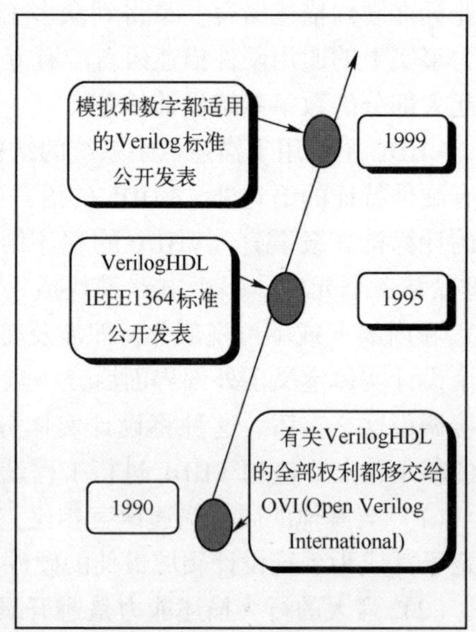

图6.29 Verilog HDL的发展历史

Verilog HDL的最大特点就是易学易用，如果有C语言的编程经验，就可以在较短的时间内很快学会并掌握，因而可把Verilog HDL内容安排在与ASIC（专用集成电路）设计等相关课程内进行讲授，由于HDL语言本身是专门面向硬件与系统设计的，这样的安排可使学习者同时获得设计实际电路的经验。与之相比，VHDL 的学习要困难一些。但 Verilog HDL 较自由的语法，也容易造成初学者犯错误。

从语法结构上看，Verilog HDL 语言与 C 语言有许多相似之处，并继承和借鉴了 C 语言的许多操作符和语法结构。下面列出 Verilog HDL 硬件描述语言的一些主要特点：

(1) 可形式化地表示电路结构和行为。借用高级语言的结构和语句，如条件语句、赋值语句和循环语句等，既简化了电路的设计，又方便设计人员的学习和使用。

(2) 可在多个层次上对所设计的系统加以描述，从开关级、门级、寄存器级到功能级和系统级，都可以描述。设计的规模可以是任意的，语言不对设计的规模加以限制。

(3) Verilog HDL 具有混合建模能力，即在一个设计中各个模块可以在不同设计层次上建模和进行描述。

(4) 基本逻辑门，如 and、or 和 nand 等都内置在语言中；开关级结构模型，如 pmos 和 nmos 等也内置在语言中，用户可以直接调用。

(5) 用户定义原语（UDP）创建的灵活性。用户定义的原语既可以是组合逻辑原语，也可以是时序逻辑原语。Verilog HDL 还具有内置逻辑函数。

据有关文献报道，目前在美国使用 Verilog HDL 进行设计的工程师大约有 60000 人，全美国有 200 多所大学教授使用 Verilog HDL 语言的设计方法。在我国台湾地区几乎所有著名大学的电子和计算机工程系都讲授与 Verilog HDL 有关的课程。

6.4.3　System Verilog 简介

System Verilog 是一种相当新的语言，它建立在 Verilog HDL 语言的基础上，是 IEEE 1364 Verilog-2001 标准的扩展增强，兼容 Verilog 2001，将硬件描述语言与现代的高层级验证语言结合起来，并新近成为下一代硬件设计和验证的语言。

2002 年 6 月，System Verilog 的主要部分以 Accellera *[①]标准发布 System Verilog 3.0，并允许 EDA 公司在现有的仿真器、综合编译器及其他工具中加入 System Verilog 的扩展功能。这个标准主要集中在扩展 Verilog HDL 的可综合结构，以及允许在更高的抽象层次上进行硬件建模。

① *：Accellera 是一个非商业组织，主要致力于支持和发展 EDA 语言的使用。

System Verilog之所以从3.0版开始，主要是强调System Verilog是第三代Verilog HDL语言。Verilog-1995是第一代Verilog HDL语言，它代表了由Phil Moorby在20世纪80年代早期定义的最初的Verilog HDL语言。Verilog-2001是第二代Verilog HDL语言；System Verilog则是第三代Verilog HDL语言。2003年5月，又发布了System Verilog 3.1，这个版本加入了大量的验证功能。

Accellera组织通过与主流的EDA公司密切合作，不断对System Verilog 3.1标准进行改进以保证System Verilog的规范性。还定义了一些附加的建模和验证结构。2004年5月，最终的System Verilog草案被Accellera组织批准，称为System Verilog 3.1a。

2004年6月，在System Verilog 3.1a被批准之后，Accellera组织把System Verilog标准捐赠给Verilog-1364标准的起草组织IEEE。Accellera组织与IEEE合作总结System Verilog相对于Verilog的扩展之处并将其标准化。2005年11月，官方IEEE 1364-2005标准正式对外公布。

System Verilog结合了来自Verilog HDL、VHDL、C++的概念，还有验证平台语言和断言语言，也就是说，它将硬件描述语言与现代的高层级验证语言结合起来，使其对于进行当今高度复杂设计验证的验证工程师具有相当大的吸引力。

这些都使System Verilog在一个更高的抽象层次上提高了设计建模的能力。它主要定位在芯片的实现和验证流程上。System Verilog拥有芯片设计及验证工程师所需的全部结构，它集成了面向对象编程、动态线程和线程间通信等特性，作为一种工业标准语言，System Verilog全面综合了RTL设计、测试平台、断言和覆盖率，为系统级的设计及验证提供强大的支持作用。

System Verilog除了作为一种高层次，能进行抽象建模的语言被应用外，它的另一个显著特点是能够和芯片验证方法学结合在一起，即作为实现方法学的一种语言工具。使用验证方法学可以大大增强模块复用性，提高芯片开发效率，缩短开发周期。芯片验证方法学中比较著名的有VMM、OVM、AVM和UVM等。

System Verilog是Verilog HDL语言的拓展和延伸。Verilog HDL适合于系统级、算法级、寄存器级、逻辑级、门级、电路开关级设计，而System Verilog更适合于可重用的可综合IP设计、可重用的验证用IP设计以及特大型基于IP的系统级设计和验证。

下面列出了System Verilog在硬件设计和验证方面对Verilog HDL的增强部分。虽然没有列出所有的内容，但列出的是一些主要的有助于编写可综合硬件模型的关键特点。

（1）设计内部的封装通信和协议检查的接口。
（2）类似于 C 语言中的数据类型，如 int。
（3）用户自定义类型，使用 typedef。
（4）枚举类型。
（5）类型转换。
（6）结构体和联合体。
（7）可被多个设计块共享的定义包（package）。
（8）外部编译单元区域（scope）声明。
（9）++、--、+=以及其他赋值操作。
（10）显式过程块。
（11）优先级（priority）和唯一（unique）修饰符。
（12）编程语句增强。
（13）通过引用传送到任务、函数和模块。

6.4.4　HDL 语言之间的区别和联系

VHDL、Verilog HDL 和 System Verilog 都是用于逻辑设计的硬件描述语言，并且都已成为 IEEE 标准。VHDL 是在 1987 年成为 IEEE 标准，Verilog HDL 则在 1995 年才正式成为 IEEE 标准，System Verilog 是 IEEE 1364 Verilog-2001 标准的扩展增强，兼容 Verilog 2001。之所以 VHDL 比 Verilog HDL 更早成为 IEEE 标准，是因为 VHDL 是美国军方组织开发的，而 Verilog HDL 则是从一个普通的民间公司的私有财产转化而来，基于 Verilog HDL 的优越性，才成为的 IEEE 标准，因而具有更强的生命力。由于 System Verilog 是 Verilog HDL 的扩展版本，并兼容 Verilog HDL 语言，其优势在于高层次设计及验证，因此，后续分析主要以 Verilog HDL 与 VHDL 对比为主进行。

Verilog HDL 和 VHDL 作为描述硬件电路设计的语言，其共同的特点在于：能形式化地抽象表示电路的结构和行为、支持逻辑设计中层次与领域的描述、可借用高级语言的精巧结构来简化电路的描述、具有电路仿真与验证机制以保证设计的正确性、支持电路描述由高层到低层的综合转换、硬件描述与实现工艺无关（有关工艺参数可通过语言提供的属性包括进去）、便于文档管理、易于理解和设计重用。

但是 Verilog HDL 和 VHDL 又各有其特点。由于 Verilog HDL 早在 1983 年就已推出，至今已有近 40 年的应用历史，因而 Verilog HDL 拥有更广泛的设计群体，成熟的资源也远比 VHDL 丰富。与 VHDL 相比，Verilog HDL 的最大优点是：它是一种非常容易掌握的硬件描述语言，只要有 C 语言的编程基础，通过20学时的学习，再加上一段实际操作，一般可在2~3个月内掌握这种设计技术。而掌握VHDL设计技术就比较困难。这是因为VHDL不很直观，需要有Ada编程基础，一般认为至少需要半年以上的专业培训，才能掌握VHDL的基本设计技术。目前版本的Verilog HDL与VHDL在行为级抽象建模的覆盖范围方面也有所不同。一般认为，Verilog HDL在系统级抽象方面比VHDL略差一些，而在门级开关电路描述方面比VHDL强得多。图6.30是Verilog HDL和VHDL建模能力的比较，读者可以参考理解。

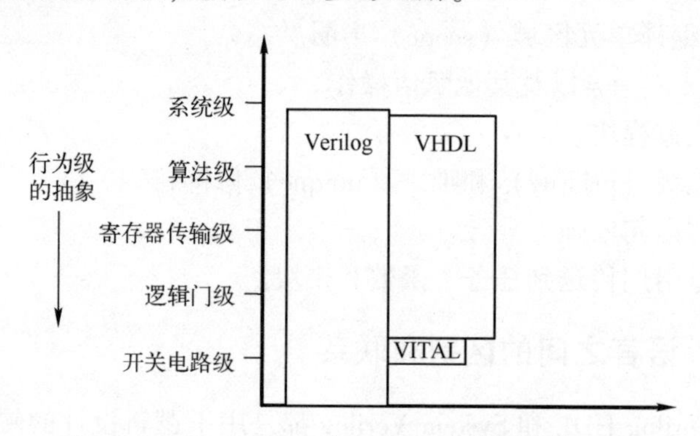

图6.30　Verilog HDL与VHDL建模能力的比较

这两种硬件描述语言一直在不断完善，因此Verilog HDL作为学习HDL设计方法的入门和基础是比较合适的。学习掌握Verilog HDL建模、仿真和综合技术，不仅可对数字电路设计技术有进一步的了解，而且可为以后更高级的系统综合打下坚实的基础。

System Verilog作为Verilog HDL的扩展，综合了一些已验证过的硬件设计和验证语言的特性。这些拓展增强了在RTL级、系统级及结构级进行硬件建模的能力，以及验证模型功能的一系列丰富特性。

6.4.5　HDL语言的选择

随着EDA技术的发展，使用硬件语言设计CPLD/FPGA已经成为一种趋势。目前最主要的硬件描述语言是VHDL和Verilog HDL及System Verilog。VHDL发展得较早，语法严格；而Verilog HDL是在C语言的基础上发展起来的一种硬件描述语言，语法较自由；System Verilog可以看作Verilog HDL的升级版本，它更接近C语言且支持多维数组。VHDL和Verilog HDL两者相比，VHDL的书写规则和语法要求很严格，比如不同的数据类型之间不允许相互赋值而需要转换，初学者写的不规范代码一般编译会报错；而Verilog HDL则比较灵活，而灵活在某些时候综合的结果可能不是程序员想要的结果。EDA界一直对在数字逻辑设计中究竟采用哪一种硬件描述语言争论不休，单就 VHDL 和 Verilog HDL 两者而言，目前的情况是两者不相上下。在美国，在高层逻辑电路设计领域 Verilog HDL 和 VHDL 的应用比率是 60%和 40%，在中国台湾省各为 50%。Verilog HDL 是专门为复杂数字逻辑电路和系统的设计仿真而开发的，本身就非常适合复杂数字逻辑电路和系统的仿真和综合，而且由于 Verilog HDL 在其门级描述的底层，也就是在晶体管开关的描述方面比 VHDL 有强得多的功能，所以即使是 VHDL 的设计环境，在底层实质上也是由 Verilog HDL 描述的器件库所支持的。另外，目前 Verilog HDL-A 标准还支持模拟电路的描述，1998 年通过的 Verilog HDL 新标准，把 Verilog HDL-A 并入 Verilog HDL 新标准，使其不仅支持数字逻辑电路的描述，还支持模拟电路的描述，因此在混合信号的电路系统的设计中，它必将会有更广泛的应用。在纳米 ASIC 和高密度 FPGA 已成为电子设计主流的今天，Verilog HDL 的发展前景是非常远大的。表 6.4 是 Verilog HDL、VHDL 及 System Verilog 这 3 种语言的主要区别。

表 6.4　3 种语言的主要区别

项目	Verilog HDL	VHDL	System Verilog
语法结构	在 C 语言的基础上发展起来的一种硬件描述语言，语法较自由	发展得较早，语法严格	是 Verilog HDL 的扩展，语法较 VHDL 相对更自由
书写方式	书写自由，比较容易出错	书写规则比较繁琐，不易出错	书写较为自由，相对 VHDL 较易出错
适用环境	语法更接近于硬件结构，所以较为适合系统级（System）、算法级（Alogrithem）、寄存器传输级（RTL）、逻辑级（Logic）、门级（Gate）、电路开关级（Switch）设计	适于特大型（几百万门级以上）的系统级（System）设计	全面综合了 RTL 设计、测试平台、断言和覆盖率，为系统级的设计及验证提供强大的支持
教材	参考书相对较少	从国内来看，VHDL 的参考书很多，便于查找资料	参考书相对较少
国外教学经验	国外电子专业很多在研究生阶段教授 Verilog HDL	国外电子专业很多在本科阶段教授 VHDL	国外电子专业教授 System Verilog 较少

第7章　电磁兼容与印制电路板

印制电路板（Printed Circuit Board，PCB）是电子产品中电路元件和器件的支撑件，它提供电路元件和器件之间的电气连接，是各种电子设备最基本的组成部分，它的质量好坏直接关系到电子设备的质量。随着电路板的器件密度增大、运行速率提高，板级或者系统级的电磁兼容（Electro-Magnetic Compatibility，EMC）问题成为一个电子系统能否正常工作的关键因素。为了实现最佳性能的电子电路，PCB 上元器件的选择、电路原理图的设计以及良好的布局布线，在电磁兼容性控制中也是非常重要的因素。以下各节将围绕 PCB 和 EMC 问题，给大家介绍 PCB 的发展历史、PCB 上集总参数与分立参数概念、端接技术、串扰分析、接地技术及电源设计等相关内容。

7.1　印制电路板

7.1.1　印制电路板的发展历史

电子学的起源可以追溯到 1897 年，约瑟夫·汤姆森发现电子的存在。电子学是在早期电磁学和电工学的基础上发展起来的一门学科。在电子学诞生之前，人类对于电磁现象的研究已相当深入，一系列物理定律已经确立，如库仑定律、安培定律、欧姆定律、楞次定律、法拉第电磁感应定律等。电磁学是现代科技生活中最重要的学科之一，它的高速发展将人类带入了电气时代和信息时代。可以说，没有电磁学的发展，就没有人类的现代文明。这一自然科学理论的成果，奠定了现代电力工业、电子工业和无线电工业的基础。因此，没有麦克斯韦也就没有今天的 PCB。

到目前为止，我们看到 PCB 的主要功能是通过在其上加工出导线、焊盘、过孔等结构，来实现板上不同器件之间的物理连接。听起来非常简单，但在 100 多年前，想实现这个功能是非常困难的。1903 年，阿尔伯特·汉森（Albert Hanson）申请了一项专利，他首创“线路”概念，利用金属箔切割成线路导体，然后在线路导体上下都粘上石蜡纸，在线路交叉点设置导通孔，实现不同层间的电气互连（图 7.1）。这与现代 PCB 制造方法有明显区别，因为当时树脂还未发明，化学蚀刻技术也不成熟，阿尔伯特·汉森发明的方法可以说是现代 PCB 制造的雏形。

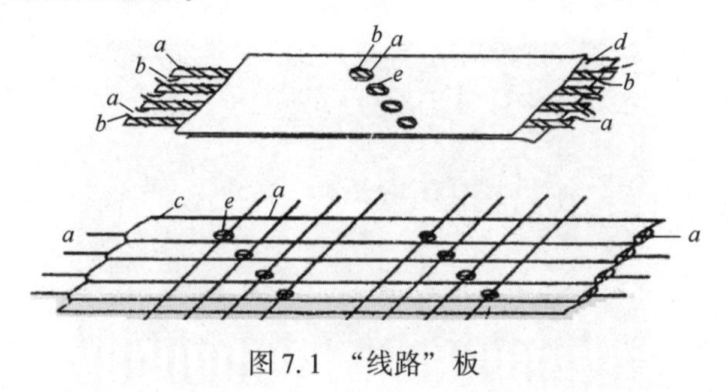

图 7.1 “线路”板

20 世纪 20 年代，早期的 PCB 板材几乎无所不包，从电木（即酚醛树脂）、松石到普通的薄木板。可以在材料上钻孔，然后将扁铜丝铆接到该材料上，外形看起来可能不是很美观，但却是未来 PCB 理念诞生的基础（图 7.2）。1925 年，美国的 Charles Ducas 在绝缘基板上印制出线路图案，再以电镀方式成功建立导体作为配线，“PCB” 这个名词就此诞生。这种加工方法使电器制造变得容易。1936 年，奥地利的 Paul Eisler 博士在英国发表了箔膜技术，他在一个收音机装置内使用了 PCB。因此，Paul Eisler 博士又被称为印制电路之父，由他提出的图形转移技术一直沿用至今。

图 7.2 早期的 PCB

1953 年，Motorola 开发出基于电镀过孔的双面板。大约在 1955 年，日本的东芝公司推出了一种在铜箔表面生成氧化铜的技术，并研发出覆铜板（CCL）。这两种技术后来被广泛用于多层 PCB 的制造，极大地推动了多层 PCB 的出现和发展。此后，多层 PCB 得到了广泛应用。

1960年，多层（≥4层）PCB开始生产（图7.3）。同时，电镀贯穿孔金属化双面PCB也实现了大规模生产。

图7.3 多层PCB

虽然加工工艺在不断发展，但到此时为止，PCB的设计过程还是靠人工完成的，PCB设计工程师拿着彩色铅笔和直尺，在透明的聚酯薄膜胶片上绘制电路，为了提高绘图效率，会有一些常见器件的封装模板和电路模板，如图7.4所示。

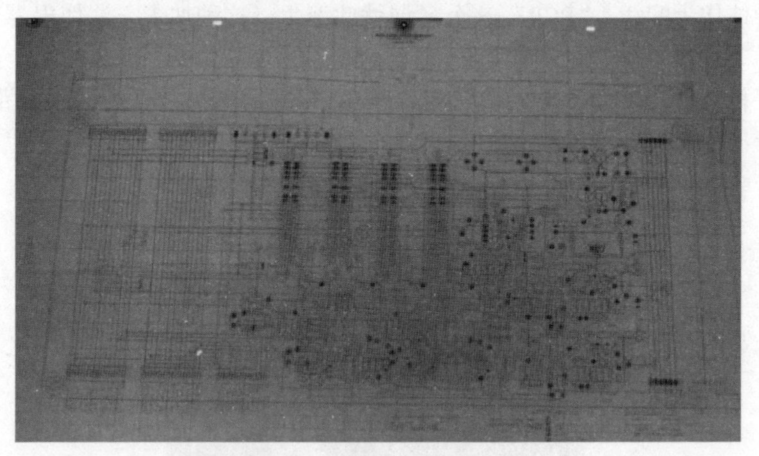

图7.4 手工绘制的PCB

直到1984年，乔布斯的苹果公司发布了Macintosh麦金塔电脑（现多被简称为Mac）；1984联想成立，开始组装个人计算机，个人计算机的普及推进了基于DOS的CAD软件开始出现并快速发展。CAD软件的出现，提高了设计人员的绘图效率，同时也提高了PCB设计的复用率，减少了重复设计时间；PCB设计完成后，可以直接导出Gerber文件输入到光绘设备中；同时，PCB制造也开始大量采用机械替代人工，PCB生产效率得到极大提高，之前需要几周才能交付的PCB现在最快几个小时就能交付。

现在 PCB 设计软件和加工设备的性能都得到大幅提升，越来越复杂的 PCB 设计图和复杂的加工工艺，使 PCB 性能向着更高速率、更大密度方向不断发展。

7.1.2　印制电路板的分类

图 7.5 展示了 PCB 的分类方法。

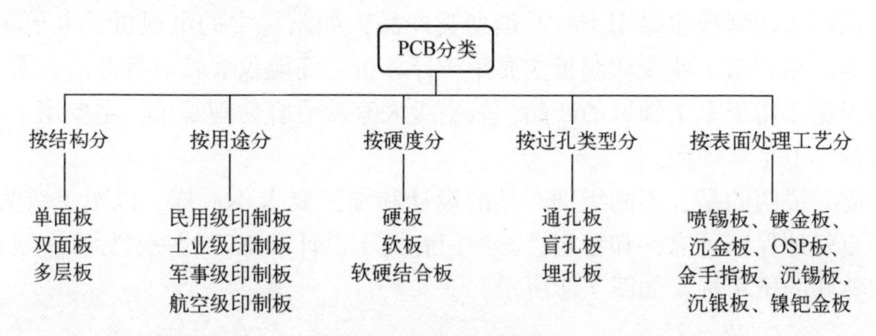

图 7.5　PCB 分类方法

下面将详细介绍不同维度下 PCB 的类型。

1. 按照结构分类

首先，从结构上，通常将 PCB 分成 3 类，即单面板、双面板和多层板，如图 7.6 所示。

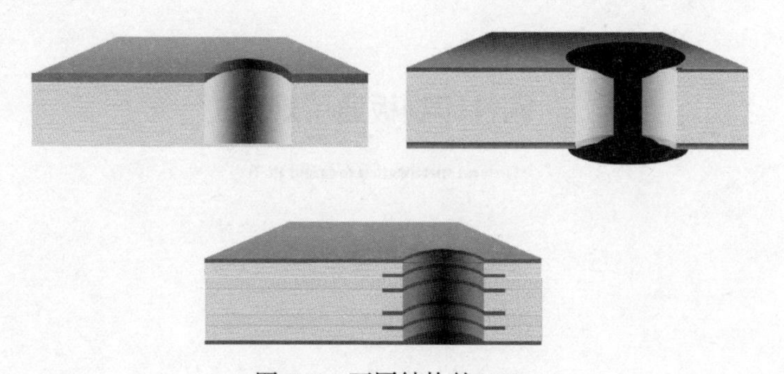

图 7.6　不同结构的 PCB

在最早的单面板中，走线只在顶层（TOP 层），插件器件通过孔在底层（BOT 层）进行焊接，这是早期一些比较简单产品的基本架构。后来由于器件数量和布线密度的增加，出现了表面贴装器件，如常见的电容电阻器件。由于需要同时在 TOP 和 BOT 层进行布线，这些表贴器件也需要同时放置在 TOP 和 BOT 层，在这个阶段，双面板的应用非常广泛。随着速率的提升，器件密度尤其是器件的封装方式悄然发生了变化。BGA 封装的出现使布线密度大大提高，需要更多的走线层，因此慢慢地从原来的双面板往 4 层板乃至更多层板发展。目前看到越来越多的 16 层、24 层、30 层甚至 40 层以上的 PCB，都属于分类中的多层板。

2. 按照用途分类

按照 PCB 用途来分类，主要可以分为民用级印制板、工业级印制板、军事级印制板和航空级印制板。

民用级印制板主要用于一些消费类产品，如家庭中的电视机、电子玩具、手机等产品。而工业级印制板主要用于计算机、高端仪表仪器等产品；军事级印制板更多用于军工领域的产品；航空级大家就更容易理解了，主要用于航空飞行器、卫星等产品。

需要说明的是，不同级别产品的设计和加工要求不一样。以军工级为例，为了更好地保证可靠性和稳定性，专门有关于设计和加工的一套标准，也就是大家熟知的国军标，如图 7.7 所示。

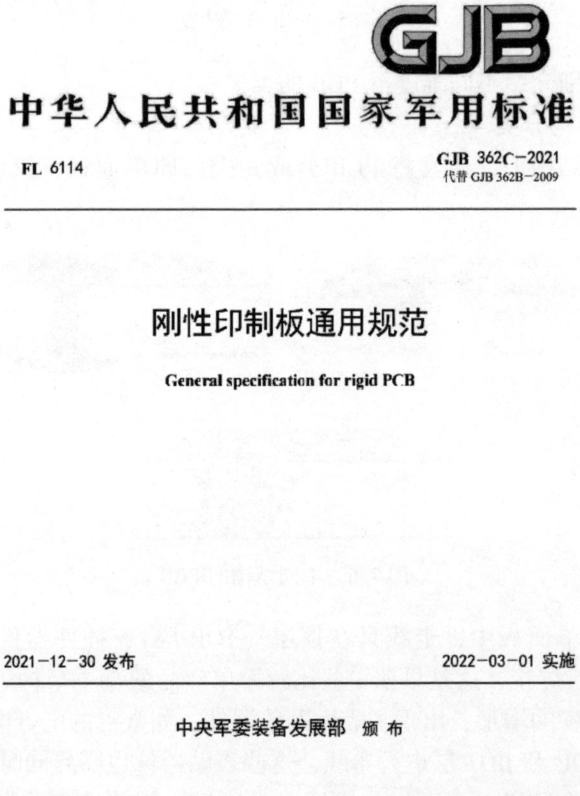

中华人民共和国国家军用标准

FL 6114

GJB 362C—2021
代替 GJB 362B—2009

刚性印制板通用规范

General specification for rigid PCB

2021-12-30 发布

2022-03-01 实施

中央军委装备发展部 颁布

图 7.7　刚性印制板通用规范

对于航空级同样如此，也有相应的标准，如图7.8所示。

QJ

中华人民共和国航天行业标准

FL 6114

QJ 831B—2011
代替 QJ 831A—1998

航天用多层印制电路板通用规范

General specification for multilayer printed board for aerospace

2011—07—19 发布　　2011—10—01 实施

国家国防科技工业局 发布

图7.8　航天用多层印制板通用规范

3. 按照硬度分类

PCB根据硬度分类，这是一种比较直观的分类方式，主要分为硬板、软板和软硬结合板3类，如图7.9所示。

硬板也称为刚性板，是PCB中最常见的一类；软板也叫挠性板；软硬结合板就叫刚挠结合板。从产品的角度看，主要考量点是产品本身的应用场景，它决定了需要使用哪种PCB。例如，交换机、服务器产品，尤其是背板，需要有很强的支撑性，因此一定会选择硬板；作为电缆用的连接场景，需要很强的弯折性，就会选用软板；智能手表或者一些智能穿戴产品，需要应用在弯折场景中，一般会选择软硬结合板。

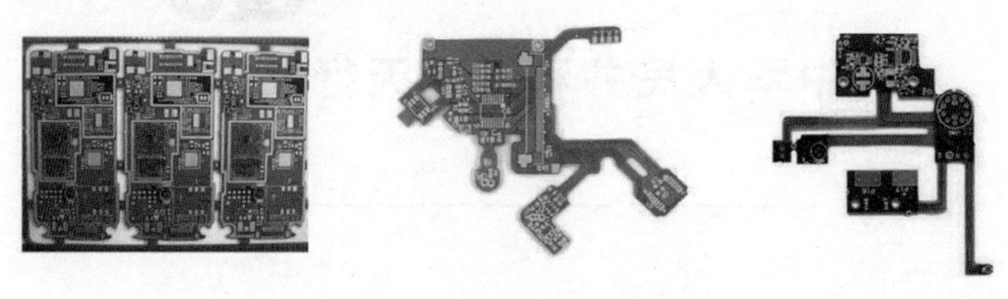

图 7.9　按照硬度分类的 PCB 板

4. 按照过孔类型分类

PCB 根据垂直方向的连接，即过孔的连接方式进行分类，还可以分为通孔板、盲孔板、埋孔板，如图 7.10 所示。

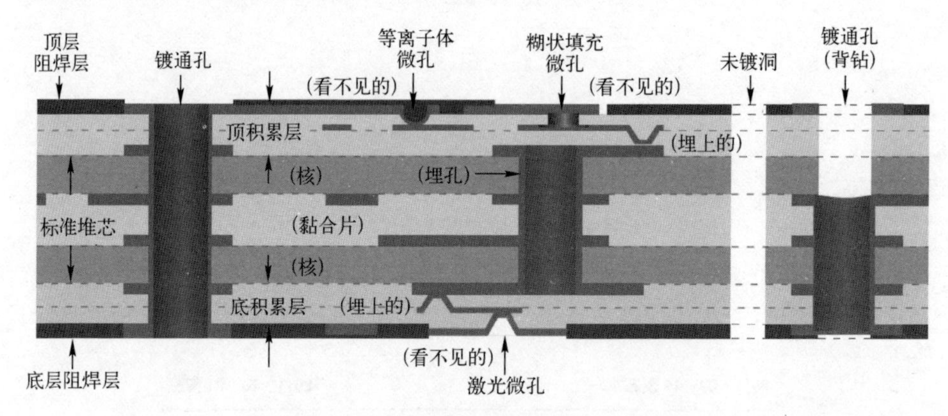

图 7.10　按照过孔类型分类的 PCB 板

之所以在通孔板的基础上发展出盲孔和埋孔板，主要是针对布线密度太大以及信号速率越来越高这两个趋势采取的解决方案。

从空间利用的角度出发，盲孔可以只连接 PCB 的若干层，而不会对下面的层产生干扰，也就是下面的层在盲孔的垂直投影方向还能进行布线；埋孔就更近一步，只存在于 PCB 中间的几层，这样上面和下面的投影位置都能够进行布线。

从信号性能的角度出发，速率越高，过孔对信号的影响就越大：一方面，孔径越大，过孔阻抗越难优化；另一方面，更重要的是通孔板可能会留下很长的过孔残桩，使信号在过孔位置产生天线效应，即使进行背钻，还是会留下一定长度的过孔残桩。使用盲孔或埋孔就能完全避免过孔残桩问题，因此在一些非常高速的产品或者用于芯片测试的 PCB 板中，经常能看到使用盲孔甚至埋孔的 PCB 方案。

5. 按照表面处理工艺分类

还可以从表面处理来分类，分为喷锡板、金手指板、镀金板、沉金板、沉锡板、沉银板等。值得注意的是，不同的表面处理工艺，除了外观颜色不同之外，对抗氧化的能力以及对信号性能的影响也会有所不同，选择时需要考虑多方面的因素。

7.1.3　印制电路板的主要电气和工艺参数

PCB 在电气性能和加工性能方面都有一些衡量指标，这里首先从电气性能方面来介绍。

电气性能方面，PCB 最重要的参数是介电常数（Dielectric Constant，DK）和损耗因子（Dissipation Factor，DF）。

DK 的物理定义：电介质填充电容器与真空填充电容器的电容值之比，称为填充电介质的介电常数。众所周知，电容是表征物体储存电荷的能力，因此介电常数作为电容的比值，可以很好地表示单位电压和单位体积内电介质极化储存电荷的能力，是一个比较宏观的物理量。因此也可以认为，介电常数越大，该介质对极化运动的积极性越强，越容易积累更多的电荷。对于 PCB 来说，DK 会影响 PCB 上传输线的阻抗和延时，而阻抗和延时对于高速信号来说非常重要，不同 PCB 的 DK 不同，即使同样的走线宽度对应的阻抗和延时也不同。图 7.11 是影响传输线阻抗的几个因素，DK 是其中之一。

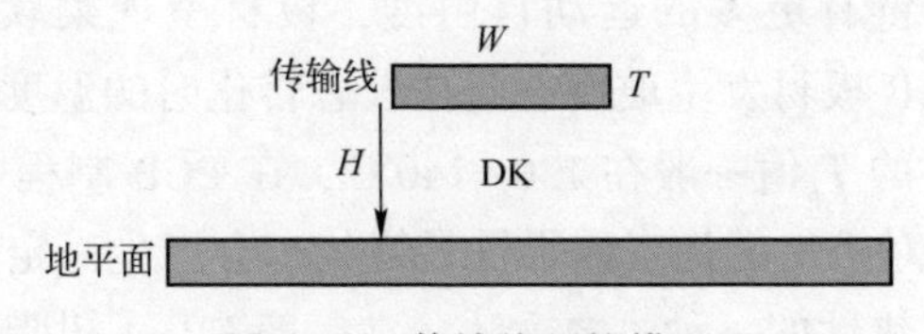

图 7.11　传输线阻抗模型

对 DF 的描述，还是从上面的电容平板引入。如前所述，理想电容器不消耗能量，是因为流经的电流与电压间正好有 90°相位差。但是如果电容器中填充了介电常数为 ε_r的介质，情况就变得不同了。现实中不同的介质材料都会有相应的电阻率，把这些介质填充到平行板之间，添加直流电压时就会有直流电流通过，把这种电流称为漏电流。根据欧姆定律可知，此时电流和电压相位相同，即存在电阻，因此能量会通过电阻造成损耗，DF的概念就是描述这种情况下的损耗。DF对PCB通道的损耗影响，可以简单概括为：DF越大，电介质的极化运动越强烈和频繁，电介质的电导率就越大，损耗也就越大。

不同PCB板材的DF差距很大，因此在考虑更高速信号走线的损耗时，应当选择DF更小的板材。图7.12所示为不同材料的损耗曲线。

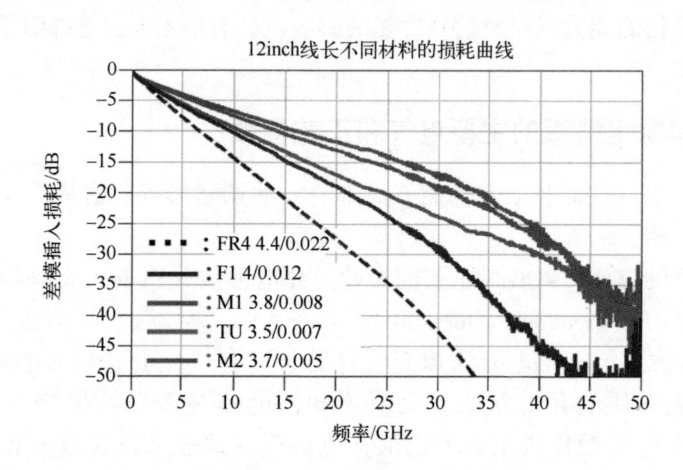

图7.12　不同材料的损耗曲线

除了上面介绍的两个主要电气性能参数以外，下面将简单介绍几个和加工工艺紧密相关的参数。

1. 玻璃化转变温度

玻璃化转变温度（T_g）是所有环氧树脂材料最重要的特性之一。若环境温度高于T_g，分子链有更多的运动自由度，板材呈现柔软可挠曲的橡胶态。因此，T_g一般指PCB板材发生玻璃态向橡胶态转化时的温度。

常规FR4板材的T_g值一般在130～140℃，在PCB制程中有几个工序的温度会超过此范围，对板材的加工效果及最终状态会产生一定影响。因此，提高T_g值是提高PCB耐热性的一种主要方法。在一般FR-4树脂配方中，引入部分三功能团及多功能团的环氧树脂或引入部分酚醛型环氧树脂，可以把T_g值提高到160～200℃。

2. 热膨胀系数

热膨胀系数（CTE）是指物质在热胀冷缩效应作用下，其几何特性随温度变化而跟随变化的规律性系数。一般PCB更关注的是Z方向的CTE，如果Z方向的CTE过大，会导致板弯、板翘的发生，影响PCB板的质量。

3. 耐CAF性能

CAF是离子迁移，是指金属离子在电场作用下，在非金属介质中发生电迁移的化学反应。这种化学反应会造成电路的阳极和阴极之间形成一条导电通道，从而造成电路短路。随着电子工业的飞速发展，电子产品趋向轻、薄、短、小，PCB的孔间距和线间距变得越来越小，线路也越来越细密，这样PCB的耐离子迁移性能就变得越来越重要。

7.1.4　国产印制电路板的发展现状

中国PCB产业的发展历程可以分为几个阶段。最早的PCB使用的是纸基覆铜印制板。20世纪50年代，随着半导体晶体管的面世应用，加上集成电路的快速发展，电子设备的体积越来越小，电路布线的密度和难度越来越大，对PCB提出了更高的要求。

1. PCB制造领域

1956年，我国开始PCB研制工作。20世纪60年代，开始批量生产单面板，小批量生产双面板并开始研制多层板。20世纪70年代，受当时历史条件的限制，PCB技术发展缓慢，整个生产技术落后于国外先进水平。20世纪80年代，从国外引进了先进的单面、双面、多层印制板生产线，提高了我国PCB的生产技术水平。进入20世纪90年代，中国香港和中国台湾地区以及日本等外国PCB生产厂商纷纷来我国合资和独资设厂，使我国的PCB产量和技术突飞猛进。在目前全球板材的性能金字塔上（图7.13），也能看到不少国产板材的身影，如国产厂家——生益（SY）科技。

在普通FR4级别中，生益科技拥有广泛应用的S1000-2板材，其主要特性如下。

（1）无铅兼容FR-4.0板材：这是生益科技S1000-2板材的基础材料，它是由玻璃纤维布浸注在树脂中制成的，具有很好的机械强度和电气性能。

（2）高T_g值（170℃）：这意味着板材在高温环境下仍能保持良好的物理和电气性能。

（3）高耐热性：生益科技S1000-2板材可以在高温环境下长时间工作而不会变形或损坏。

（4）低Z轴热膨胀系数：这有助于保证电路板在温度变化时保持尺寸稳定，从而提高设备的可靠性。

（5）优良的通孔可靠性和优异的耐CAF性能。

这些特性使生益科技S1000-2板材非常适合制作需要大量通孔的复杂电路板，同时也可以提高电路板的可靠性和寿命。

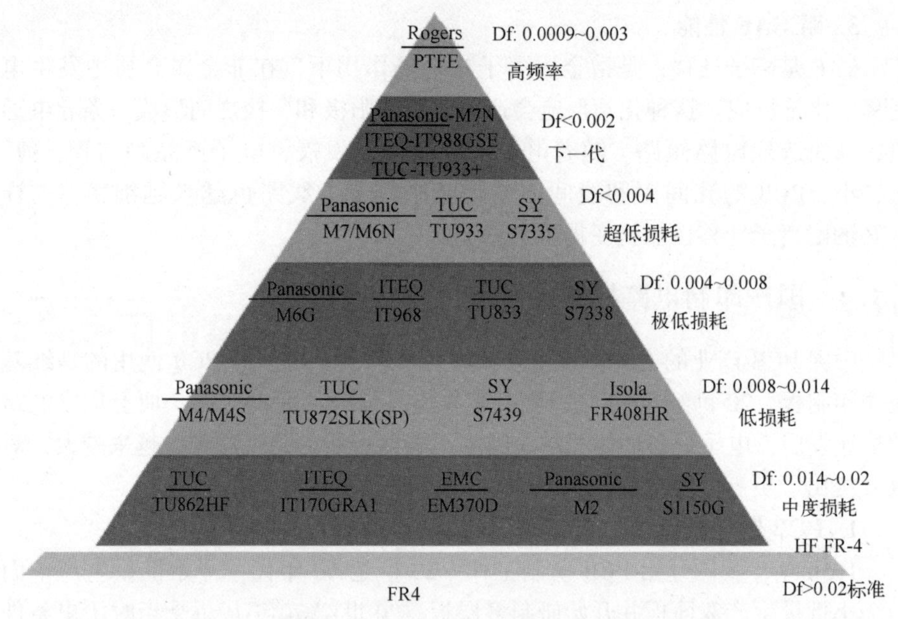

图 7.13　全球板材的性能金字塔

在 M4 级别板材中，生益科技板材 S7439 是一种具有高玻璃化转变温度（T_g 190℃）的 PCB 板材。这种板材具有一系列出色的性能特点，如高耐性（T_d>380℃、T_{300}>60min）、低 Z 轴热膨胀系数、优异的通孔可靠性以及低吸水率和优异的耐湿耐热性能。因此，它非常适合无铅工艺制程。在应用方面，S7439 板材主要适用于网络设备（如路由器、服务器、交换机等）、高性能计算机、基站背板和子板等领域，其板材厚度有多种规格可选。该材料在 1GHz 的 DK/DF 值为 3.66/0.0060。

在更高的 M6 级别中，Snamic6 板材表现不俗，主要用于多层 PCB 的制造，特别适用于需要优秀电气性能（25Gb/s +/通道）的高速数字应用。Synamic6 板材在 10GHz 的介电常数值为 3.50，损耗因子为 0.0046。

2. PCB 设计领域

而在 PCB 设计领域，中国有一些企业已经崭露头角。以深圳市一博科技股份有限公司为代表的设计公司，在研发强度上具有相对优势，显示出中国 PCB 设计行业正在稳步发展。

一博科技专注于高速 PCB 设计技术服务、研发样机及批量 PCBA 生产服务。致力于打造一流的硬件创新平台，加快电子产品的硬件创新进程，提升产品质量。一博科技拥有各类专利 200 余项，依托于高速度高密度 PCB 设计、仿真、测试等核心技术及快速响应的 PCBA 制造能力，业务覆盖工业控制、网络通信、集成电路、智慧交通、医疗电子、航空航天、人工智能等多个领域。一博科技深耕 PCB 设计领域近 20 余年，培养出一大批高级 PCB 设计工程师，现 PCB 设计工程师已超过 800 人，是全球最大的高速 PCB 设计团队。每年 15000 余款 PCB 设计的淬炼、业界领先的 SI/PI 仿真技术、高科技共享高速实验室的重磅出世，让一博科技在行业内一直处于领先地位。图 7.14 所示为焊接流水线。

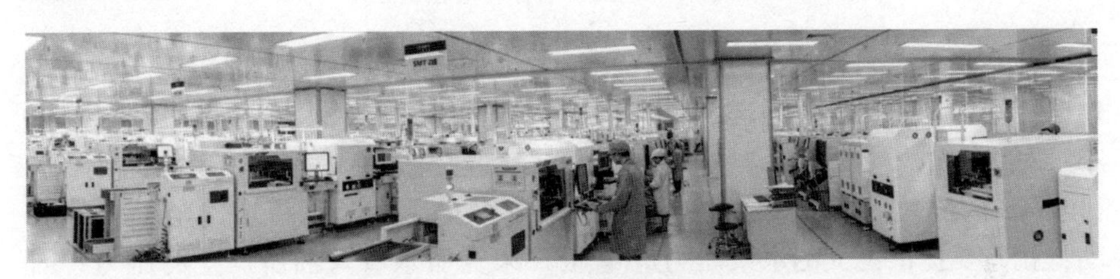

图 7.14　PCB 焊接流水线

在 PCB 加工方面，中国大陆的企业如深南电路、景旺电子等在业内具有较高的知名度和市场份额。这些公司不仅在国内市场上占有一席之地，而且在全球市场上也具有一定的竞争力。随着全球 PCB 产能向中国大陆转移，中国大陆的 PCB 加工企业正面临着巨大的市场机遇。至于 PCB 制造公司，中国同样有不少具有实力的企业。此外，根据相关行业报告，中国的 PCB 行业产值规模持续增长，已成为全球最大的 PCB 生产基地。

综上所述，中国在 PCB 设计、加工和制造方面拥有一批优秀的国产企业，它们在全球市场中占据了重要的位置，并且随着技术进步和市场需求的增长，这些企业将继续推动中国 PCB 行业的发展。

7.2　印制电路板集总参数与分立参数

在低速时代，传输线可以看作一段无长度的导线，不会去关注一段特定长度的导线所带来的延时和损耗。随着传输线上信号的运行速率越来越高，出现了各种由传输线带来的信号完整性问题，此时传输线不再是理想的导线，科学家们开始了对传输线高频特性的研究。本节将介绍传输线的高频特性及其等效模型，解释高频下传输线给信号质量带来的影响。

7.2.1　电阻、电容与电感

当设计高速电路板时，只需要关注 3 种无源器件，即电阻、电容和电感（图 7.15）。硬件原理上遇到的大多数问题，都可以用这 3 种元件或者它们的组合来描述和分析。

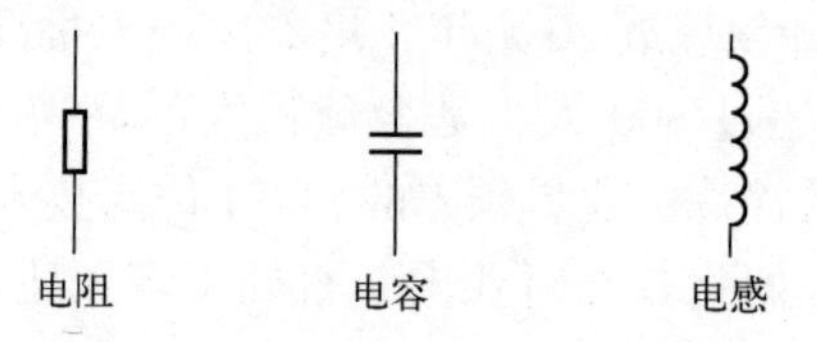

图 7.15　电阻、电容、电感模型

首先来说电阻，众所周知，电阻本身是阻碍电流流动的器件，用水流来比作电流的话，能更形象地理解电阻在其中的作用。如果水管弯曲（电阻）较小，对水（电子）的阻碍也小；相反，弯曲（电阻）较大就会严重阻碍水（电子）的流动。如果想在比较大的弯曲（大电阻）处保持水（电子）的流动，就需要提供更大的水泵压力（电压）来克服水管弯曲所产生的压力。因此，水管弯曲程度（电阻）与水的流量（电流）和水泵压力（电压）有一定关系。图 7.16 所示为电阻的水流模型。

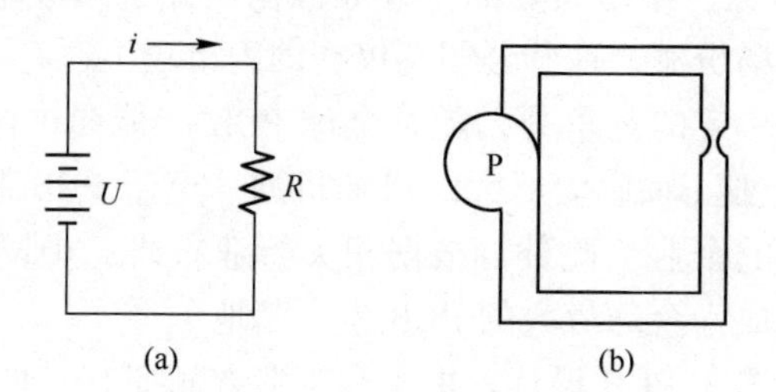

图 7.16　电阻的水流模型

图 7.17 所示为电阻串联模型。

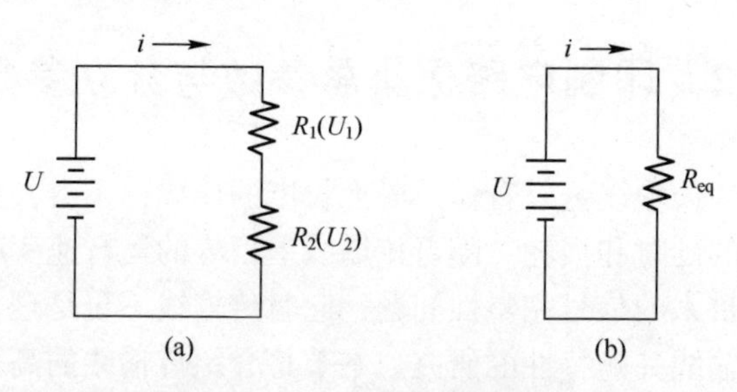

图 7.17　电阻串联模型

等效电阻的计算公式为

$$R_{\mathrm{eq}}=R_1+R_2 \tag{7.1}$$

图 7.18 所示为电阻并联模型。

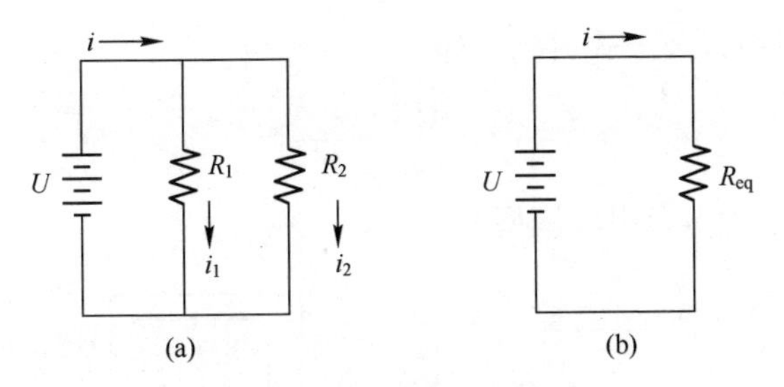

图 7. 18　电阻并联模型

等效电阻的计算公式为

$$\frac{1}{R_{eq}}=\frac{1}{R_1}+\frac{1}{R_2} \Rightarrow R_{eq}=\frac{R_1R_2}{R_1+R_2} \tag{7.2}$$

顾名思义，电容是“装电的容器”，是一种容纳电荷的器件。任何两个彼此绝缘且相隔很近的导体（包括导线）间都可以构成一个电容。对于电容的描述，同样可以使用水流来比喻。两个独立、不相连、密封空腔的储水设备类比电容，如图 7. 19 所示。水泵带动水流在管道中从 B 向 A 流动，刚开始，水从 B 流向 A 没有什么障碍；随着时间的加长，A 水池的水越积越多，A 水池中就会有一种压力反抗水流继续流入 A 水池，水流速度变缓；随着 A 水池被注满，管道中的水不能继续注入 A 水池，管道中的水停止流动。也就是说，电容在此过程中的作用是时刻阻碍电压的变化。

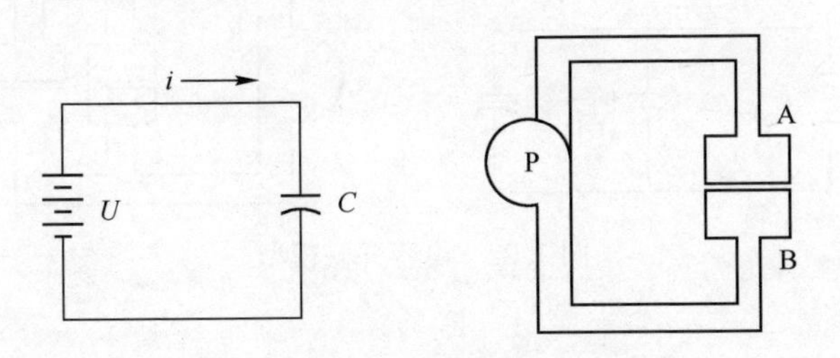

图 7. 19　电容的水池模型

图 7. 20 所示为平板电容结构。

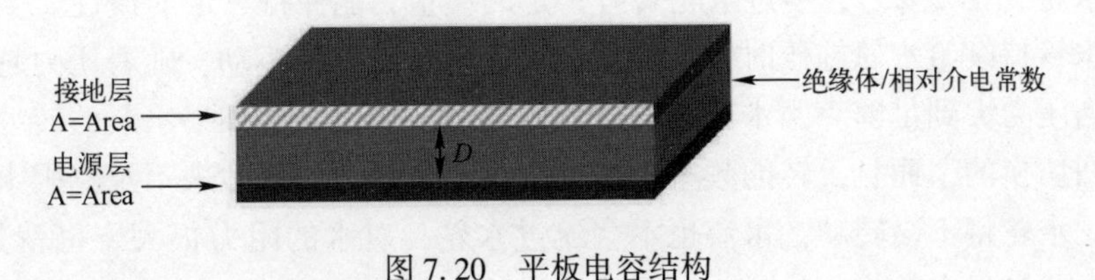

图 7. 20　平板电容结构

电容值可以由以下公式得到，即

$$C=\frac{Q}{U}=\frac{\varepsilon_0\varepsilon_r A}{D} \tag{7.3}$$

图7.21所示为电容串联模型。

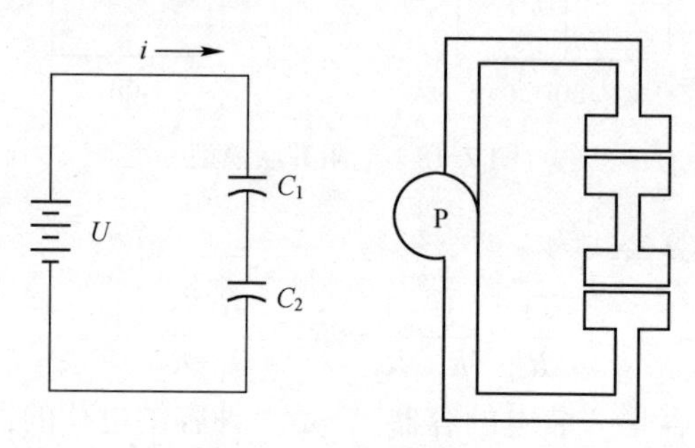

图7.21　电容串联模型

等效电容的计算公式为

$$C_{eq}=\frac{C_1C_2}{C_1+C_2} \tag{7.4}$$

图7.22所示为电容并联模型。

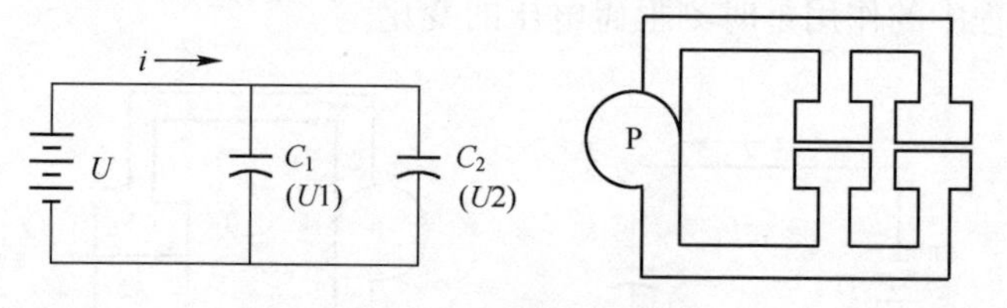

图7.22　电容并联模型

等效电容的计算公式为

$$C_{eq}=C_1+C_2 \tag{7.5}$$

关于电感，还是用类似的比喻进行描述。电感在电路中的作用，可以类比一个水轮（图7.23），不过水轮要有一定的质量，能保持一定的惯性。当水泵通过水管持续给水轮施压时，水轮最初由于惯性会保持不动，随着压力越来越大，当压力大到足够克服水轮的惯性，水轮就开始旋转。如果水泵的转动方向是来回切换的，而且反转的频率很快，施加在水轮上的压力来不及克服水轮的惯性，水轮将不会转动，水流也不会流过水轮，对水的阻力很大。也就是说，电感在此过程中的作用是时刻在阻碍电流的变化。

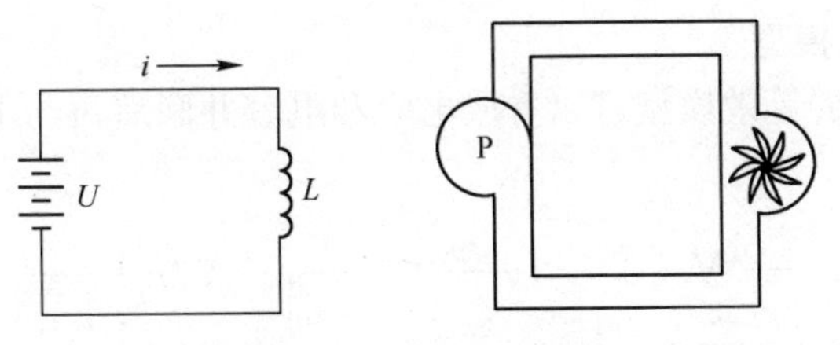

图 7.23　电感水轮模型

图 7.24 所示为电感串联模型。

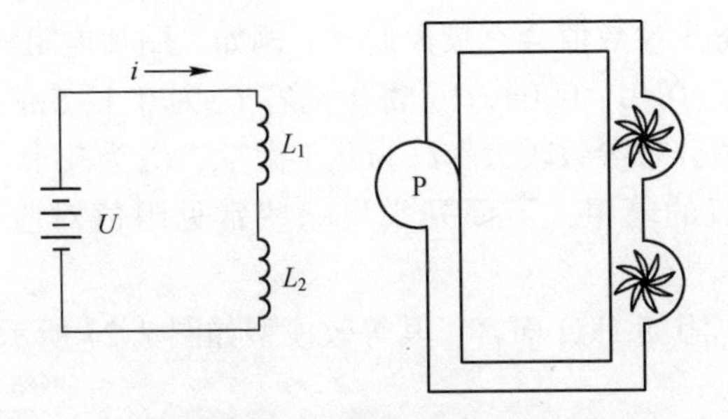

图 7.24　电感串联模型

等效电感的计算公式为

$$L_{eq}=L_1+L_2 \tag{7.6}$$

图 7.25 所示为电感并联模型。

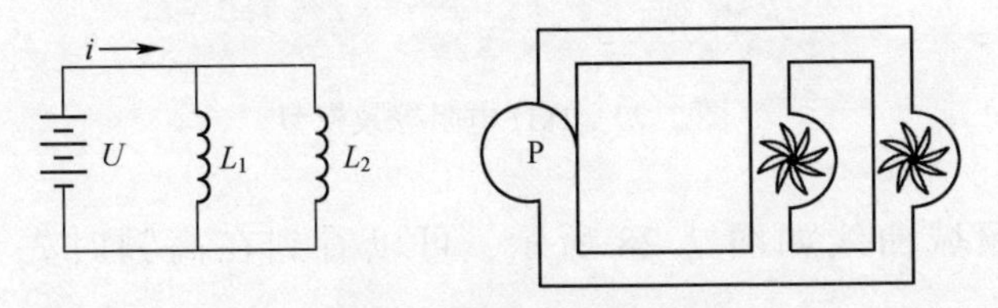

图 7.25　电感并联模型

等效电感的计算公式为

$$L_{eq}=\frac{L_1L_2}{L_1+L_2} \tag{7.7}$$

7.2.2　电阻、电容和电感的高频特性

上面章节讲到了电阻、电容和电感的理想模型，但是随着频率的变化，这 3 种无源器件不会只运行在理想状态下，实际中 3 种器件的等效模型是 3 种理想模型的组合，本节将详细介绍。

1. 电阻等效模型

首先，电阻的等效模型可以看成电阻和电容并联后再与电感串联的模型，如图7.26所示。

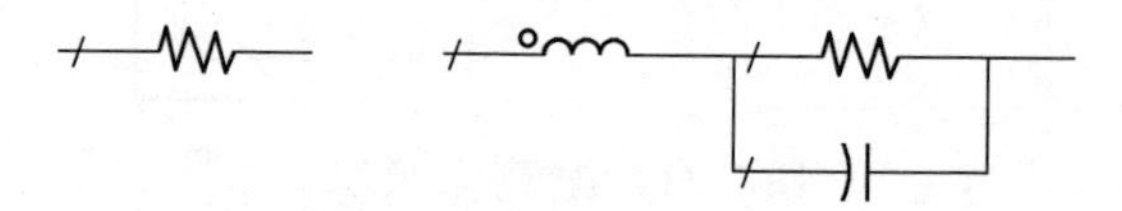

图7.26　电阻等效模型

不同电阻的寄生参数值会有较大差异。例如，贴片电阻的高频分布参数较小，寄生电感L_R为0.01~0.09μH，寄生电容C_R为0.1~5pF；对于插件电阻、绕线电阻，其高频分布参数较大，L_R为几十微亨，C_R为几十皮法。

对于不同阻值的电阻，下面列举出一些常见阻值对应等效模型的频域曲线。

对于较大的电阻如1kΩ而言，其等效模型如图7.27所示。

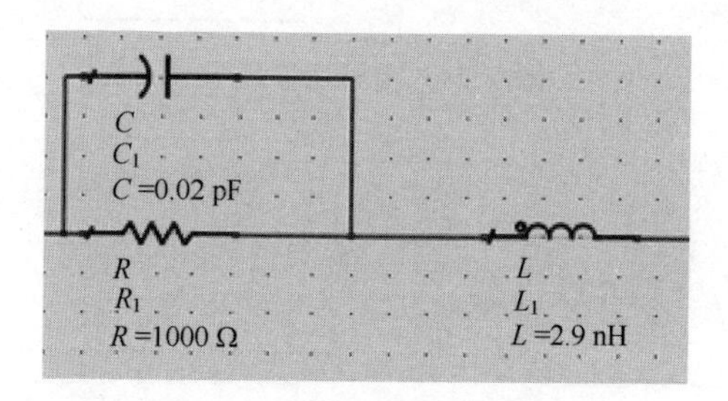

图7.27　1kΩ电阻等效模型

对应的频域曲线如图7.28所示，可以看到在高频时先呈容性再呈感性。

对于具有同样寄生电感和电容值的100Ω电阻而言，频响曲线如图7.29所示，可以看到在高频时直接忽略了容性部分，直接以感性状态工作。

如果是具有同样寄生参数值的更小电阻，如0.01Ω，频域曲线如图7.30所示，基本在很低的频段就开始呈现感性，而且感抗比电阻本身的阻值上升得更快。

2. 电容等效模型

电容的等效模型如图7.31所示。

可以看到，电容的等效模型就是一个常见的RLC串联电路。众所周知，RLC串联电路会存在一个谐振点，在谐振点之前，电容整体呈容性，等效阻抗不断下降；但是在谐振点之后，电容整体马上呈感性，等效阻抗不断上升。也就是说，一个电容，真正起作用的部分只有在谐振点之前的频段，而谐振点之后的频段电容是失效的。电容等效模型对应频率曲线如图 7.32 所示。

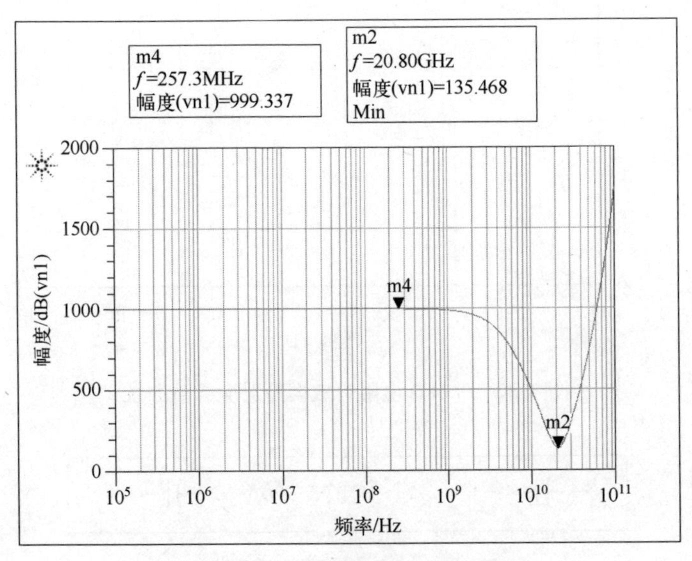

图 7.28　电阻等效模型对应频域曲线

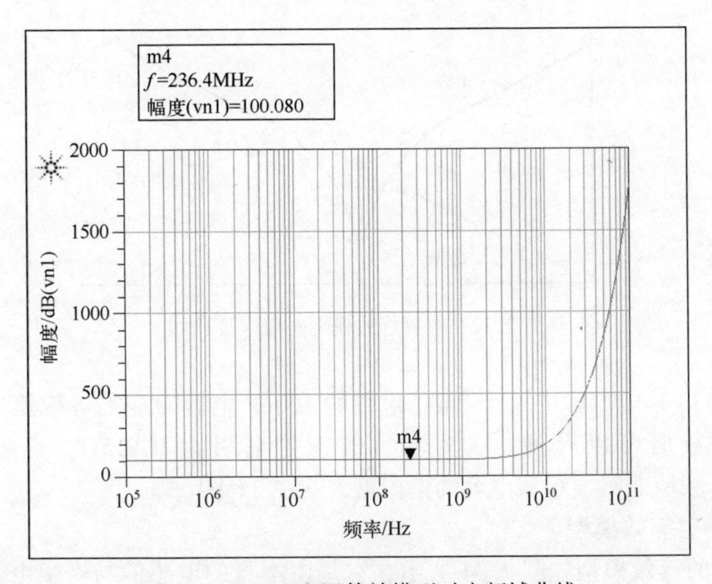

图 7.29　100Ω 电阻等效模型对应频域曲线

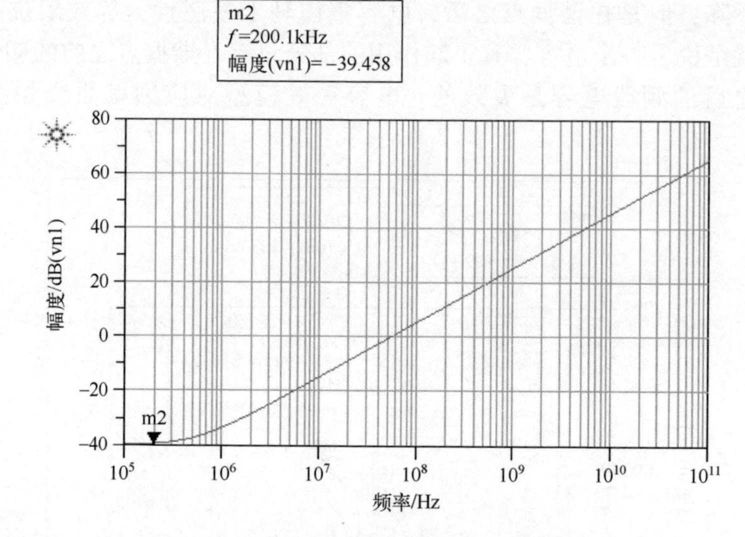

图 7.30　0.01Ω 电阻等效模型对应频域曲线

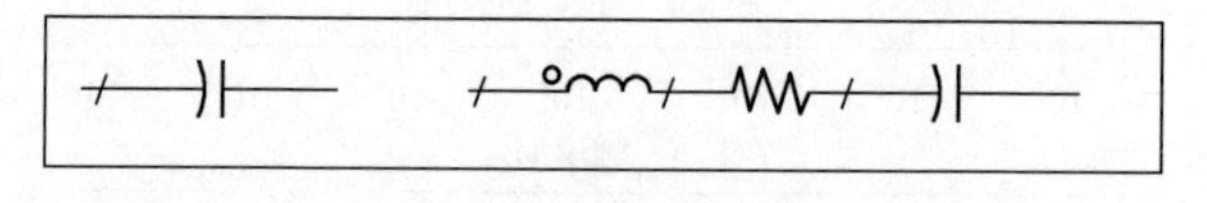

图 7.31　电容等效模型

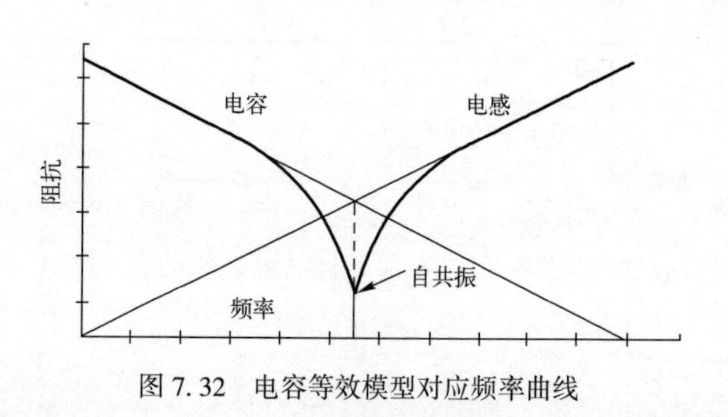

图 7.32　电容等效模型对应频率曲线

图 7.33 是电容库中一个 0402 封装的 100nF 电容对应的等效模型参数计算。通过数据可以看到，这个电容的寄生电阻为 0.915Ω，寄生电感为 0.39nH，频域曲线显示该电容的谐振点大约在 25MHz。

3. 电感等效模型

电感的等效模型如图 7.34 所示，它是由本身的电感值与寄生电容进行并联后，再和一个寄生电阻模型进行串联。

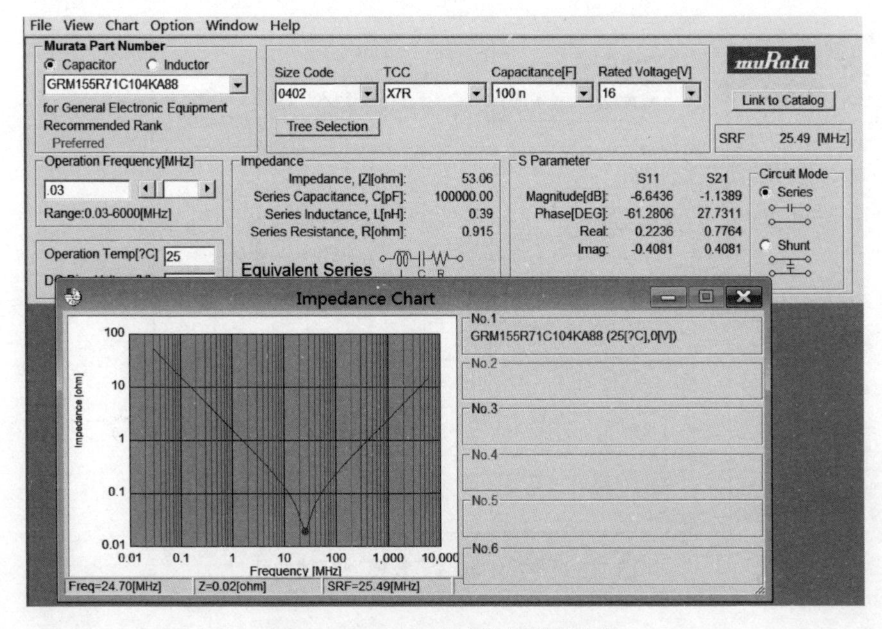

图 7.33　100nF 电容等效模型参数

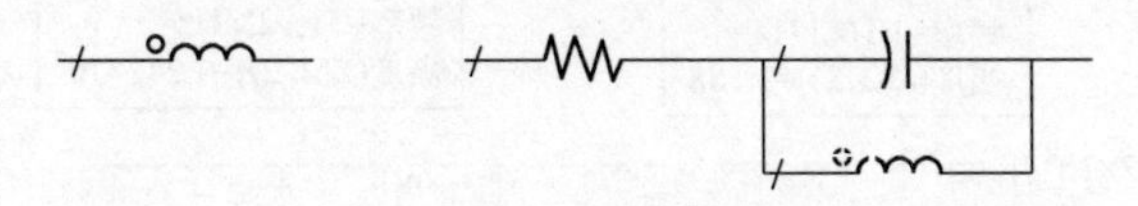

图 7.34　电感等效模型

与电阻相似，不同电感的寄生参数差异较大。贴片电感的高频分布参数较小，寄生电容为 0.01~0.5pF，直流电阻一般由电感的数据手册提供；而插件电感、绕线电感的高频分布参数较大。

下面列举了不同电感值的频域曲线。

（1）47nH 电感，1.6GHz 以后开始呈现电容特性，1.6GHz 以前呈现电感特性，其频域曲线如图 7.35 所示。

（2）47μH 电感，在 50MHz 之后就呈现电容特性，其频域曲线如图 7.36 所示。

（3）4700μH 电感，在更低的 5MHz 之后就呈现电容特性，其频域曲线如图 7.37 所示。

从本节的介绍可以看到，无论是电阻、电容还是电感，在一定频率之后都会呈现相反的阻抗特性，也就是说，不能准确地呈现自身应有的特性。因此，在高速信号传输中就需要准确预测其特性并加以合理选择，否则就会严重影响信号本身的性能。

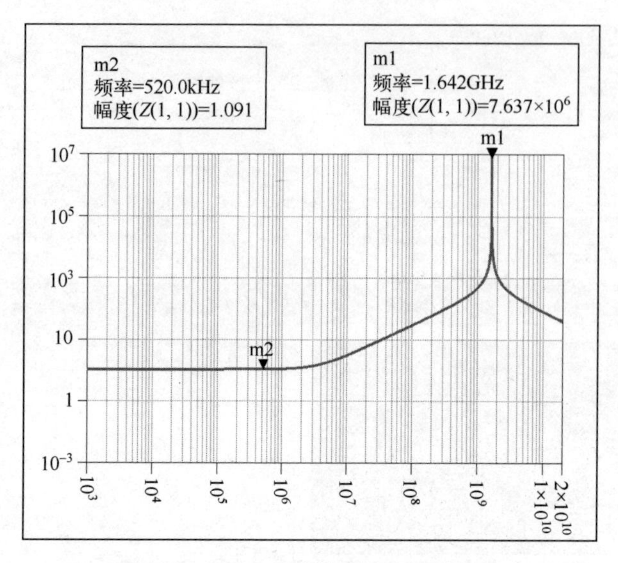

图 7.35　47nH 电感等效模型频域曲线

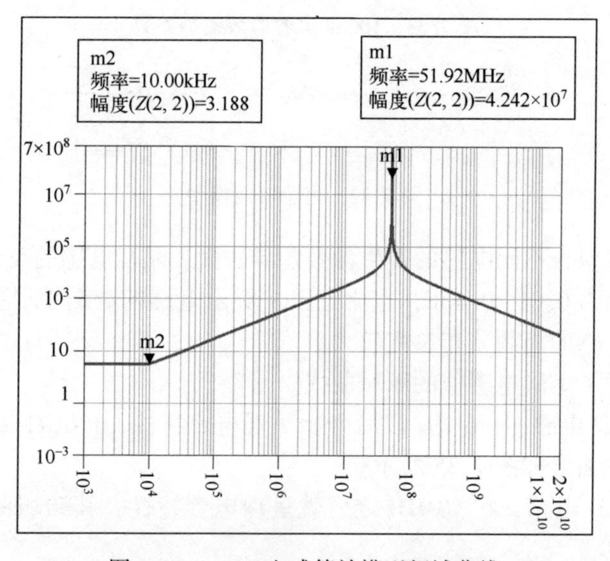

图 7.36　47μH 电感等效模型频域曲线

7.2.3　传输线的 0 阶和 1 阶模型

为什么信号速率越来越高后，传输线不能看作一段理想、无损耗、无延时的导线呢？用一个简单的例子说明，大家就会明白。

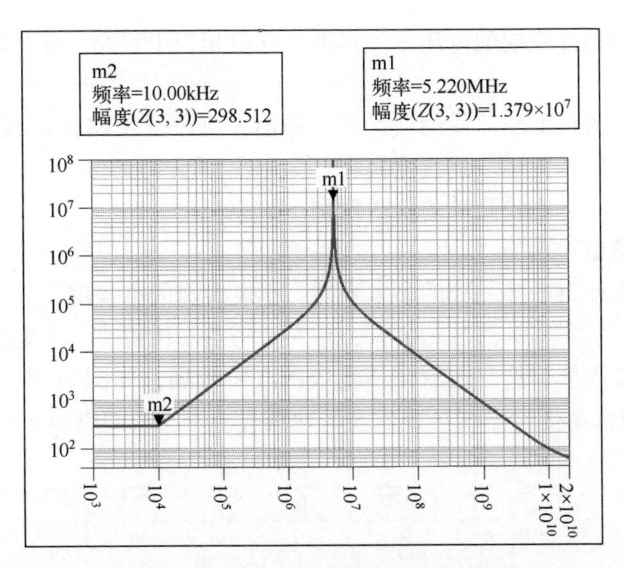

图 7. 37　47μH 电感等效模型频域曲线

这里以一个正弦波为例来分析（图 7. 38）。假设正弦波的频率为 1GHz，即周期为 1ns，在传输线中的波长是 6000mil。如果传输线的线长在 1 英寸（inch）以上，从驱动端到接收端传输线上的电平是不同的，且这种电平差异不可忽视。

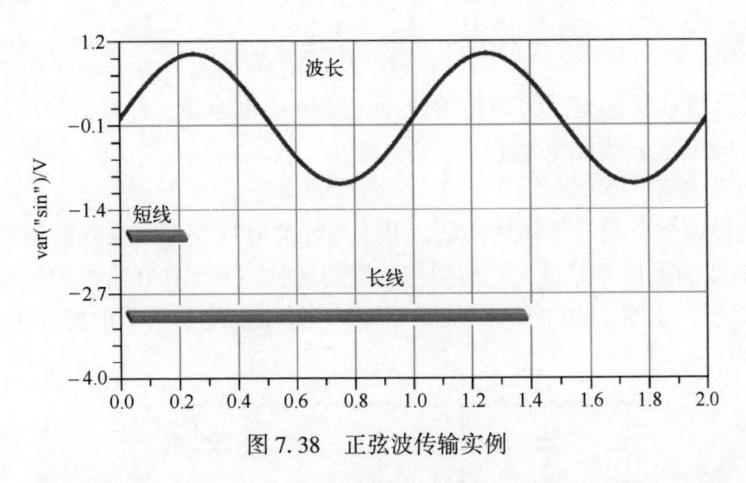

图 7. 38　正弦波传输实例

可以这么理解：数字信号从驱动端到接收端，会被锁存在传输线上一段时间，尽管这段时间很短。如果传输线很短，不到波长的 1/20，这里的 1/20 波长就是 300mil，它相对于整个传输线来说很短，在这么短的距离内，可以近似地认为驱动端和接收端的电压是一样的，这就相当于短路，在传输路径上没有波动效应。

当传输线的长度和信号的波长可比拟时，则不能忽略传输线本身的特性。那么到底要如何对传输线进行建模呢？

首先来看一下比较简单的零阶模型。

1. 0阶模型

把传输线分为一排一排的小电容器，小电容器的电容值等于传输线一跨度的电容量，一跨度就是信号的步长，相当于每走一步就使一个电容充上电，电容之间的跨度就是步长，这就是传输线的0阶模型，如图7.39所示。简单来说，0阶模型就是把传输线描述成一系列具有一定间距的电容集合。

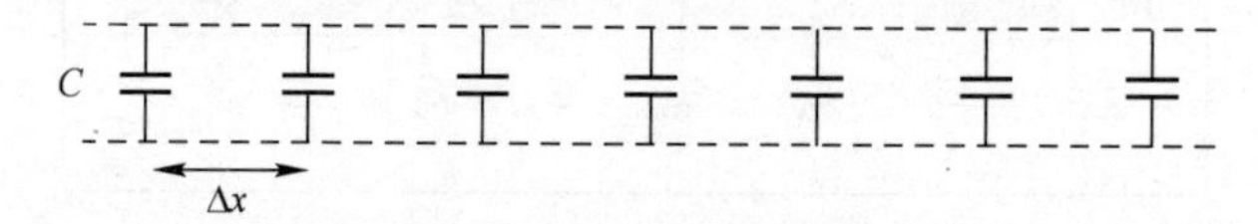

图7.39　传输线0阶模型

信号在传输线上不断前行，受到的阻抗就像经过一个个电容器件。可以通过相应的计算公式计算出信号沿传输线传播时受到的瞬态阻抗，它等于施加的电压与流过器件的电流之间的比值。

计算公式为

$$Z=\frac{U}{I}=\frac{U}{C_{\mathrm{L}}vU}=\frac{1}{C_{\mathrm{L}}v}=\frac{83}{C_{\mathrm{L}}}\sqrt{\varepsilon_{\mathrm{r}}} \tag{7.8}$$

式中：I为信号的电流；C_{L}为传输线单位长度的电容量；v为信号的速度；U为信号的电压；ε_{r}为介电常数。

2. 1阶模型

0阶模型是个很好的物理模型，但不是好的电气模型。在0阶模型中，能模拟传输线的阻抗，但是无法模拟传输线的延时，因此在0阶模型的基础上使用1阶模型，如图7.40所示，在每一节电容器中加上了一节电感，组成了LC电路模型。

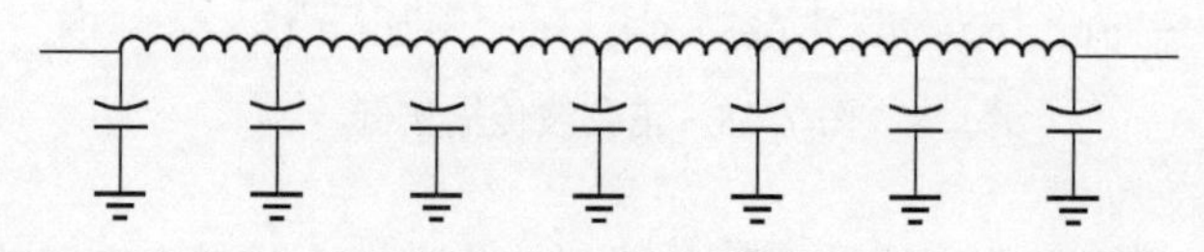

图7.40　传输线1阶模型

在该模型下，传输线的延时T_{D}和阻抗Z_0可以通过以下公式进行计算，即

$$Z_0 = \sqrt{\frac{L_L}{C_L}} \tag{7.9}$$

$$T_D = L_{en}\sqrt{C_L L_L} \tag{7.10}$$

式中：C_L为传输线单位长度的电容量；L_L为传输线单位长度的电感量；L_{en}为传输线总长度。

1 阶模型能够很好地表征传输线的阻抗和延时，但是依然有一定的缺陷，就是无法表征传输线带来的损耗。因此，还可以在 1 阶模型的基础上增加电阻和电导，这样就可以对传输线的损耗进行很好的表征，如图 7.41 所示。

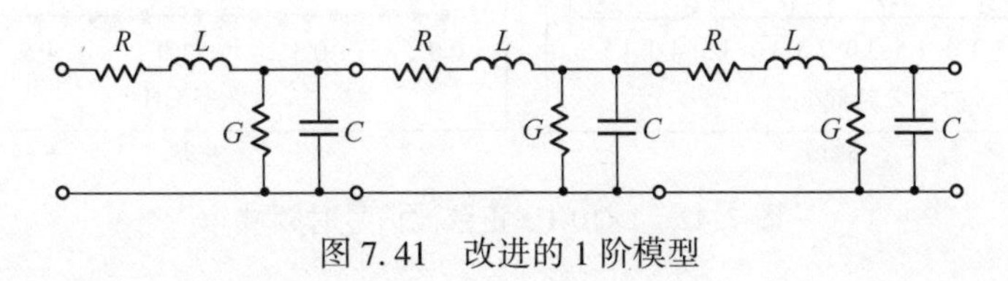

图 7.41　改进的 1 阶模型

7.3　传输线与端接技术

7.2 节提到，一定频率之后，传输线需要以分布参数进行描述，因此每一小段传输线的阻抗差异和损耗都会影响信号的完整性。本节将介绍一种常见的由传输线阻抗不匹配引起的信号完整性问题，即反射，并展示通过一些特殊设计方式改善反射的方法。

7.3.1　高速信号的定义

首先介绍一个简单的理论，即时域和频域的变换关系。时域是随时间变化的域，时域是真实的世界，是唯一实际存在的域。时域经由傅里叶变换就能得到频域，频域的特性是非真实的，是一种数学构造。正弦波是频域中唯一存在的波形，所以正弦波是对频域的描述。

图 7.42 是一个 1GHz 的正弦波信号在时域和频域的形式，可以看到，频域在描述上一定程度是比时域要简单的。

从图 7.42 可以看出，正弦波是频域中唯一存在的波形，所以正弦波是对频域的描述。正弦波有 4 个性质，使它可以用来描述任意波形。

（1）时域中的任何波形都可由正弦波组合完全且唯一地描述。

（2）任何两个频率不同的正弦波都是正交的。如果两个正弦波相乘并在整个时间轴上积分，则积分值为零。这说明可以将不同的频率分量相互分离开。

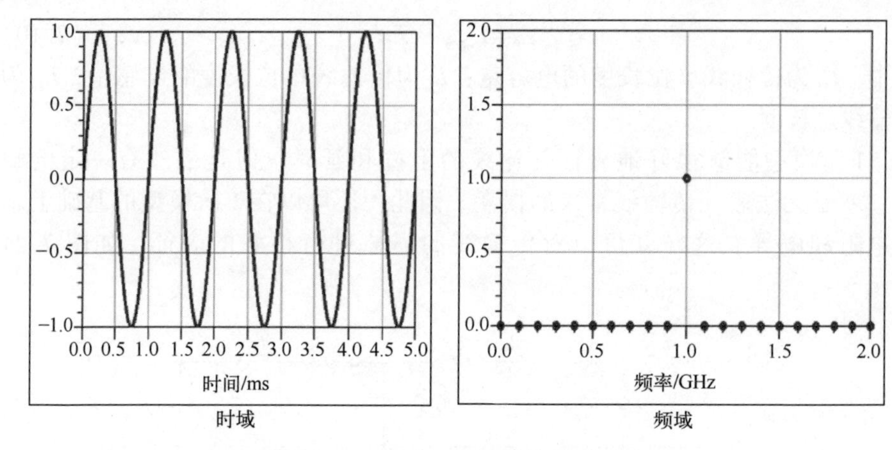

图 7.42　1×10^9Hz 正弦波信号时频域

（3）正弦波有精确数学定义。

（4）正弦波及其微分值处处存在，没有上、下边界。现实世界是无穷的，因此可用正弦波描述现实中的波形。

然后介绍高频和高速的区别。高频信号与高速信号是两个相关但不同的概念。高频信号主要指传输频率较高的模拟信号，而高速信号则关注信号的上升和下降时间，即信号的陡峭程度。当信号的上升沿或下降沿时间小于 50ps 时，就认为是高速信号。一个频率不高的方波，如果边沿非常陡峭，它所包含的频率成分里有出人意料的高频分量，因此在信号完整性分析中，这样的信号应被视为高速信号。

图 7.43 所示的两组时域信号波形，它们的周期相同，也就是频率是相同的，但是并不能说它们是一样的信号。从时域来看，它们的上升时间相差很远，也就是说，两组信号的高频分量是有明显差异的。

把两组信号从时域转换到频域再观测，就能发现高频分量的差异，如图 7.44 所示。

事实上，时域中很多不希望存在的反射或者振铃现象，都是因为波形上掺杂了高频分量导致的，图 7.45 即为这个具有一定振荡的波形。

这个波形从时域上看，除了本来的 1GHz 正弦波分量外，还包含 3GHz 和 5GHz 的正弦波，也就是说，这个波形由 3 个单频正弦波叠加而成，如图 7.46 所示。

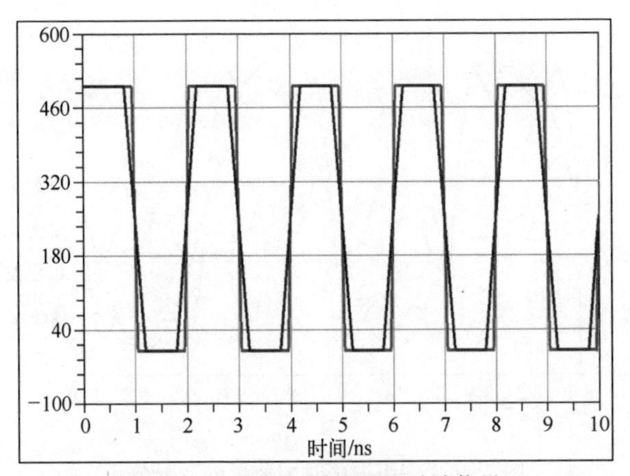

图 7.43　周期相同的两组时域信号

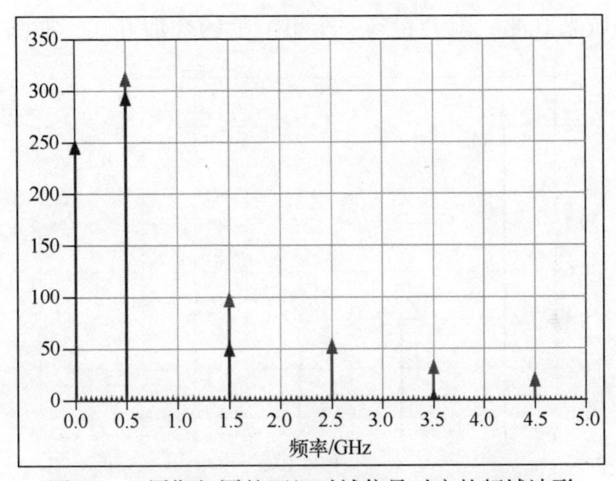

图 7.44　周期相同的两组时域信号对应的频域波形

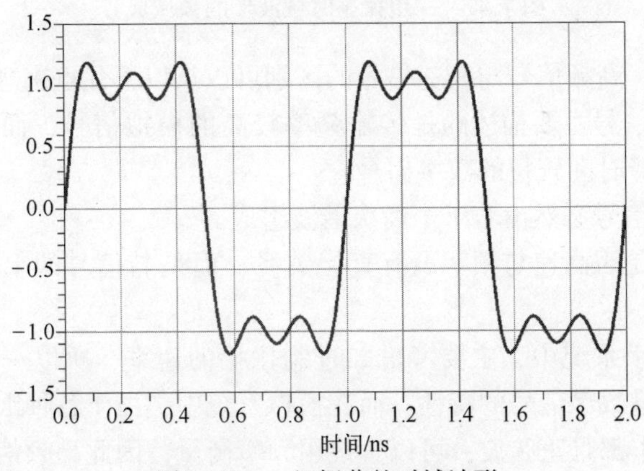

图 7.45　一组振荡的时域波形

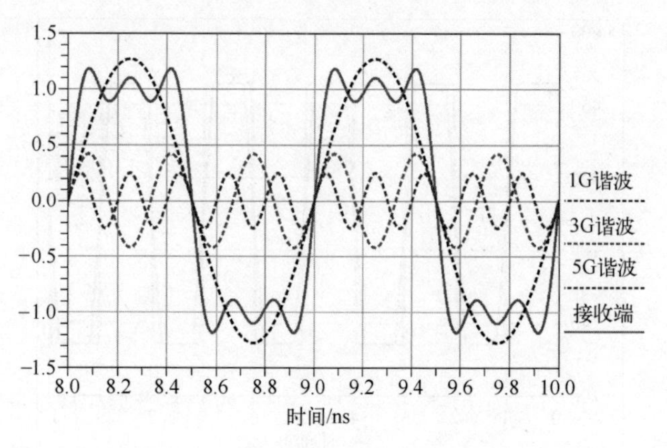

图 7.46　一组振荡时域波形的成分分析

如果从频域来观测，就会看到一个更清晰的叠加方式，如图 7.47 所示。

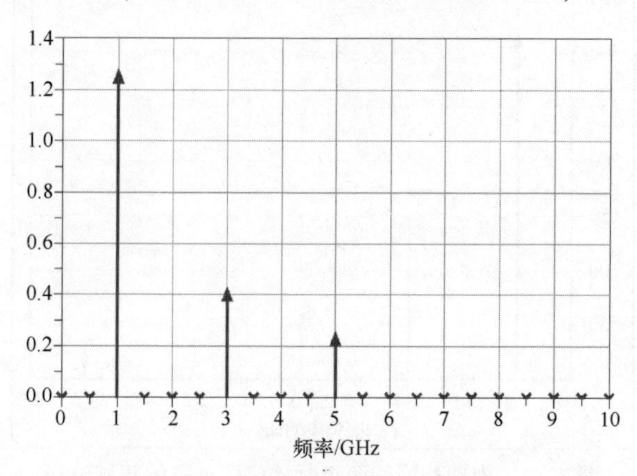

图 7.47　一组振荡时域波形的频域成分

总体说来，高频信号与高速信号的区别可以从以下几点来理解。

（1）高频信号主要描述的是传输频率较高的模拟信号，而高速信号描述的是上升和下降时间较短的数字信号。

（2）高速信号必然由若干个高次谐波组成。

（3）信号是否高速与频率没有直接关系，而是与信号的上升沿或下降沿时间强相关。

（4）在数字系统中，主要考虑二进制比特的速率，所以一般以传输的比特率高低来衡量数字信号的特性；而在模拟系统中，由于各种因素，如调制信号用的载波基本都是正弦波，可以直接用频率衡量，因此高频信号这个概念比较常见。

7.3.2　传输线上的反射

信号在传输线上的反射，它的场景很像光在介质中的变化。众所周知，光在两种不同介质的分界面会发生反射，反射导致反射波和透射波的产生，并且重新分配了能量和传播角度，如图 7.48 所示。

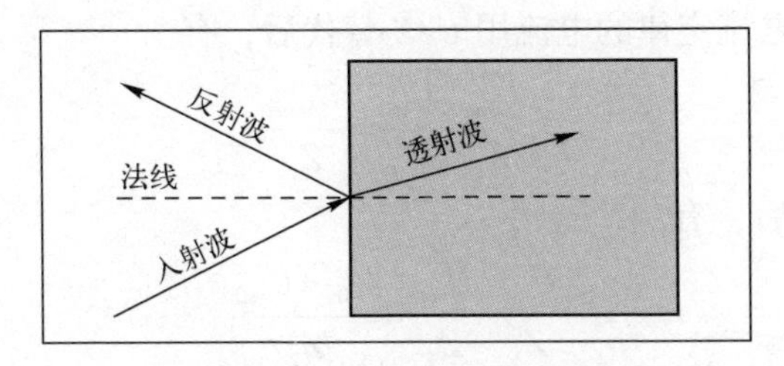

图 7.48　光的反射与折射现象

那么信号的反射也是类似的，不过信号反射发生在两种不同阻抗的分界位置，如图 7.49 所示。

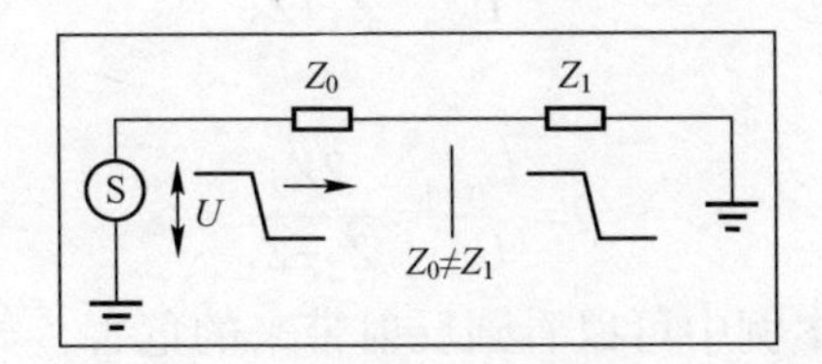

图 7.49　信号的反射现象

同样，信号会产生反射回源端的信号以及传输到末端的信号，其能量也会重新分配，如图 7.50 所示。

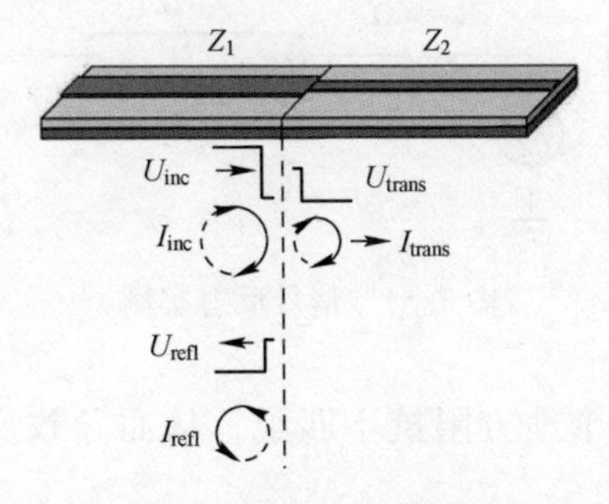

图 7.50　信号传输途径

当信号穿越阻抗不连续点时，会产生反射电压与电流，从而使分界面两端的电压和电流相等（基尔霍夫定律）。

这样就有以下公式，即

$$U_{inc}+U_{refl}=U_{trans} \quad I_{inc}-I_{refl}=I_{trans} \tag{7.11}$$

式（7.11）中，根据欧姆定律，有

$$Z_1=\frac{U_{inc}}{I_{inc}}=\frac{U_{refl}}{I_{refl}} \quad Z_2=\frac{U_{trans}}{I_{trans}} \tag{7.12}$$

将基尔霍夫电流定律的电流用 U/Z 替代后，有

$$\frac{U_{inc}}{Z_1}-\frac{U_{refl}}{Z_1}=\frac{U_{trans}}{Z_2} \tag{7.13}$$

将 U_{trans} 替换后，有

$$\frac{U_{inc}}{Z_1}-\frac{U_{refl}}{Z_1}=\frac{U_{inc}+U_{refl}}{Z_2} \tag{7.14}$$

由该公式可以定义以下系数。

反射系数为

$$\Gamma=\frac{U_{refl}}{U_{inc}}=\frac{Z_2-Z_1}{Z_2+Z_1} \tag{7.15}$$

传输系数为

$$T=\frac{U_{trans}}{U_{inc}}=\frac{2Z_2}{Z_2+Z_1} \tag{7.16}$$

从下面这个实际案例中可以看到反射带来的危害，如图7.51所示。发送端激励是一个0~1V的阶跃信号，源端是50Ω的串阻，中间传输线阻抗为100Ω，末端是一个950Ω的高电阻负载。发送信号的上升时间假设是0，也就是非常小的上升时间。

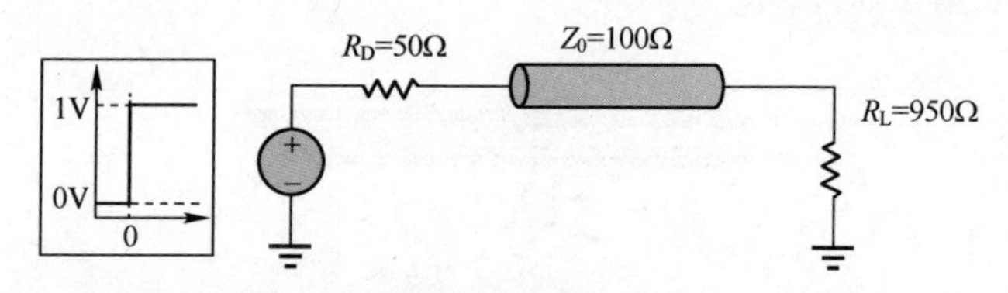

图7.51 信号反射实例

在这个链路中有两个地方阻抗不匹配，从而导致反射的发生。首先是源端，如图7.52所示。

然后是末端，如图7.53所示。

这时去观测负载950Ω位置的波形，由于来回反射，导致波形不断变化，如图7.54所示。

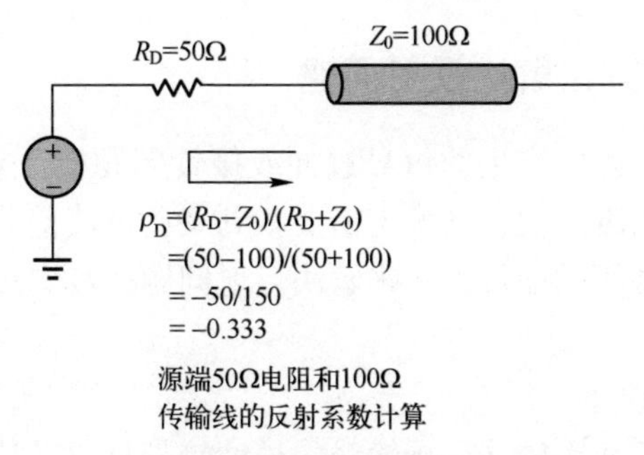

图 7.52　信号反射源端

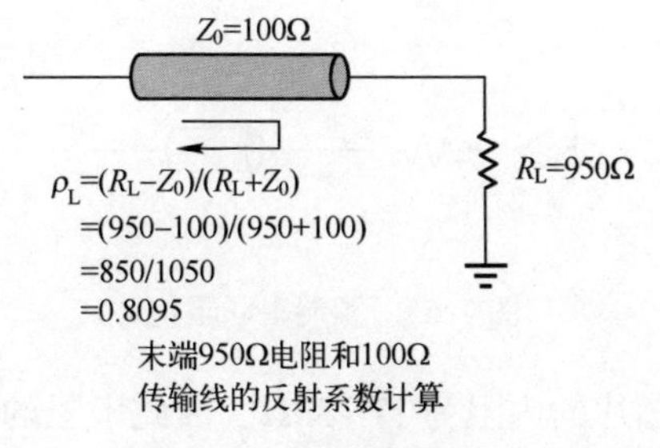

图 7.53　信号反射末端

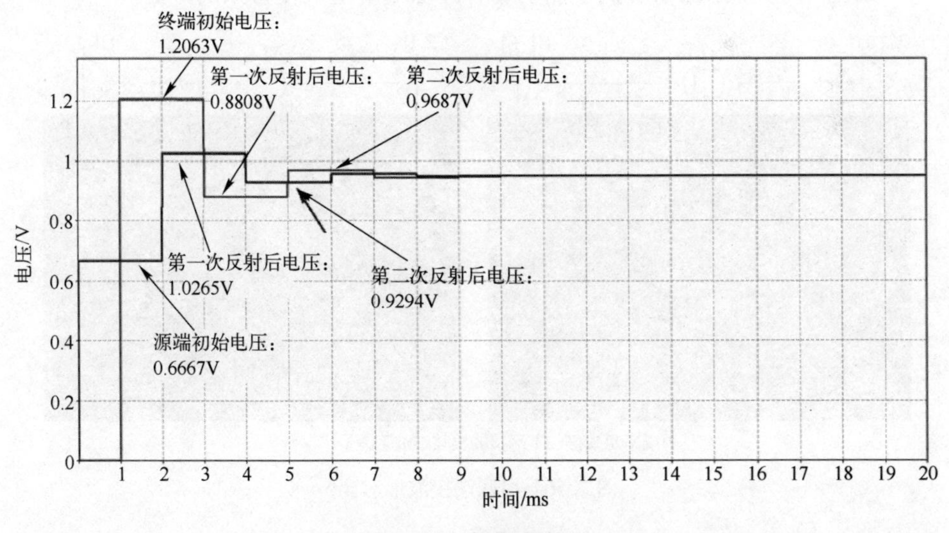

图 7.54　负载端波形

可以看出，哪怕是只有 1V 的阶跃信号，经过反射后都能激起超过 1V 的波形，因此，就产生了我们所说的信号振铃问题。

7.3.3 常用端接方法解决反射问题

由于链路阻抗不匹配产生的信号过冲或振铃问题会严重影响信号的质量，因此从信号完整性角度来说，技术上需要找到一些解决信号反射问题的可行方案。推荐以下几种常用的端接方法来解决反射问题，读者可以根据链路不同场景进行选择。

1. 源端串阻端接

当点对点拓扑的速率较高、传输线的长度较长且驱动信号的上升时间较短时，建议在点对点拓扑的发送端进行端接，满足 $R_D+R_T=Z_0$（Z_0为传输线阻抗），如图 7.55 所示。

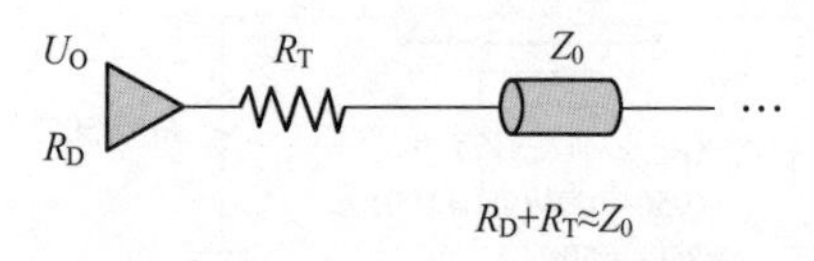

图 7.55　源端串联阻抗

一般来说，驱动芯片的内阻为 17~30Ω，因此串阻的选择为 22Ω 或者 33Ω 比较合适。

从图 7.56 所示的仿真例子能明显看出源端串阻端接带来的好处。

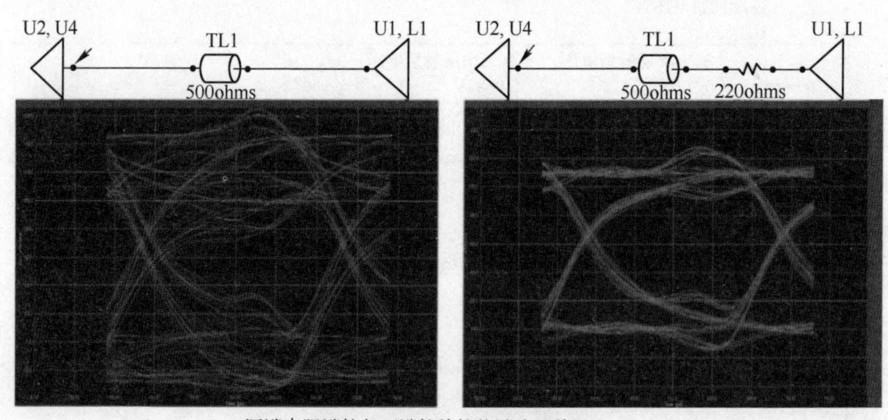

源端串阻端接与不端接的接收端波形差异

图 7.56　串联端接波形对比

2. 末端并联端接

对于点对点拓扑，除了源端串联端接外，还可以在接收端进行并联端接，目的就是从接收端来控制反射，保证接收端的信号质量。具体设计方法如图 7.57 所示。

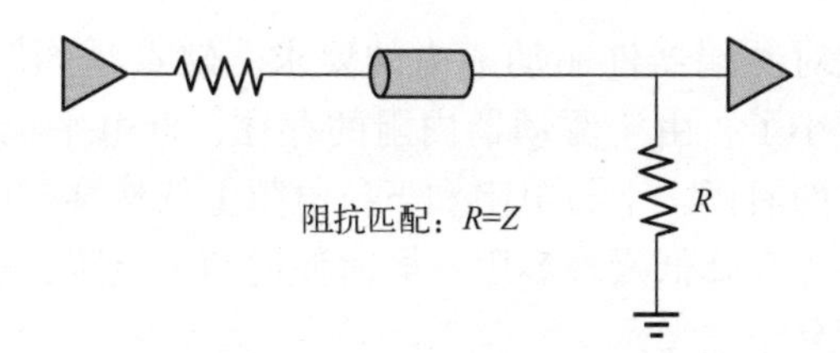

图 7.57　末端并联端接

这种端接方式可以允许末端的端接电阻做上拉或者下拉端接，对端接效果本身没有影响，影响的是接收端波形的电平，上拉会把整体电平拉高，下拉会把整体电平拉低，如图 7.58 所示。

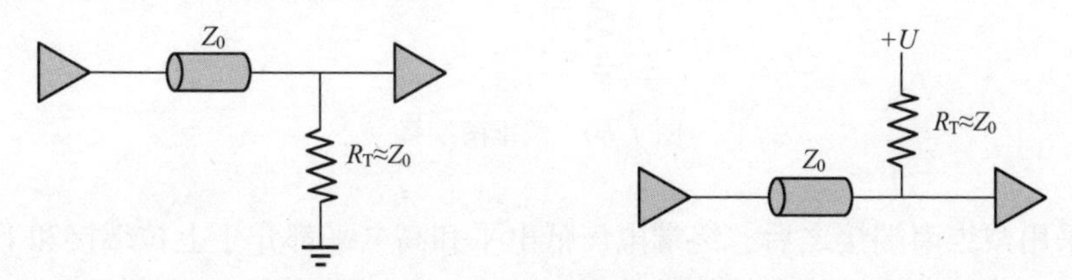

图 7.58　不同末端端接方式

图 7.59 是一个通过末端并联下拉端接改善信号质量的具体案例。

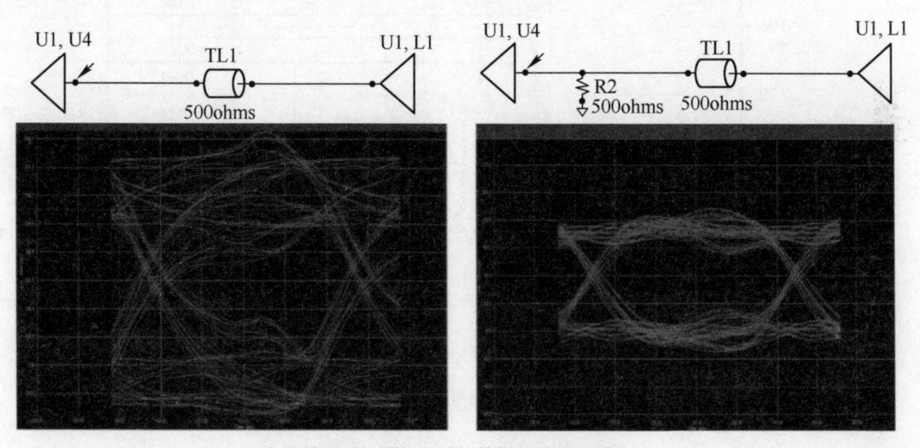

末端并联下拉端接与端接的接收端波形差异

图 7.59　并联端接波形对比

3. 戴维南端接

戴维南端接采用上拉电阻和下拉电阻构成端接电阻，通过上拉电阻和下拉电阻吸收反射，要求上拉电阻和下拉电阻的并联电阻等于传输线特征阻抗 Z_0 以达到最佳匹配，如图 7.60 所示。戴维南端接方式的优点是完全吸收发送波，消除反射，能降低对源端器件驱动能力的要求。缺点是同时采用了上拉和下拉，信号的摆幅减小了，由于驱动器内阻的存在，低电平也不能等于0V，而且在电路没有工作的时候，上拉电阻和下拉电阻上依然会有电流，这样会增加电路的功率消耗，并且降低噪声容限；同时使用两个电阻，还增加布局、布线难度，且电阻值不易于选择。

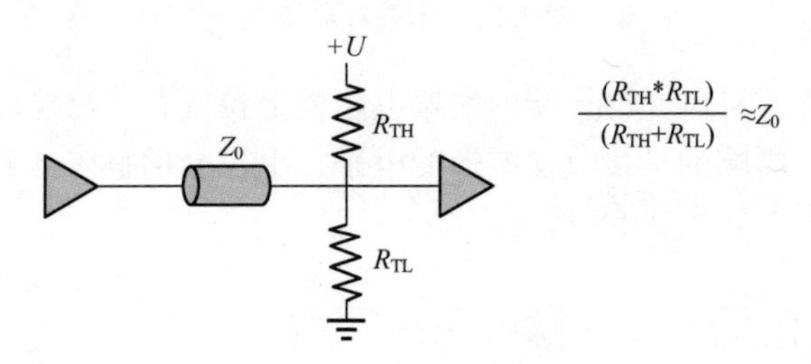

图7.60　戴维南端接

采用戴维南端接之后，终端电压低电平和高电平都介于上拉端接和下拉端接之间。这种端接方式会使信号的摆幅减小。其波形如图7.61所示。

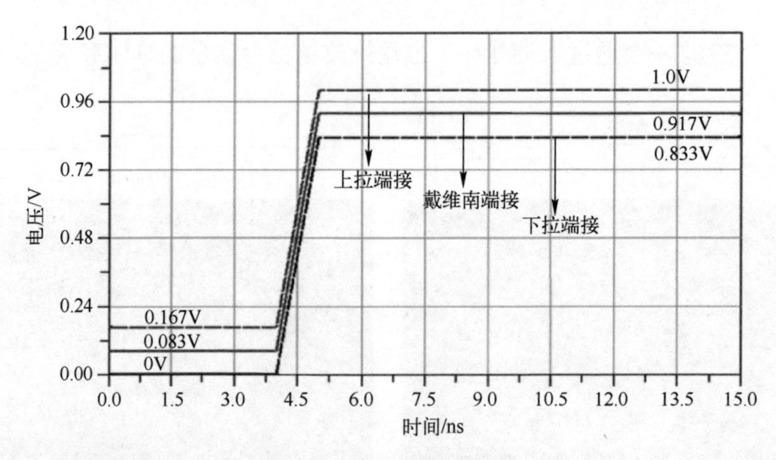

图7.61　戴维南端接波形

4. RC网络端接

RC网络端接（也称为交流端接）使用串联RC网络作为端接阻抗，如图7.62所示。端接电阻R要等于传输线阻抗Z_0，电容C的容值选型需要根据应用场景来确定。该端接的优点在于电容阻隔了直流通路而不会产生额外的直流功耗，同时允许高频能量通过而起到了低通滤波器的作用，能完全吸收发送波，消除反射，也不会拉低高电平电压值。

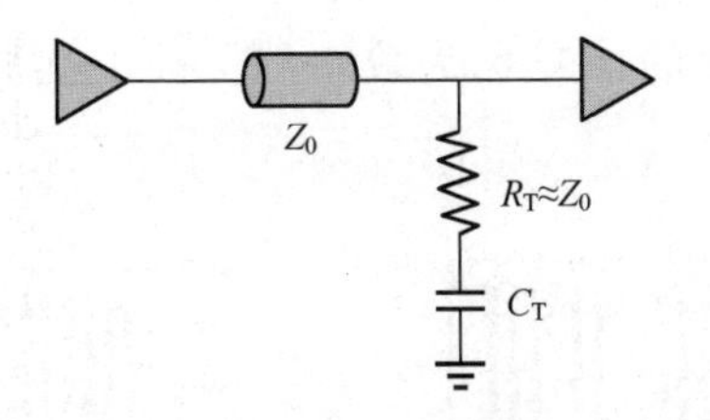

图 7.62　RC 端接

在端接电阻阻值一定的情况下，过冲的程度和电容的容值相关：电容量越大，过冲的幅度越小，但相应地上升时间也越慢。图 7.63 用具体案例说明了电容容值对接收端信号波形的影响。

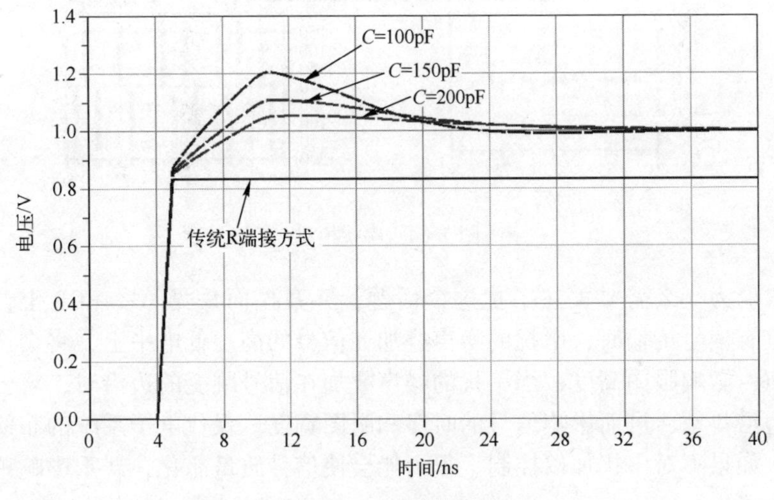

图 7.63　RC 端接波形

7.4　串扰分析与解决方案

在 PCB 设计中，总会存在着各种各样的信号线，有着不同的速率、不同的上升时间。随着 PCB 尺寸的不断减小，走线密度不断加大，人们慢慢开始关心走线之间的影响，担心能量会在不同信号线之间传递，对其他信号造成干扰。本节着重介绍 PCB 上走线之间的这种影响关系，即通常所说的串扰。

7.4.1　串扰的理解

在 PCB 上，当两条走线间距较近时，一条走线上传输信号会在邻近走线上引起噪声，这种现象称为串扰。串扰实际上是相邻走线之间的一种能量传递现象。通常将产生干扰的信号称为攻击线，被干扰的信号称为受害线，如图7.64所示。

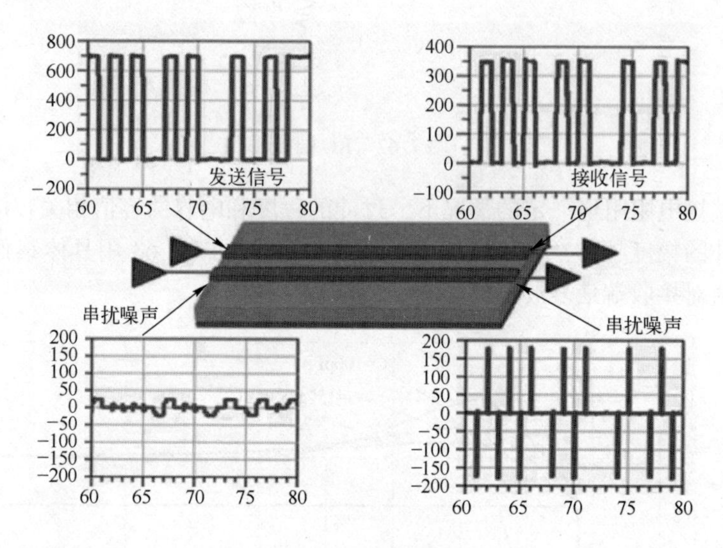

图7.64　串扰模型

谈论为什么需要关注串扰这个话题，答案显而易见。在PCB上，当受害线上有信号传输时，串扰的噪声叠加在信号的高、低电平上，将会产生幅度噪声，影响眼图高度；当串扰的噪声叠加在信号跳变的边沿时，将会产生信号边沿抖动，进而影响信号的时序和眼图宽度。现代电子系统的布线越来越密，如果不对串扰加以控制，很可能会使信号质量恶化，严重影响单板的系统功能。

根据安培环路定律，只要有电流的存在，就会有磁场存在。当两个信号线靠得很近时，一个信号线上的电流会产生磁场，这个磁场会干扰另一个信号线上的信号，这就是串扰的来源，如图7.65所示。这种串扰可能会导致传输数据的丢失和错误，从而影响时钟信号、周期、控制信号、数据传输线和I/O。

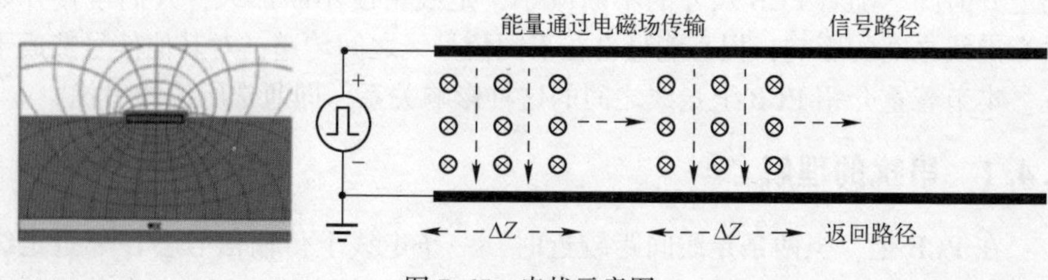

图7.65　串扰示意图

类似于传输线理论，串扰也可以构建分布参数模型。可以看到，两根存在串扰关系的传输线可以用图 7.66 所示模型做等效。

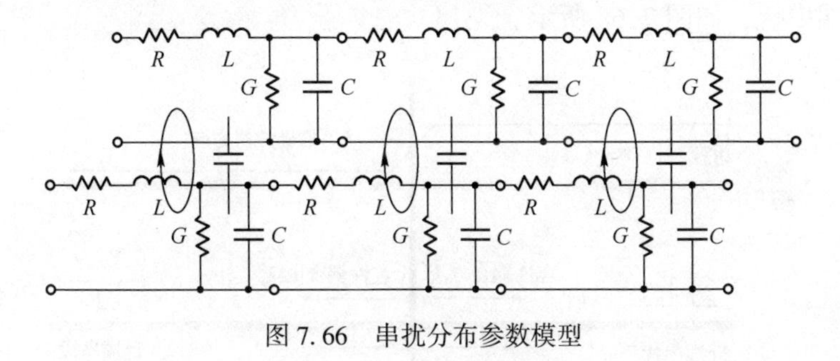

图 7.66　串扰分布参数模型

通过这个等效模型，又可以把串扰分类成由容性耦合导致的串扰和由感性耦合导致的串扰，分别如图 7.67 所示。

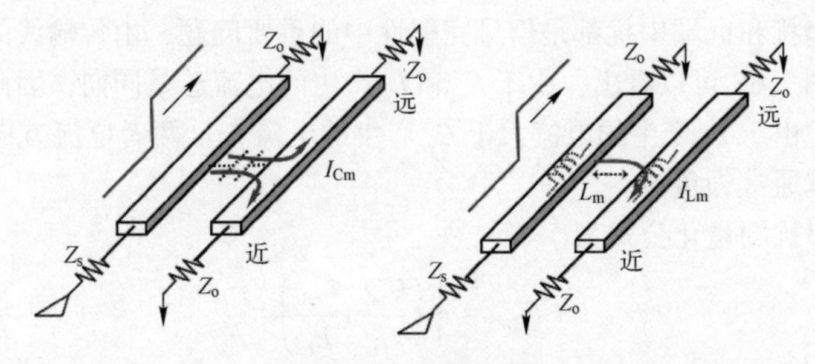

图 7.67　串扰分类

由容性耦合得到的串扰耦合电流 $I_{\rm Cm}$ 的计算公式为

$$I_{\rm Cm}=C_{\rm m}\frac{{\rm d}U}{{\rm d}t} \tag{7.17}$$

式中：$C_{\rm m}$ 为两根信号线之间的互容；U 为攻击线上的电压幅值。

由感性耦合得到的串扰耦合电压 $U_{\rm Lm}$ 的计算公式为

$$U_{\rm Lm}=L_{\rm m}\frac{{\rm d}I}{{\rm d}t} \tag{7.18}$$

式中：$I_{\rm m}$ 为两根信号线之间的互感；I 为攻击线上的电流幅值。

7.4.2　时域和频域上的串扰量化

串扰能够从时域和频域两个维度来具体量化。下面以两个具体的 PCB 走线串扰案例进行介绍。

1. 时域上串扰分析

前面说到，由容性和感性耦合带来的串扰从方向上区分，可以分为近端串扰和远端串扰，如图7.68所示。

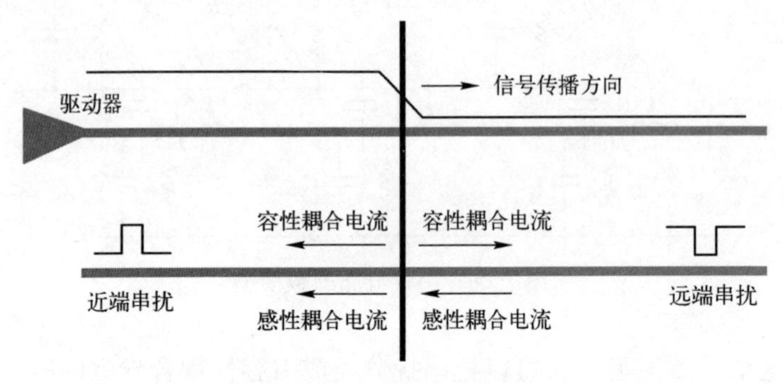

图7.68　串扰时域分析

近端串扰和远端串扰都是信号完整性中的重要问题，由传输线的物理结构决定。从图7.68可以看出，由于C_m和L_m产生的电流总是同向，因此近端串扰总是正的；由于L_m产生的电流大于C_m产生的电流，且两者电流方向相反，因此远端串扰通常为负值。

近端串扰的量化公式为

$$N_{EXT}=\frac{1}{4}\left(\frac{C_{mL}}{C_L}+\frac{L_{mL}}{L_L}\right) \tag{7.19}$$

式中：N_{EXT}为近端耦合系数；C_{mL}为两根信号线的互容；C_L为两根信号线的自容；L_{mL}为两根信号线的互感；L_L为两根信号线的自感。

近端串扰的时域表征波形如图7.69所示。

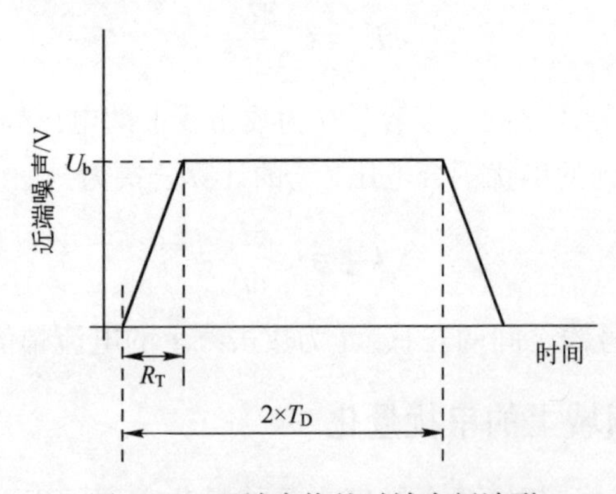

图7.69　近端串扰的时域表征波形

远端串扰的量化公式为

$$F_{\mathrm{EXT}}=\frac{1}{2}\left(\frac{C_{\mathrm{mL}}}{C_{\mathrm{L}}}-\frac{L_{\mathrm{mL}}}{L_{\mathrm{L}}}\right)\times\frac{L_{\mathrm{en}}}{R_{\mathrm{T}}v} \tag{7.20}$$

式中：F_{EXT}为远端耦合系数；L_{en}为两根传输线的并行长度；R_{T}为攻击线的上升时间；v 为信号的传输速度；C_{mL}为两根信号线的互容；C_{L}为两根信号线的自容；L_{mL}为两根信号线的互感；L_{L}为两根信号线的自感。

远端串扰的时域表征波形如图 7.70 所示。

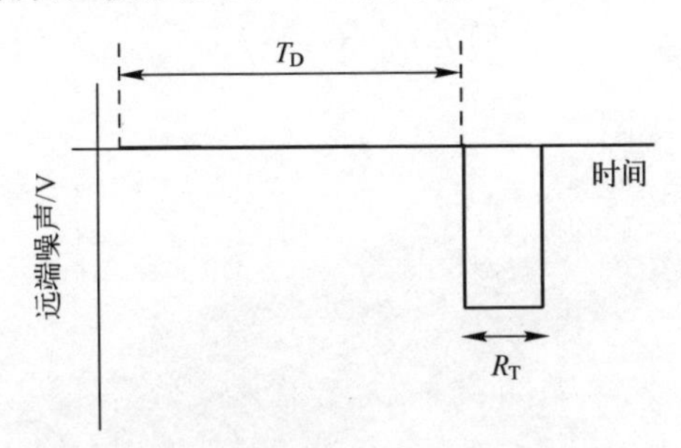

图 7.70　远端串扰的时域表征波形

2. 频域上串扰分析

首先介绍下通道性能在频域上的表征方式，也就是业界通用的 S 参数形式。

S 参数最早应用在微波射频电路设计中，原因有以下几个。

(1) 射频电路频率高，工作波长与元器件和传输线的尺寸可比拟，因此电路为分布式参数。

(2) 传统的 Z 参数或者 Y 参数的测量方法在微波频段不适用。

(3) 微波系统是分布参数电路，必须采用场分析法，但场分析法过于复杂，因此需要一种简化的分析方法。

(4) S 参数就是建立在入射波、反射波关系基础上的网络参数，适于微波电路分析。

(5) S 参数表征从 DUT 某个特定端口散射出的正弦波与入射到 DUT 某个端口上的正弦波的比值，如图 7.71 所示。

例如，在工程应用中，跨分割区域下两根信号线之间的频域串扰场景，如图 7.72 所示。

用频域 S 参数来表征的串扰结果是随频率变化的幅度值，如图 7.73 所示。可以看到，随着频率的增加，两根信号线在跨分割区域的串扰变得非常严重。

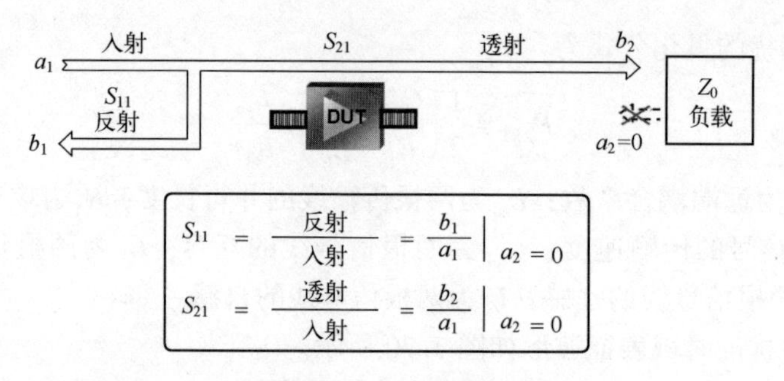

$$S_{11} = \frac{\text{反射}}{\text{入射}} = \frac{b_1}{a_1}\bigg|_{a_2=0}$$

$$S_{21} = \frac{\text{透射}}{\text{入射}} = \frac{b_2}{a_1}\bigg|_{a_2=0}$$

图7.71　S参数表示

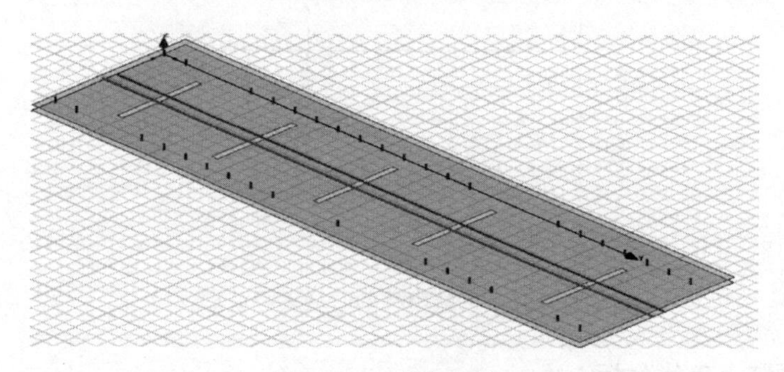

图7.72　串扰场景

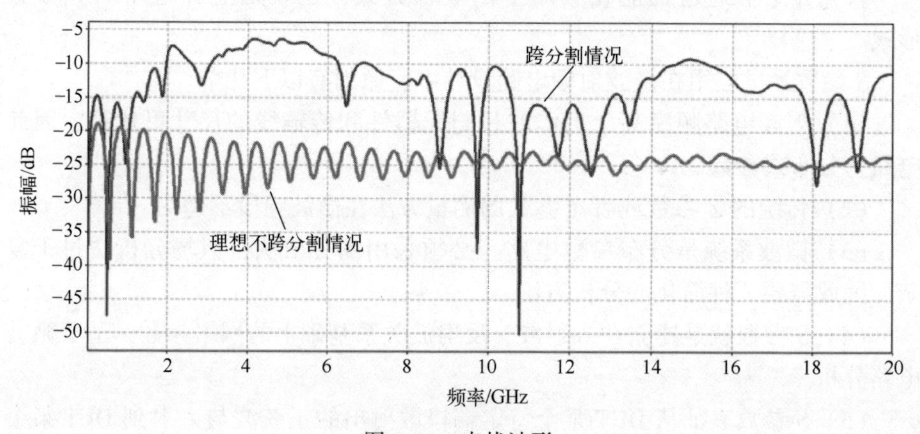

图7.73　串扰波形

7.4.3　印制电路板上串扰的解决方案

上面分析了串扰的概念及量化，下面将针对具体PCB设计提出一些改善串扰影响的优化方案。

1. 差分走线

差分走线是按照两根相邻信号线的差模形态进行数据传输的走线形式。由于两根相邻信号线紧密耦合，且信号以幅值差表征，因此来自其他信号的串扰能量，理论上都会因为幅值差的形式抵消，示意图如图 7.74 所示。

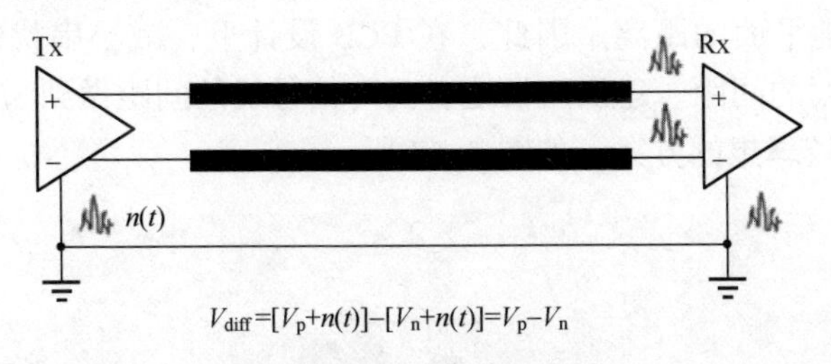

图 7.74　差分走线示意图

图 7.75 是一个具体的 PCB 工程应用设计案例。一根单端线作为攻击线将能量串扰到相邻的差分线上，下面来看看不同差分线结构受到的串扰幅度差异。

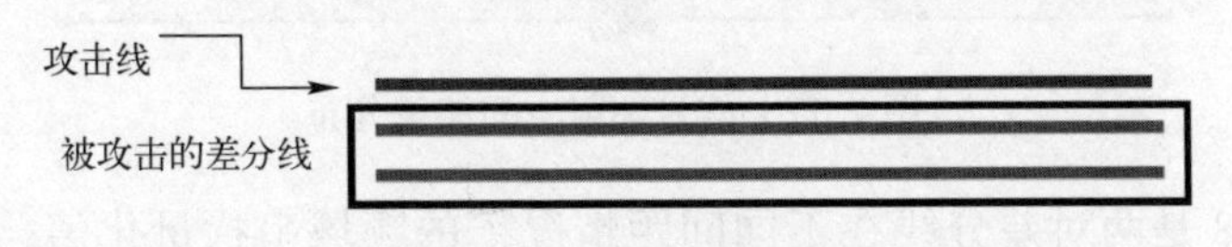

图 7.75　PCB 应用实例

假设阻抗控制 100Ω 的差分线有以下 3 种不同的线宽线距。

① 4/4mil，也就是线宽 4mil，线间距也是 4mil，称为紧耦合差分走线。

② 5.3/8mil，也就是线宽 5.3mil，线间距 8mil。

③ 6/16mil，也就是线宽 6mil，线间距是 16mil，称为松耦合差分走线。

图 7.76 是 3 种差分线在攻击线存在情况下的仿真量化结果。

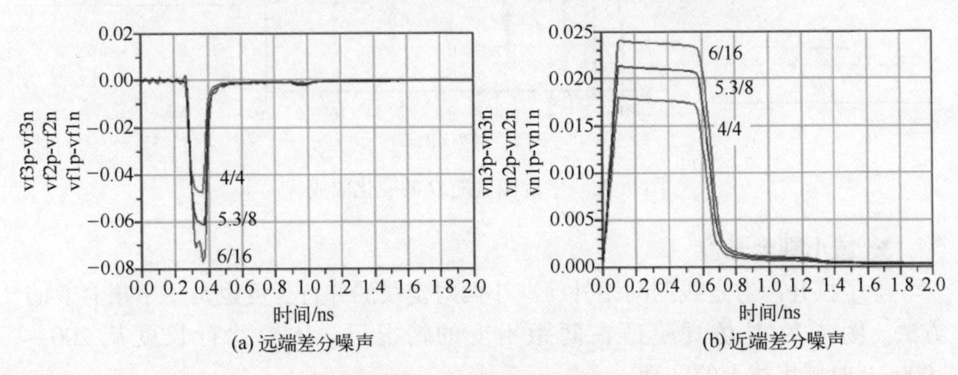

图 7.76　差分走线串扰仿真

可以看到，差分线本身耦合得越紧，也就是线间距越小，受到的串扰影响就越小，这说明差分线本身抵消干扰的能力越强。

2. 3*W*（3*H*）原则

根据电磁场理论，信号的电磁场接近97%的能量会围绕在3*H*的范围内，*H*为信号线到地平面的距离。因此，在PCB设计上，减小串扰的最有效方式是增加走线之间的间距。建议两根或者两对信号线的间距做到3*H*或者3*W*（*W*为线宽）是比较理想的方案，如图7.77所示。

图7.77　信号辐射空间能量分布

图7.78是两对差分线在不同间距情况下的频域串扰量化值。可以看到，随着差分线间距增大，串扰的量级改善越来越明显。

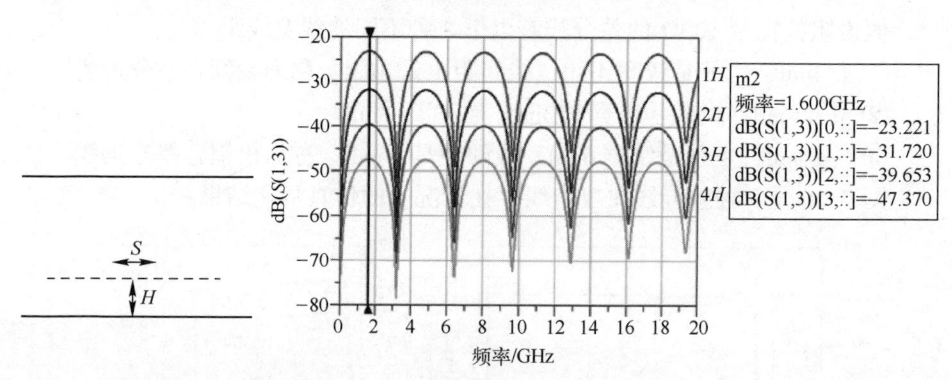

图7.78　串扰能量随*H*的变化曲线

3. 减小耦合长度

除了拉开两对走线的间距外，减小两对走线的并行长度也是一个很有效的方法。图7.79是仿真验证在间距不变的情况下，比较并行长度从200～1000mil时域串扰上的区别。

中心距 $2H$

图 7. 79　耦合长度仿真条件

并行长度 200~1000mil 的串扰仿真结果如图 7. 80 所示。

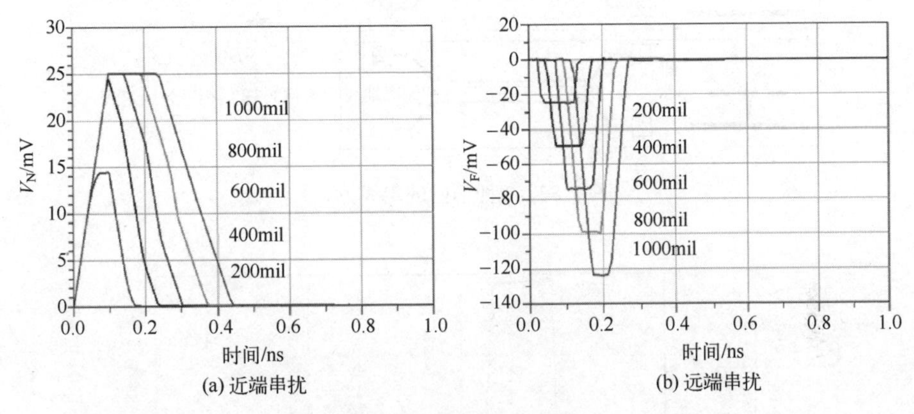

(a) 近端串扰　(b) 远端串扰

图 7. 80　耦合长度仿真

从仿真结果可以看到，随着并行长度的增加，信号的串扰量逐渐增大，直到饱和。因此，减小并行长度也是一种改善串扰非常有效的方法。

4. 包地设计

所谓包地，也就是两根或者两对信号线通过地线隔离的方式来改善串扰，如图 7. 81 所示。

图 7. 81　包地设计

仿真对比 3 个不同的实例，包括 $1W$ 间距走线、$3W$ 间距走线和 $3W$ 间距下包地走线，如图 7. 82 所示。

图 7. 83 是 3 个实例的串扰仿真结果，可以看到，$3W$ 间距下包地走线的效果最好。

需要注意的是，包地走线上地过孔的数量一定要足够，也就是说，地过孔之间的间距要小，这样才能更好地改善高频串扰。

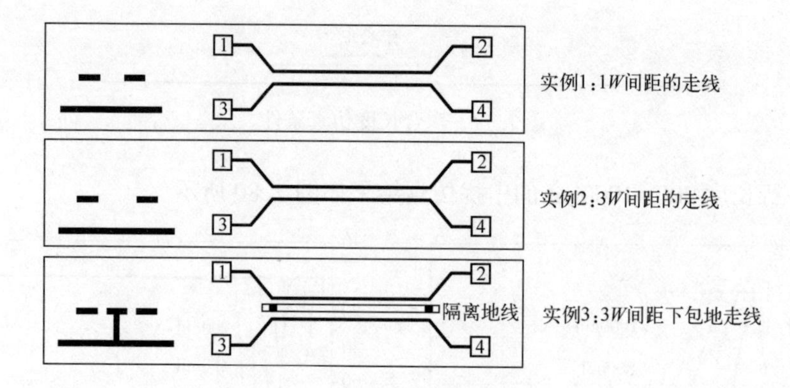

图 7.82　3 种不同的走线方式

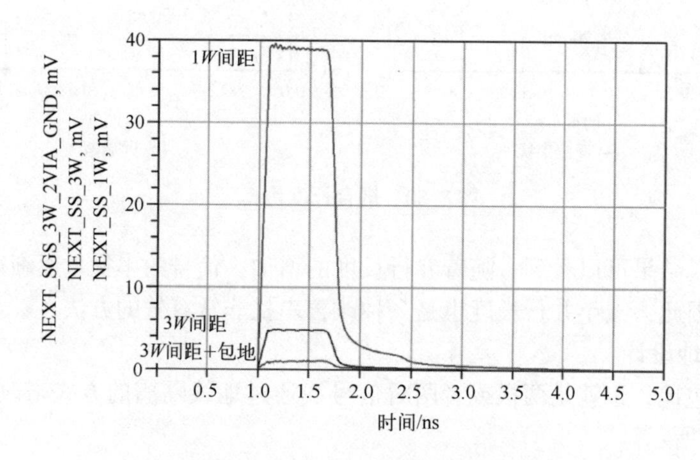

图 7.83　3 种走线方式串扰仿真

7.5　印制电路板接地技术

PCB 接地技术是电子设备设计中的重要部分，不仅关系到设备的稳定性和性能，还涉及电磁兼容性等问题。而接地的目的就是使电路系统中的所有单元电路都有一个公共的参考零电位。当电气（电子）设备、电气装置、电气系统中的某一点与大地作电气连接之后，其电位就与大地电位相等了，此时，电气装置、电气系统中的这一点就称为接地。本节主要提及两个类似的概念：一个是 PCB 接地；另一个是信号的回流路径。之后从这两个概念出发引申出关于接地技术和回流的相关技术点。

7.5.1　印制电路板上的各种“地”

对整个信号系统而言，存在着各种不同意义的“地”，下面列举一些常见的“地”类型。

1. 大地

大地是一个电阻非常低、电容量非常大的物体，拥有吸收无限电荷的能力，而且在吸收大量电荷后仍能保持电位不变，因此作为电气系统中的参考电位体。可以理解为这实际上是与地球的物理连接，充当耗尽剩余电流的安全返回点。

2. 浮地

当系统没有可靠的接地连接时，就会出现浮地。浮地就是指在产品中没有专门的地线在电气上与大地进行连接。如果产品中某一部分没有专用的地线在电气上与大地进行连接，就把这部分电路称为浮地电路。

3. 机壳地

机箱接地（安全接地）是从交流电源到产品外壳或底盘的安全线连接，接地和机箱接地具有相同的功能，通常与术语“安全接地”互换使用，也称为安全地，目的是为了保证设备和人员安全而在设备机壳与地电位之间建立的接地系统。机壳地用于将设备系统中平时不带电的金属部分（机柜外壳、操作台外壳等）与地之间形成良好的导电连接，可以防止静电聚积。机壳地一般也与大地相连接。

4. 信号地

这个和 PCB 的关联性较大，一般信号地分为模拟地和数字地。

用于模拟电路这部分的地称为模拟地，如 ADC 的采集电路、运算放大器电路等；模拟电路信号一般比较微弱，很容易受到其他电路的影响，如果不区分模拟地，其他电路产生的电流就容易在模拟电路中产生大的噪声，导致模拟信号失真、器件功能失效等。

用于数字电路部分的地称为数字地，这个范围就更广了，从比较低速的 USB、I^2C、SPI 电路到目前高速的以太网电路，如常说的 10G 高速信号、25G 高速信号均属于数字信号的范畴，它们都需要参考数字地。数字信号本身属于离散型的随机码信号，在 0 电平到 1 电平的切换过程中，陡峭的上升沿容易产生很多高频谐波，伴随很强的电磁场，从而影响到其他电路的正常运行，尤其是微弱的模拟信号。因此为了避免这部分影响，也需要单独使用数字地。

但是目前大部分设计是将数字地与模拟地混合设计，通过信号回流的方法解决数字地和模拟地的干扰问题。这样大大简化了整个系统的设计难度，加快了开发周期。

7.5.2 印制电路板常见接地方法

在PCB设计上，通常会用以下3种不同的接地方法，分别是单点接地、多点接地和混合接地，接下来将分别进行介绍。

1. 单点接地

单点接地是指把电路中所有回路都接到一个单一的地，具有相同的参考电位。一般在信号工作频率小于1MHz的范围内使用，通常的做法是把整个电路系统中的一个结构点看作接地参考点，所有对地连接都接到这一点上，设计起来比较简单。单点接地根据使用场景又可分为串联单点接地和并联单点接地两种，如图7.84所示。

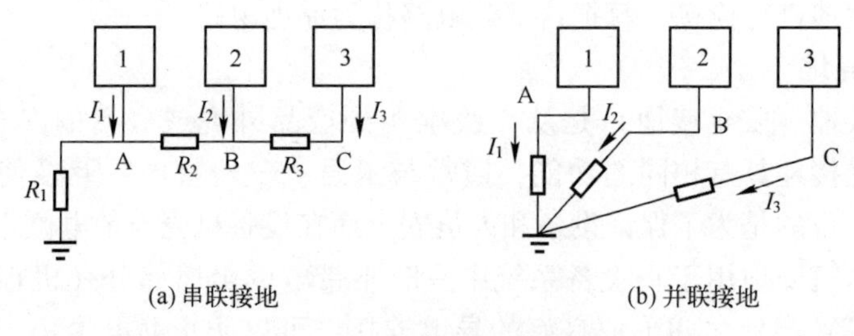

图7.84 单点接地示意图

串联接地最大的优势是链路简单，但是会因为共地阻抗产生电路性耦合；并联接地的地线数量会随着接地器件的增加而增多。因此，低频电路最好采用并联单点接地方式，以减小器件回流之间的干扰和耦合。

2. 多点接地

多点接地是指所有电路的地线都就近接地，当信号工作频率大于10MHz时，地线阻抗慢慢变得很大，此时为了降低地线阻抗应采用就近多点接地，如图7.85所示。

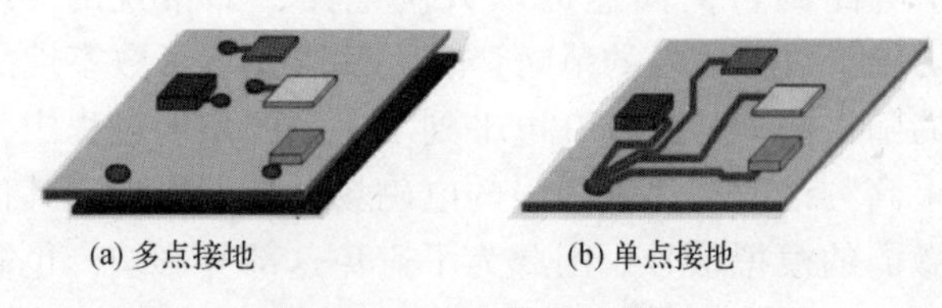

图7.85 多点接地示意图

从图 7.85 可以看出，在单点接地方式中，由于地线的感抗与工作频率和地线长度成正比，随着工作频率的提高，共地阻抗增大，产生的电磁干扰也随之增大；多点接地方式的地线都非常短，有利于降低地回路阻抗，非常适合高频信号运行。图 7.86 给出多点接地时地线等效电路模型的示意图。

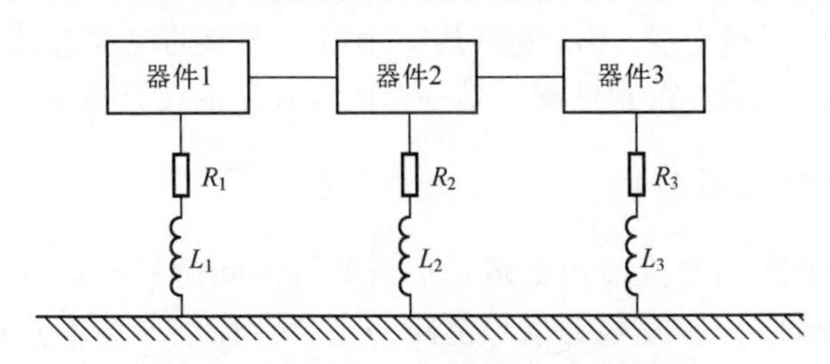

图 7.86　多点接地地线等效电路示意图

可以根据接地线长度确定接地方式：地线长度不超过信号波长的 1/20 时，采用单点接地方式；反之，则推荐采用多点接地方式。

3. 混合接地

混合接地其实就是集合了单点接地和多点接地。通常在 PCB 设计中，主要用于模拟地和数字地的区分，如图 7.87 所示。

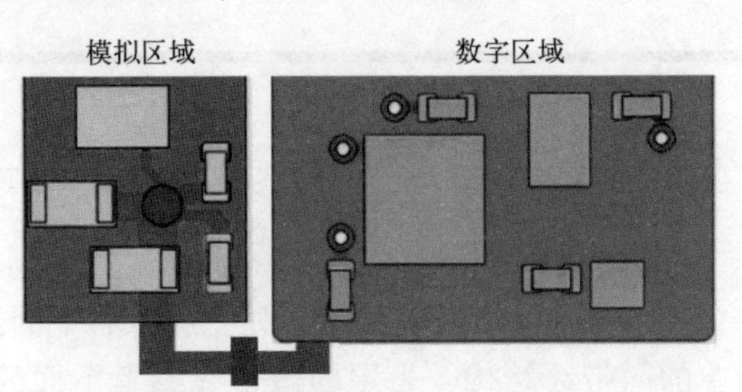

图 7.87　混合接地示意图

模拟区域一般频率较低，使用单点接地方式；数字区域一般频率较高，则会使用多点就近接地方式。在模拟和数字信号之间则选择合适的地方进行单点接地。

在这个方案中，模拟地最终如何和数字地进行连接，就显得格外重要，下面介绍几种比较好的设计方式。

（1）用磁珠连接。磁珠相当于带阻限波器，只对某些频点的噪声有显著抑制作用。使用时需要预先估计信号可能产生的噪声频率，然后选择合适的磁珠型号，对于频率不确定或无法预知的情况，磁珠就不是合适的选择。

（2）用电容连接。电容隔直通交，电容的好处是高于一定频率后的回流能够顺利通过，但是其本身的隔直通交特性会造成浮地问题。

（3）用电感连接。电感有一些明显的缺点，如体积大、杂散参数多、不稳定。

（4）用0Ω电阻连接。0Ω电阻其实相当于很窄的电流通路，能够有效地限制环路电流，使噪声得到抑制，是一个比较好用的设计方式。

7.5.3 信号的回流路径

上面内容中提到的接地，更多是指需要给不同信号提供一个可以用来参考的零电位，所以一条完整的信号链路一定会存在信号线本身以及对应接地的地线。从上面的理论可知，随着频率的提高，接地方式需要从单点接地变成多点接地，接地线长度需要越来越短。对应到高频信号传输，有另一个与接地原理相似的名词，叫“回流路径”，如图7.88所示。PCB上的传输线都由任意两条有一定长度的导线组成，其中一条标记为信号路径，另一条为回流路径。

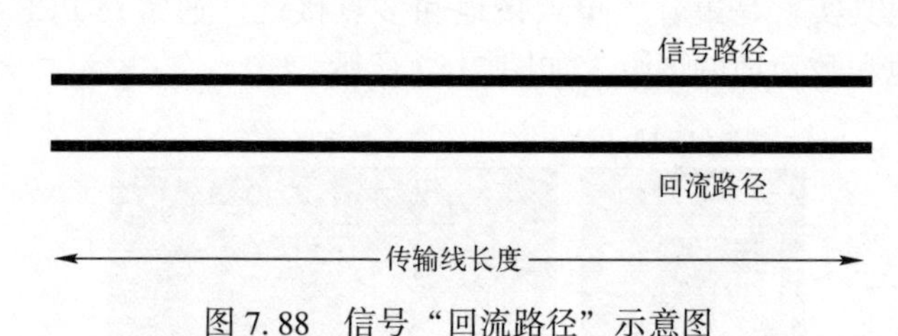

图7.88 信号“回流路径”示意图

为什么要把“地”改称为“回流路径”呢？可以看下面这个简单的例子。图7.89是一个简单的微带线结构，表层的微带线参考下面的地平面层，此时把参考平面层称为“地”的确无可厚非。

图7.89 “回流路径”作为地示意图一

如果在表层信号线旁边存在另一根静止信号线呢？观测信号线周围的场会发现，信号线有部分能量会传递到旁边的静止信号线上，但是却不能把旁边的信号线也称为“地”；当表层微带线参考下面的电源平面层时，也不能把电源平面称为“地”。因此“回流路径”这个词就非常合适，无论是静止信号线还是电源平面，只要信号线和它们之间存在能量传递，它们就能给信号提供一条相对地的回流通道，就把它们统称为“回流路径”，也可以称为“返回路径”，如图 7.90 所示。

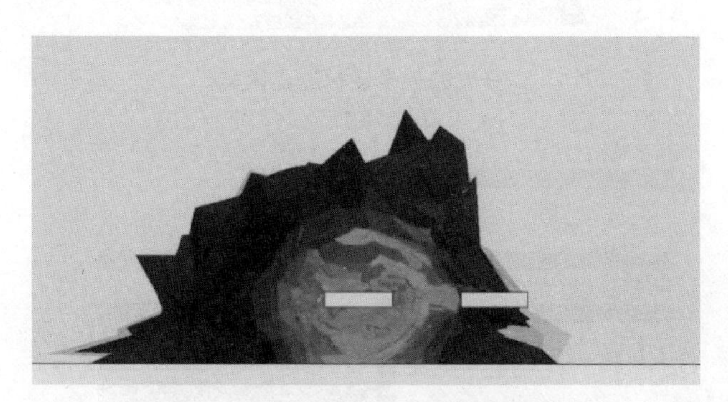

图 7.90　“回流路径”作为地示意图二

用平面进行回流，实际上就是多点接地时采用更短、更低阻抗的接地路径，使信号工作在更高的频率。例如，图 7.91 所示的高速走线包地设计，就是多点接地向高频延伸的方案，信号的接地（现在应该称为回流）路径更短，随时通过邻近地孔进行回流，保证了信号更高速的传输。

图 7.91　包地的信号回流路径

另一个经典的回流案例就是过孔，多层板的过孔模型如图 7.92 所示。

根据信号回流路径的理论，可以描绘出这个过孔的信号路径和回流路径的示意图，如图 7.93 所示。

可以看到，走线的回流路径同时存在于相邻地层，因此走线的回流是非常充分的。但是也需要知道，除了走线的回流外，在 Z 方向上其实还需要过孔的回流。上面的过孔模型由于没有回流地过孔，就不会有 Z 方向上的短路回流路径，因此对于这个过孔结构来说，回流路径依然是不完整的。

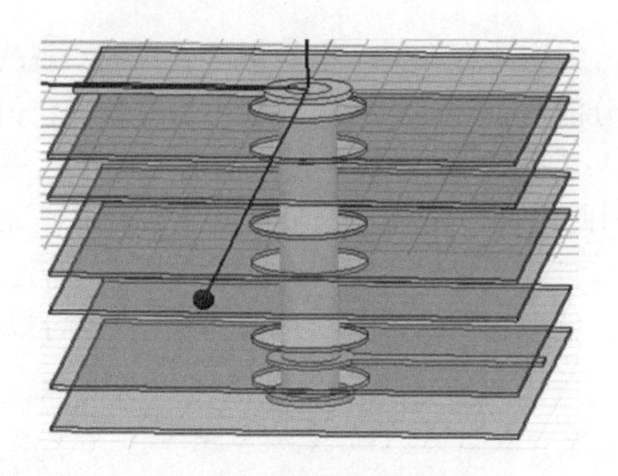

图 7.92　多层板过孔模型

图 7.93　过孔的信号路径及回流路径

添加和不添加 Z 方向回流地过孔的模型分别如图 7.94 所示。

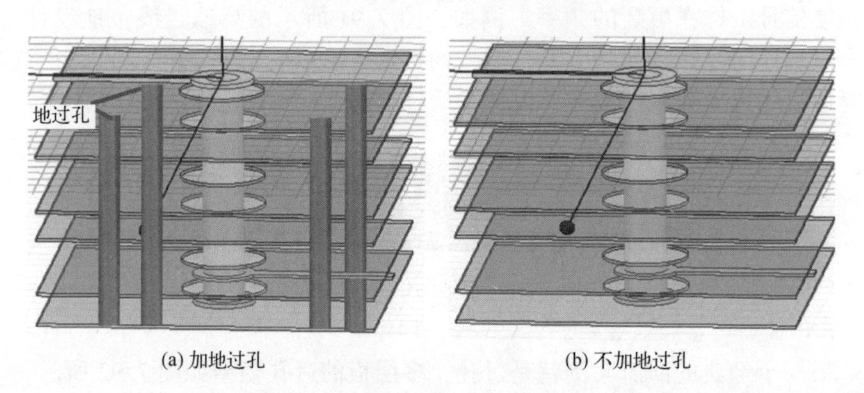

(a) 加地过孔　　(b) 不加地过孔

图 7.94　加地过孔与不加地过孔

从仿真结果可以明显看出两者的性能差异：不加回流地过孔导致过孔在 Z 方向上没有短路回流路径，整个过孔的回流通道变远，表现出更高的回流阻抗，因此从仿真结果上能看到不加地过孔时损耗明显变大，如图 7.95 所示。

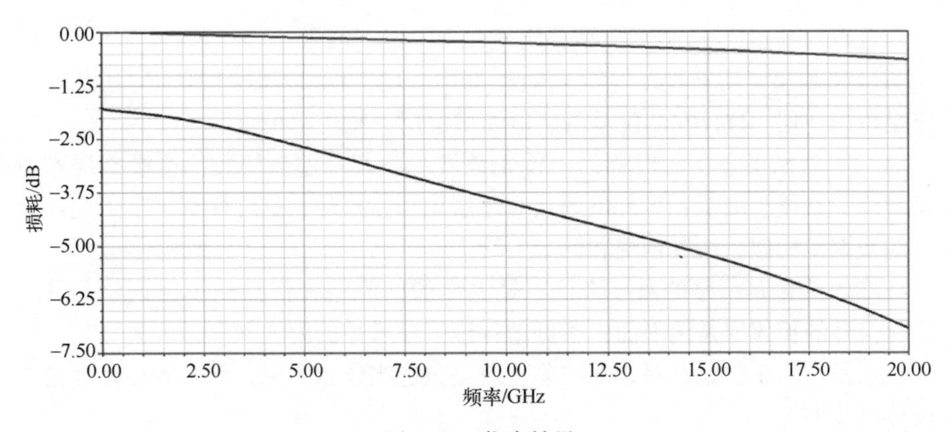

图 7.95　仿真结果

7.5.4　多层印制电路板叠层

随着 PCB 走线密度越来越高，器件封装越来越密，以及高速信号对回流路径的要求越来越高，多层 PCB 应运而生。

在设计多层板 PCB 时，需要注意一些基本原则和策略。例如，所有信号走线应放在一层或若干层，紧挨着电源层或接地层，以避免信号线的边缘辐射和串扰。此外，关键信号线和电源线的设计和布局、缩放电源平面、缩放关键布线层、避免投影重叠和边缘辐射等都是需要考虑的重要因素。图 7.96 是一个 12 层板的典型 PCB 叠层信息。

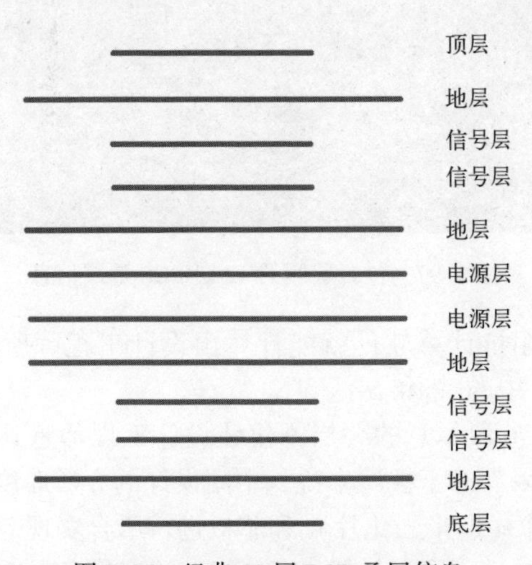

图 7.96　经典 12 层 PCB 叠层信息

可以看到图7.96所示典型叠层里包含了以下信息。

（1）列出了所在层的主要功能。例如，L3、L4是两层信号层，L2和L5层是两层地层，L6和L7层是两层电源供电层，比较明确。

（2）遵循了叠层的对称性。首先叠层一般都是偶数层数，这样叠层本身是对称的，便于加工；另外电源层和地层也尽量对称，这样保证了上下层压合时的残铜率相似，流胶情况相同。

（3）无论是信号的回流路径还是电源的回流路径都得到了保证。尤其是高速信号的相邻层是地平面，很好地保证了信号地的回流和参考。

但是这个叠层也有明显的缺陷，就是只能当作示意图，并不能很好地指导设计以及加工。

首先从设计来说，设计工程师需要的是通过这个叠层信息来获得对应的设计线宽、线间距，但是显然这个叠层无法做到。因此，需要对叠层的上下厚度进行具体的数值定义，这样根据信号层与地平面的厚度以及使用的板材特性，就能够很好地估算出控制到相应传输线阻抗所需的线宽和线间距。

例如，在图7.97中，把图7.96所示意的叠层填充适当的厚度，包括介质层和信号层的厚度。

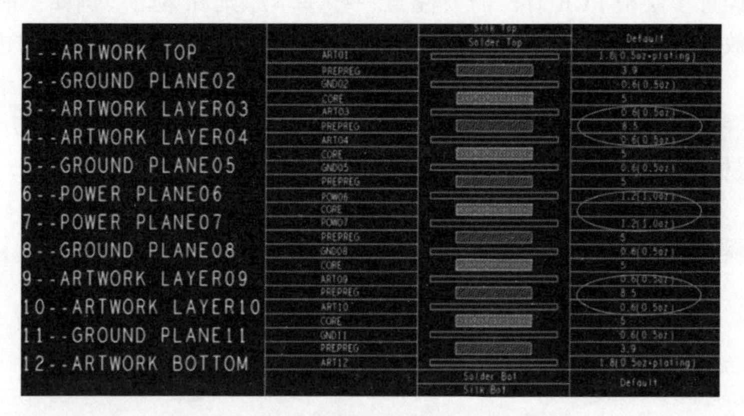

图7.97　包含层厚的12层PCB叠层信息

然后利用相关阻抗计算软件就能计算出设计工程师所需要的线宽和线间距，也就是图7.98中的W_1和S_1。

为什么说图7.96所示意的叠层不仅让设计工程师感到困惑，也让加工板厂摸不到头脑呢？因为对于板厂来说，中间设计的介质厚度在加工时是需要通过填充对应的PP片（即半固化片）和芯板进行压合实现。因此，对于设计者来说，需要清楚地知道不同板材的PP和芯板的型号及对应厚度。表7.1是某款板材不同芯板类型的选择，可以看出，其中包含一些特定的厚度，但并不是任意厚度，因此实际叠层需要根据厚度来填写。

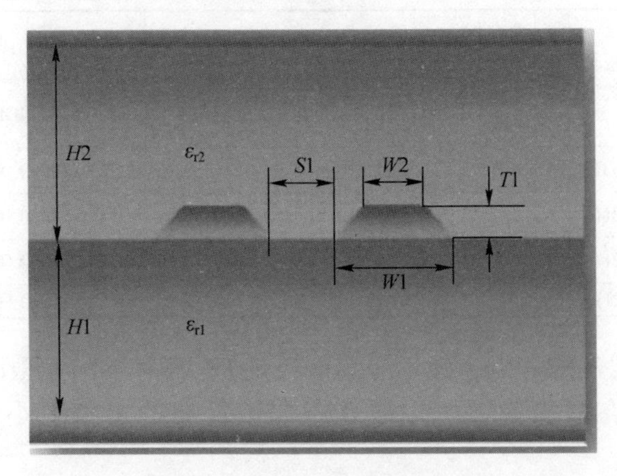

图 7.98　PCB 的线宽和线间距

表 7.1　芯板选择

1GHz；IPC TM650-2.5.5.9　2~10GHz；IPC TM650-2.5.5.5

芯板类型	实际厚度		板材类型	层	典型树脂含量/%	典型 Dk						典型 Df					
	mil	mm				1GHz	2GHz	4GHz	6GHz	8GHz	10GHz	1GHz	2GHz	4GHz	6GHz	8GHz	10GHz
2	2.0	0.050	1035	1	65	3.46	3.39	3.38	3.38	3.38	3.37	0.002	0.002	0.003	0.003	0.004	0.004
2.6	2.6	0.065	1080	1	57	3.65	3.58	3.57	3.56	3.56	3.55	0.002	0.002	0.003	0.003	0.004	0.004
2.6	2.6	0.065	1078	1	57	3.65	3.58	3.57	3.56	3.56	3.55	0.002	0.002	0.003	0.003	0.004	0.004
3	3.0	0.075	1078	1	63	3.49	3.42	3.41	3.40	3.40	3.39	0.002	0.002	0.003	0.003	0.004	0.004
4	3.9	0.100	3313	1	54	3.71	3.64	3.63	3.63	3.62	3.61	0.002	0.002	0.003	0.003	0.004	0.004
4	3.9	0.100	1035	2	65	3.46	3.39	3.38	3.38	3.38	3.37	0.002	0.002	0.003	0.003	0.004	0.004
5	5.0	0.127	1078	2	57	3.65	3.58	3.57	3.56	3.56	3.55	0.002	0.002	0.003	0.003	0.004	0.004
5	4.9	0.125	2116	1	54	3.71	3.64	3.63	3.63	3.62	3.61	0.002	0.002	0.003	0.003	0.004	0.004
5	5.1	0.130	1080	2	57	3.65	3.58	3.57	3.56	3.56	3.55	0.002	0.002	0.003	0.003	0.004	0.004
6	5.7	0.146	1078	2	63	3.49	3.42	3.41	3.40	3.40	3.39	0.002	0.002	0.003	0.003	0.004	0.004
6	5.9	0.150	1080	2	63	3.49	3.42	3.41	3.40	3.40	3.39	0.002	0.002	0.003	0.003	0.004	0.004
7	7.0	0.178	1078	2	68	3.41	3.34	3.33	3.33	3.33	3.32	0.002	0.002	0.003	0.003	0.004	0.004
8	7.9	0.200	3313	2	54	3.71	3.64	3.63	3.63	3.62	3.61	0.002	0.002	0.003	0.003	0.004	0.004
10	9.8	0.250	2116	2	54	3.71	3.64	3.63	3.63	3.62	3.61	0.002	0.002	0.003	0.003	0.004	0.004
12	11.8	0.300	3313	3	54	3.71	3.64	3.63	3.63	3.62	3.61	0.002	0.002	0.003	0.003	0.004	0.004

续表

芯板类型	实际厚度		板材类型	层	典型树脂含量/%	典型Dk						典型Df					
	mil	mm				1GHz	2GHz	4GHz	6GHz	8GHz	10GHz	1GHz	2GHz	4GHz	6GHz	8GHz	10GHz
16	15.7	0.400	3313	4	54	3.71	3.64	3.63	3.63	3.62	3.61	0.002	0.002	0.003	0.003	0.004	0.004
20	19.7	0.500	2116	4	54	3.71	3.64	3.63	3.63	3.62	3.61	0.002	0.002	0.003	0.003	0.004	0.004
25	24.6	0.625	2116	5	54	3.71	3.64	3.63	3.63	3.62	3.61	0.002	0.002	0.003	0.003	0.004	0.004
30	29.5	0.750	2116	6	54	3.71	3.64	3.63	3.63	3.62	3.61	0.002	0.002	0.003	0.003	0.004	0.004

另外还需要注意一点，无论是芯板还是PP都有不同类型的玻璃纤维布，简称玻纤布，在显微镜下可以看到不同玻纤布的窗口大小是不同的，如图7.99所示。

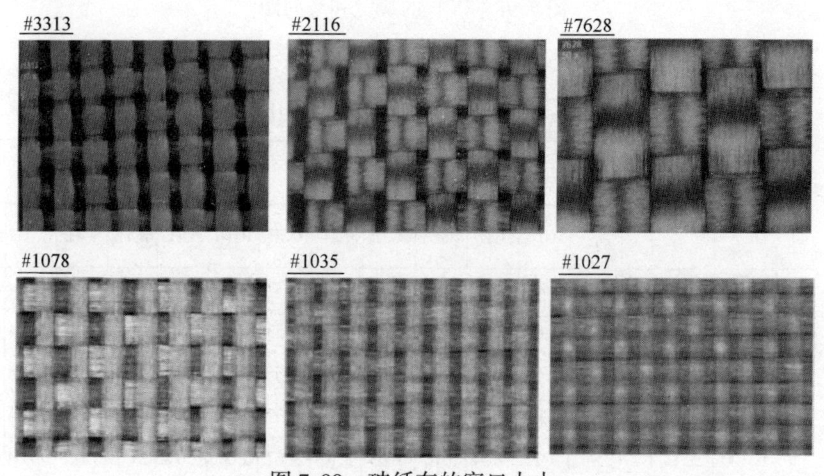

图7.99　玻纤布的窗口大小

由于PP和芯板都是由玻纤布和树脂两者按比例组成，而且玻纤布和树脂本身的介电常数相差很远，一般玻纤布的介电常数在5~6之间，而树脂的介电常数在2~3之间（图7.100）。因此，如果选择的玻纤布窗口比较大，就会

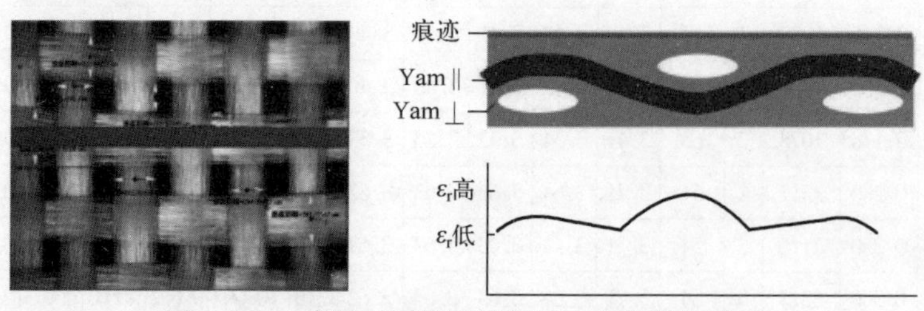

图7.100　玻纤不同位置的等效介电常数的浪动

导致信号线在不同位置感受到的介电常数变化很大，进而影响传输线的阻抗一致性，如果是差分线，还会引起差分线对内相位变化。这一点在设计高速系统时需要特别注意。

7.6　印制电路板电源设计与 EMC

在任何一个信号系统中，电源都是至关重要且不可或缺的一个模块，电源设计的好坏将直接关系到系统是否能正常运行。本节重点介绍如何在 PCB 板级评估电源设计的性能，并描述电源平面谐振和 EMC 电磁兼容之间的关联。

7.6.1　电源网络中的去耦电容

在任何一个电路原理图中都会看到，在 BGA 或者较大芯片的电源设计中添加了各种不同的电容（图 7.101），一般把这种电容叫做去耦电容，主要用于抑制电源噪声。

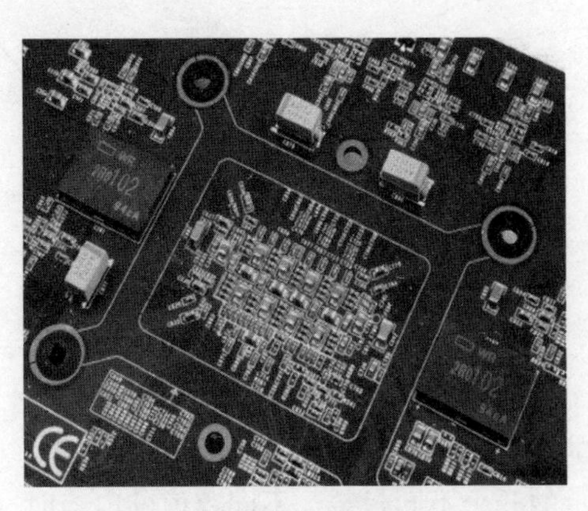

图 7.101　去耦电容原理图及 PCB 布局

那么电容的特性是怎样的呢，为什么加电容能得到抑制噪声的效果呢？正如前面章节所提到的，一个理想电容的特性是隔直通交，并且频率越高，电容的阻抗就越低。因此，对于不同封装、不同容值的电容，我们认为它们的阻抗曲线大概如图 7.102 所示。

然而电容在非理想情况下的等效模型是 RLC 串联电路模型，任何封装或容值的电容都会存在自身固有的谐振频点，在谐振频点之前呈现容性，但是在谐振频点之后就迅速转化为感性，电容本身的效果失效。电容及实际频响曲线如图7.103所示。

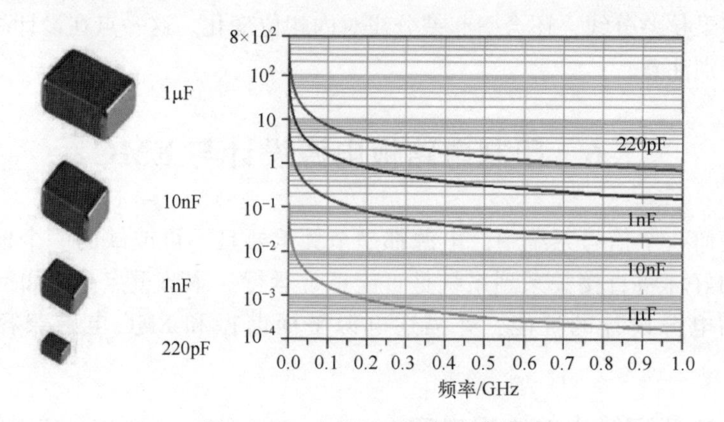

图7.102　电容及理想频响曲线

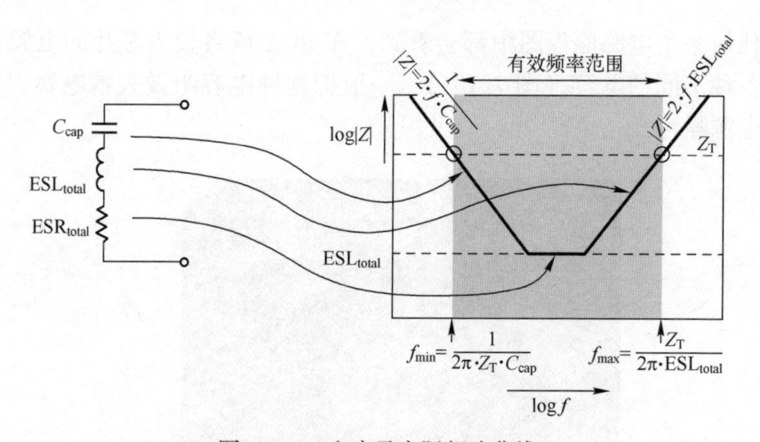

图7.103　电容及实际频响曲线

封装越高，电容的容值虽然会越大，但是电容本身的寄生电感也会变大，因此观测图7.102所示的几个不同封装、不同容值的电容时，就会发现它们真正的阻抗曲线其实如图7.104所示。

1μF电容本身的容值很大，理论上它的容抗是很低的，但是由于封装本身也比较大，因此寄生电感也会比较大，所以虽然它的容抗很低，但是能够维持低阻抗的频率却很低，在较低谐振频率之后就迅速呈感性，阻抗开始上升，电容慢慢失效。相反，对于小电容而言，虽然容值较小，意味着电容的容抗可能不低，但是由于其封装带来的寄生电感也很小，因此谐振频率很高，小电容低阻抗的频率作用范围就比较广，可以维持到更高的频率才出现感性。在工程应用中，大电容和小电容的主要区别就在这里。

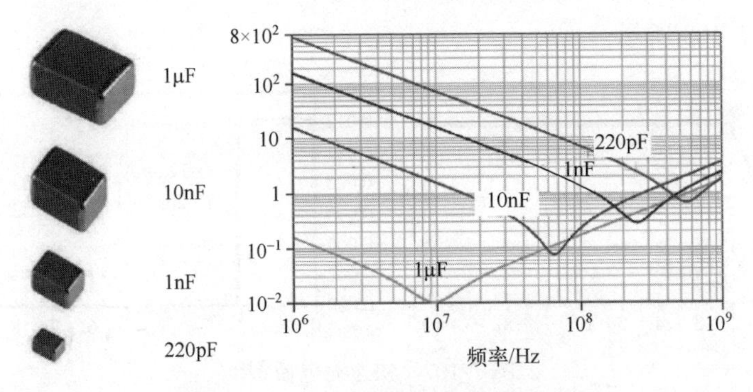

图 7.104　不同电容及实际频响曲线

关于电源噪声来源的原理，可以用图 7.105 所示模型进行阐述。

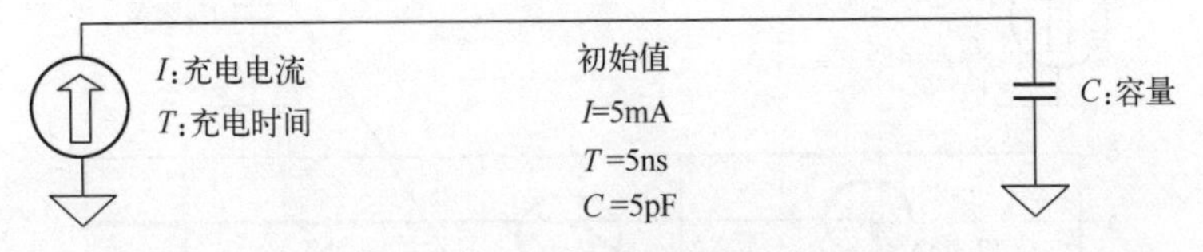

图 7.105　电源噪声模型

建立一个充电模型，根据以下电容充放电公式，有

$$I = C \cdot \frac{\mathrm{d}U}{\mathrm{d}t} \tag{7.21}$$

可以得到这个结论：在 5ns 的时间内用 5mA 的电流给 5pF 的电容充电，能充到 5V 的电压，如图 7.106 所示。

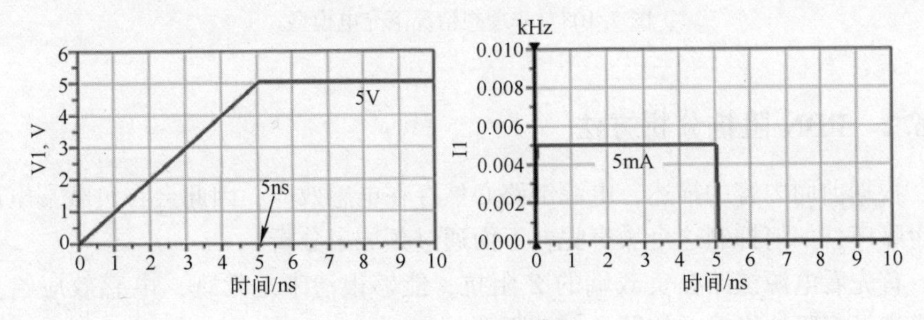

图 7.106　充电模型

当然，除了用 5mA 的电流充电 5ns 这个参数外，如果想充得更快，如 2ns 充满，也可以用大约 12.3mA 的电流进行充电，如图 7.107 所示。

当然上面都是在电源链路理想情况下得出的结论，如果电源链路不理想，存在电感效应，就会发现充电电流越大，充电时间越快，电压上的噪声就越大，如图 7.108 所示。

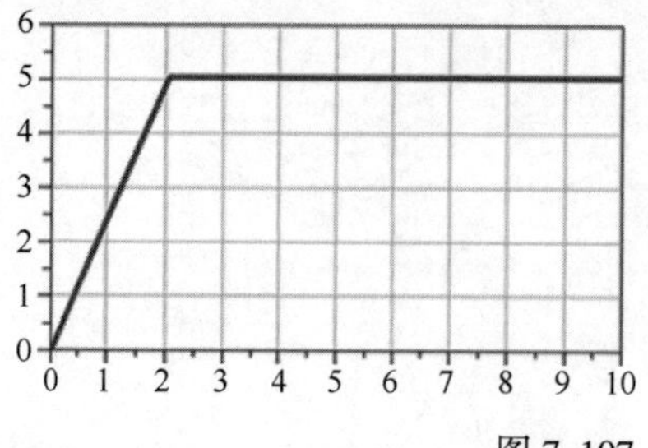

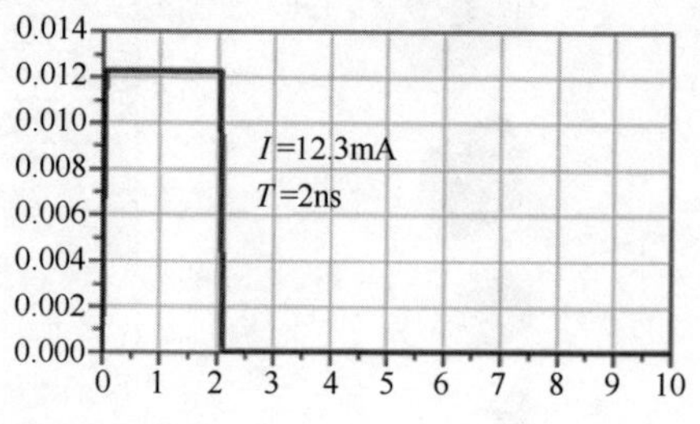

图 7.107　快速充电模型

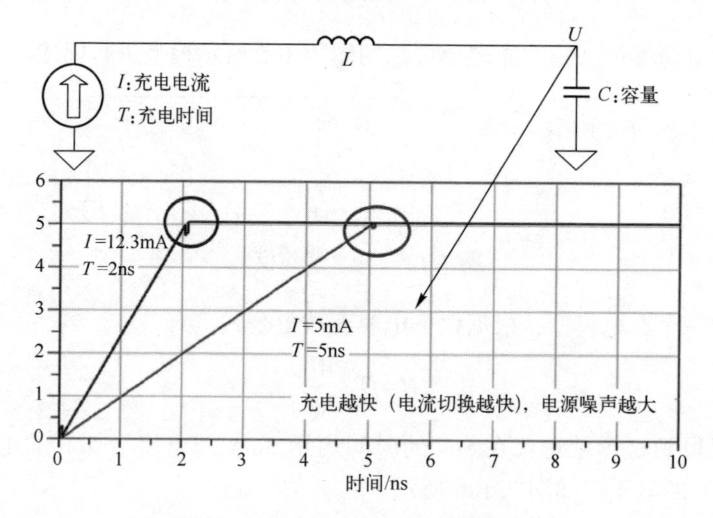

图 7.108　非理想情况下充电模型

7.6.2 PDN 阻抗分析方法

根据前面内容的描述，电源链路必然存在电感效应，因此会在负载端电压产生噪声，如何抑制这个噪声呢？下面通过频域来分析。

首先看电源链路在负载端的 Z 阻抗，能够很清晰地发现，电感效应给负载带来了高阻抗影响，如图 7.109 所示。

正是由于频域的高阻抗才导致噪声的增大，那么怎么评估到底多高的阻抗会对某一路特定的电源链路产生比较明显的噪声呢？或者说需要把阻抗降到多少才不会有明显的噪声影响？

需要能够更准确评估电源链路 Z 阻抗的方法，称为 PDN 目标阻抗法，如图 7.110 所示。

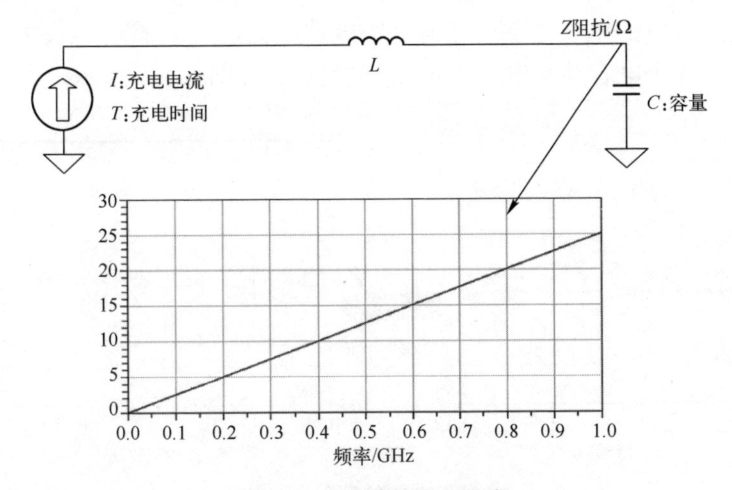

图 7.109　电感效应的影响

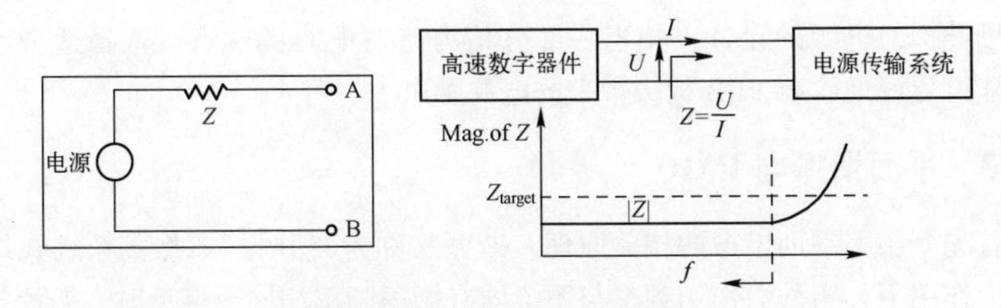

图 7.110　PDN 目标阻抗法

只要根据某路电源的电源噪声允许范围值以及电流最大变化值，然后在频域上根据欧姆定律做运算，就能得到频域的 Z 阻抗值。

如图 7.111 所示，只要知道噪声范围和电流的最大变化值，在频域计算出来的 Z 阻抗就可以当作一个目标值。这样，只要能做到电源链路的 Z 阻抗在每个频段都低于目标阻抗值，就能保证最终时域的电源噪声满足要求。

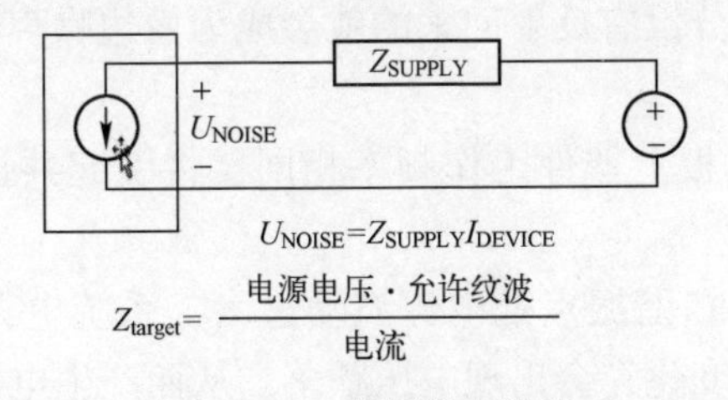

$$U_{\mathrm{NOISE}}=Z_{\mathrm{SUPPLY}}I_{\mathrm{DEVICE}}$$

$$Z_{\mathrm{target}}=\frac{\text{电源电压}\cdot\text{允许纹波}}{\text{电流}}$$

图 7.111　电源噪声计算

有了明确的目标阻抗之后，就可以根据不同电容的频域阻抗特性，选择合适数量和容值的电容，在需要频段满足 PDN 目标阻抗值要求。就以前面 4 个不同封装和容值的电容为例，任何一个电容都无法单独满足 1Ω 的目标阻抗值，但是把4个电容并联使用就可以达到目标，如图 7.112 所示。

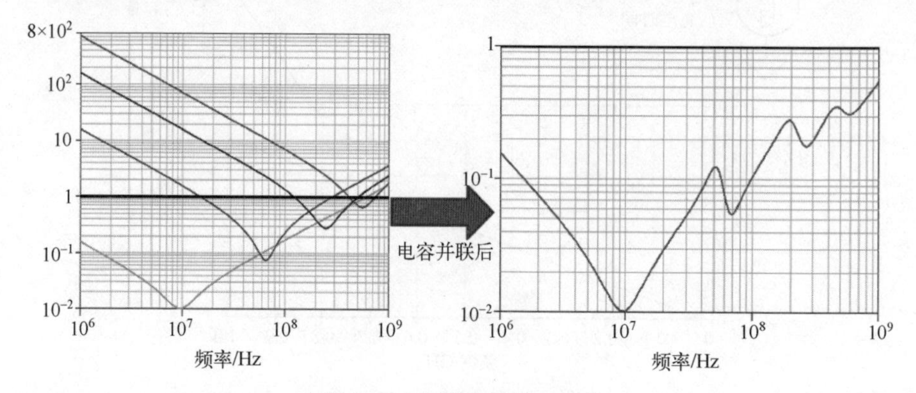

图 7.112　并联电容频响曲线

因此，对电源的设计，相当一部分精力是对电容的选型，选择适合的电容，才能更好地改善 PCB 板级带来的电源噪声。

7.6.3　平面谐振与 EMC

首先介绍下平面谐振的相关原理。谐振又称为“共振”。振荡系统在周期性外力作用下，当外力作用频率与系统固有振荡频率相同或接近时，振幅急剧增大的现象。产生谐振时的频率称为“谐振频率”。在 PCB 上，电源和地大块平面会构成谐振腔，并存在由电源/地形状、介质参数决定的固有谐振频率。当信号的频谱包含谐振频率并且穿过谐振区域时，将会引起谐振。

谐振带来的危害从以下 3 个方面来分析。

（1）平面谐振会形成波峰和波谷，两者均由能量从激励源向外传播，到达平面边缘时反射形成，在反射与入射叠加时，相位相同的形成波峰，相反的形成波谷，其中一部分没有反射回来的就会成为板边噪声辐射出去，引起 EMI 问题。

（2）若谐振点与板上器件工作频率相同，将引起共振，并导致信号质量变差。

（3）谐振过大，在谐振点处电源波动过大，系统电源无法实时响应负载对于电流需求的快速变化，会出现电压跌落，从而产生电源噪声。

无论哪种情况发生，都将导致板卡性能下降。可见，平面谐振不仅影响电源网络，也会影响到信号网络，同样还会间接地导致电源和信号网络辐射的 EMI 能量变多。

例如，对一个图 7.113 所示特定尺寸的电源/地平面对，仿真它的谐振模式。

图 7.113　平面谐振

可以得到在表 7.2 所列频点会存在谐振效应。

表 7.2　谐振点迹 Q 值

序号	共振频率/MHz	Q 值
1	941.582301+11.213595i	41.983962
2	1885.135734+21.949430i	42.942704
3	2066.580052+24.002535i	43.049203
4	2272.397172+26.328471i	43.154750
5	2800.851395+32.288749i	43.371941
6	2831.850094+32.637923i	43.382817

通过电场来看不同频点的谐振情况，结果如图 7.114 所示。

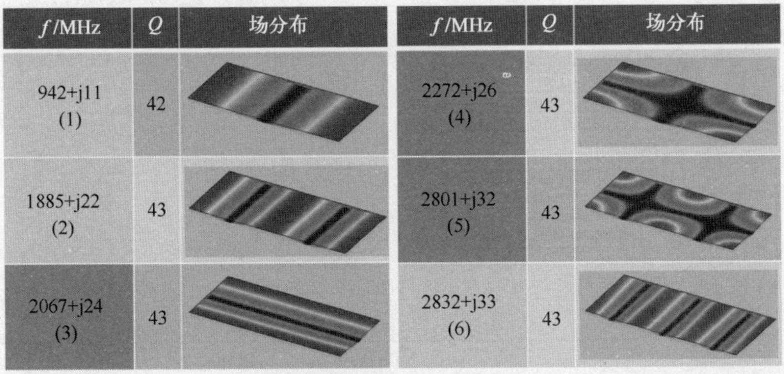

f/MHz	Q	场分布	f/MHz	Q	场分布
942+j11 (1)	42		2272+j26 (4)	43	
1885+j22 (2)	43		2801+j32 (5)	43	
2067+j24 (3)	43		2832+j33 (6)	43	

图 7.114　谐振对应的电场

在谐振频点，如果进行电源或信号的传输，就很容易受到谐振的影响，从而影响电源或信号本身的质量。

在上面的电源/地平面对上去做过孔的信号传输，来关注这个过孔本身在电源/地平面对中的性能表现。

图 7. 115 是一个 4 层板的叠层结构，过孔结构放置在平面的正中位置的实例，中间的是信号孔，从表层传输到底层，中间两层就是上面的电源/地平面对，旁边还有两个地过孔进行连接。

图 7. 115　过孔模型

在这个结构下，仿真过孔的传输频域参数，会发现受到平面谐振的影响，会产生很多与平面谐振点一致的插损谐振点，也就是说，这个过孔在传输信号时明显受到了平面谐振的影响，从而影响过孔本身的传输质量，如图 7. 116 所示。

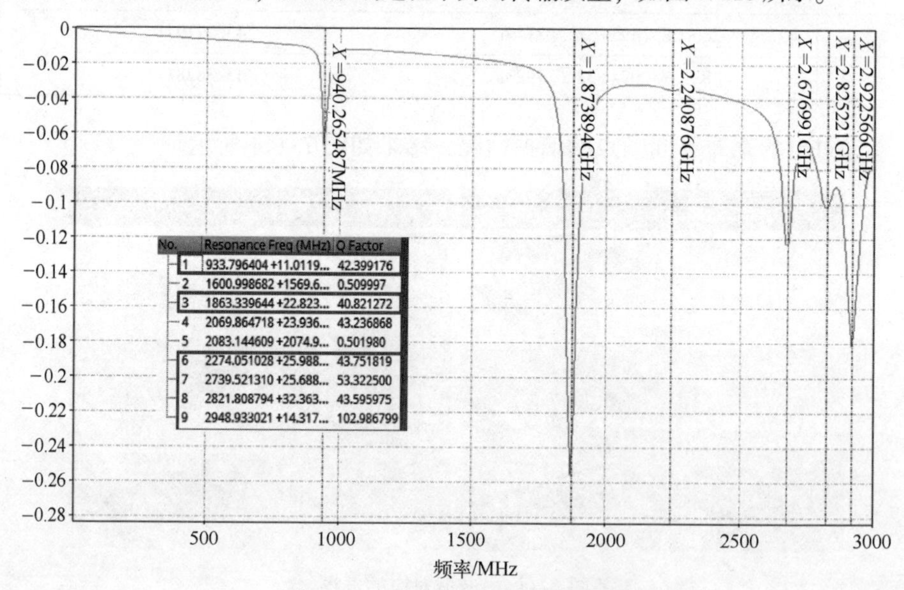

图 7. 116　平面谐振对过孔的影响

同时如果去给这个过孔一个激励源，去关注这个过孔和平面结构的 EMI 近场辐射情况，可以看到在上述 940MHz 位置的场强明显会增大很多，达到接近 50mV 的量级，这说明平面谐振对 EMI 辐射也是有直接影响的，如图 7.117 所示。

图 7.117　平面谐振对 EMI 辐射的影响一

而在其他没有谐振点的地方，如在 500MHz 位置，幅度仅为不到 8mV，相差非常明显，如图 7.118 所示。

图 7.118　平面谐振对 EMI 辐射的影响二

可见，如果平面本身没有一个很好的设计，很容易引起特定频点的谐振模式，这样不仅影响电源或信号本身的质量，还会引起严重的 EMI 辐射和干扰。

参考文献

[1] 张雄伟，邹霞，贾冲．DSP 芯片原理与应用［M］．北京：机械工业出版社，2005.

[2] 刘伟，魏芹芹，王伟．TMS320C672x 系列 DSP 原理与应用［M］．北京：北京航空航天大学出版社，2008.

[3] 杨小牛，楼才义，徐建良．软件无线电原理与应用［M］．北京：电子工业出版社，2001.

[4] 朱晓华，李彧晟，李洪涛．微机原理与接口技术［M］．北京：电子工业出版社，2001.

[5] Mitra S K. 数字信号处理——基于计算机的方法［M］．孙洪等译．北京：电子工业出版社，2006.

[6] 汪安民，周慧，蔡湘平．TMS320C674x DSP 应用开发［M］．北京：北京航空航天大学出版社，2012.

[7] 牛金海．TMS320C66x KeyStone 架构多核 DSP 入门与实例精解［M］．上海：上海交通大学出版社，2014.

[8] 邹彦，唐冬，宁志刚，等．DSP 原理及应用［M］．北京：电子工业出版社，2005.

[9] Johnson H，Graham M. 高速数字设计［M］．沈立，朱来文，陈宏伟等译．北京：电子工业出版社，2004.

[10] 李洪涛，朱晓华，顾陈．Verilog HDL 与 FPGA 开发设计与应用［M］．北京：国防工业出版社，2013.

[11] 董言治，娄树理，刘松涛．TMS320C6000 系列 DSP 系统结构原理与应用教程［M］．北京：清华大学出版社，2014.

[12] 李洪涛，顾陈，朱晓华．FPGA 技术开发（高级篇）［M］．北京：国防工业出版社，2013.

[13] Montrose M I. 电磁兼容和印刷电路板理论、设计和布线［M］．刘元安，李书芳，高攸纲等译．北京：人民邮电出版社，2012.

[14] 戴明桢，周建江．TMS320C54xDSP 结构、原理及应用［M］．北京：北京航空航天大学出版社，2001.

[15] 郑红，吴冠．TMS320C54xDSP 应用系统设计［M］．北京：北京航空航天大学出版社，2002.

[16] 李哲英，骆丽，刘元盛．DSP 基础理论与应用技术［M］．北京：北京航空航天大学出版社，2002.

[17] 刘益成．TMS320C54xDSP 应用程序设计与开发［M］．北京：北京航空航天大学出版

社，2002.
[18] 彭启琮．TMS320C54x 实用教程［M］．成都：电子科技大学出版社，2000.
[19] 申敏，邓矣兵，郑建宏，等．DSP 原理及其在移动通信中的应用［M］．北京：人民邮电出版社，2001.
[20] 王克义，鲁守智，蔡建新，等．微机原理与接口技术［M］．北京：北京大学出版社，2004.
[21] 马维华．微机原理与接口技术——从 80X86 到 Pentium X［M］．北京：科学出版社，2005.
[22] 孙力娟，李爱群，仇玉章，等．微型计算机原理与接口技术［M］．北京：清华大学出版社，2007.
[23] 王玉良，吴晓非，张琳，等．微机原理与接口技术［M］．北京：北京邮电大学出版社，2006.
[24] 杨立，邓振杰，荆淑霞．微型计算机原理与接口技术［M］．2 版．北京：中国铁道出版社，2006.
[25] 吕林涛．微型计算机原理与接口技术［M］．北京：科学出版社，2005.
[26] 田艾平，王力生，卜艳萍．微型计算机技术［M］．北京：清华大学出版社，2005.
[27] 耿恒山．微机原理与接口［M］．北京：中国水利水电出版社，2005.
[28] 赵志诚，段中兴．微机原理及接口技术［M］．北京：中国林业出版社，2006.
[29] 谢瑞和．微型计算机原理与接口技术基础教程［M］．北京：科学出版社，2005.
[30] 杨立，赵丑民，潘秀琴，等．微型计算机原理与接口技术［M］．北京：中国水利水电出版社，2005.
[31] 张念淮，江浩．USB 总线接口开发指南［M］．北京：国防工业出版社，2001.
[32] 刘波．精通 Verilog HDL 语言编程［M］．北京：电子工业出版社，2007.
[33] 刘韬，楼兴华．FPGA 数字电子系统设计与开发实例导航［M］．北京：人民邮电出版社，2005.
[34] 田耘，徐文波，等．Xilinx FPGA 开发实用教程［M］．北京：清华大学出版社，2008.
[35] 夏宇闻．Verilog 数字系统设计教程［M］．北京：北京航空航天大学出版社，2003.
[36] 廖日坤．CPLD/FPGA 嵌入式应用开发技术白金手册［M］．北京：中国电力出版社，2005.
[37] 任晓东，文博．CPLD/FPGA 高级应用开发指南［M］．北京：电子工业出版社，2003.
[38] 吴均．Cadence 印刷电路板设计：Allegro PCB Editor 设计指南［M］．2 版．北京：电子工业出版社，2015.
[39] 朱晓华．雷达信号分析与处理［M］．北京：国防工业出版社，2011.
[40] 董刚．数字滤波器在数字信号处理中的应用与设计［J］．信息技术，2008，6：132-134.
[41] 罗军辉，罗勇江，等．MATLAB 7.0 在数字信号处理中的应用［M］．北京：机械工业出版社，2005.

[42] 纪志成，高春能．FPGA 数字信号处理设计教程［M］．西安：西安电子科大出版社，2008.
[43] 汪莉君，罗丰，吴顺君．一种用 MTD 的优化设计及实际应用［J］．火控雷达技术，2005，1：3.
[44] 张峰，任国强，吴钦章．基于 SRIO 的高速图像串行传输系统设计［J］．光电工程，2010，10：89-92.
[45] 俞健，周维超，刘坤．DSP 与 FPGA 的 SRIO 互连设计［J］．半导体光电，2012，06：902-905.
[46] 张德民，李明，李杨，等．基于 SRIO 的 FPGA 间数据交互系统设计与应用［J］．重庆邮电大学学报（自然科学版），2013，06：738-742.
[47] 温淑鸿，田沛，朱兵，等．嵌入式 Linux 系统原理——基于 ARM Contex-A8 处理器［M］．北京：北京航空航天大学出版社，2014.
[48] 张勇．嵌入式系统中互连网络流量控制及优化［D］．北京：北京邮电大学，2011.
[49] 张雄伟，杨吉斌，吴其前，等．DSP 芯片的原理与开发应用［M］．5 版．北京：电子工业出版社，2016.
[50] 吴冬梅，朱周华．DSP 技术及应用［M］．北京：机械工业出版社，2020.
[51] 李洪涛，陆星宇，赵航，等．可编程逻辑器件与 Verilog HDL 语言［M］．南京：东南大学出版社，2023.
[52] 胡振波．手把手教你设计 CPU：RISC-V 处理器［M］．北京：人民邮电出版社，2018.
[53] 杨全胜，钱瑛，任国林，等．CPU 设计实践教程——从数字电路到计算机组成［M］．北京：清华大学出版社，2020.
[54] Clayton G B. 数据转换器［M］．王春元译．上海：上海科学技术文献出版社，1985.
[55] 童诗白，华成英．模拟电子技术基础［M］．4 版．北京：高等教育出版社，2006.
[56] Sharma A K. 先进半导体存储器——结构、设计与应用［M］．曾莹，伍冬，孙磊等译．北京：电子工业出版社，2005.
[57] 王剑宇，苏颖．高速电路设计实践［M］．北京：电子工业出版社，2016.
[58] 罗新林．CadenceAllegro 进阶实战与高速 PCB 设计［M］．北京：电子工业出版社，2020.
[59] 王廷尧．以太网技术与应用［M］．北京：人民邮电出版社，2005.